钛电解提取与精炼

焦树强　王明涌　编著

北　京
冶　金　工　业　出　版　社
2021

内容摘要

钛是服务国家重大战略需求的金属材料，熔盐电解被认为是低成本清洁提取和提纯金属钛的有效方法。本书着重介绍金属钛熔盐电解提取和高纯钛电解精炼技术现状。本书在概述金属钛应用、资源和冶炼现状的基础上，详细介绍了各种钛冶金新技术，深入分析了以 FFC、OS 和 USTB 法为代表的新型熔盐电解提取金属钛技术原理和工艺过程；阐述了高纯钛提纯方法，系统介绍了高纯钛电解精炼基本过程、产品质量控制工艺和废残钛电解利用技术与现状。

本书较为全面地反映了钛熔盐电解技术发展现状，适用于钛冶金、材料领域的科研人员和技术人员阅读参考，也可作为高等院校冶金、材料类专业高年级本科生、研究生的专业课教材。

图书在版编目(CIP)数据

钛电解提取与精炼/焦树强，王明涌编著．—北京：冶金工业出版社，2021.1

ISBN 978-7-5024-8674-7

Ⅰ.①钛…　Ⅱ.①焦…　②王…　Ⅲ.①钛—电解精炼
Ⅳ.①TF823

中国版本图书馆 CIP 数据核字（2020）第 264623 号

出 版 人　苏长永
地　　址　北京市东城区嵩祝院北巷 39 号　邮编　100009　电话　(010)64027926
网　　址　www.cnmip.com.cn　电子信箱　yjcbs@cnmip.com.cn
责任编辑　刘小峰　曾　媛　美术编辑　郑小利　版式设计　禹　蕊
责任校对　李　娜　责任印制　李玉山
ISBN 978-7-5024-8674-7
冶金工业出版社出版发行；各地新华书店经销；北京捷迅佳彩印刷有限公司印刷
2021 年 1 月第 1 版，2021 年 1 月第 1 次印刷
169mm×239mm；15.25 印张；297 千字；231 页
99.00 元

冶金工业出版社　投稿电话　(010)64027932　投稿信箱　tougao@cnmip.com.cn
冶金工业出版社营销中心　电话　(010)64044283　传真　(010)64027893
冶金工业出版社天猫旗舰店　yjgycbs.tmall.com
（本书如有印装质量问题，本社营销中心负责退换）

前　言

金属钛具有高比强度、耐腐蚀、耐高温、无毒、高熔点等优点，在航空航天、国防军工、深远海探索等尖端领域已成为不可或缺的金属结构材料。近年来，金属钛的应用也已逐渐向民用领域扩展。高纯金属钛则在电子信息、医疗等高新技术产业发挥着日益重要的作用。鉴于钛所具有的特殊的物理化学性质及其对高精尖领域发展的支撑作用，钛的应用范围和需求量正在快速扩大，因此钛被认为是“未来金属”。

钛是地球上的第四大金属，在地壳中储量丰富，但提炼困难，因此被置于稀有金属的行列。由于现行 Kroll 工艺冶炼成本高，为了适应和满足未来各行业对钛的规模化需求，迫切需要开发新型低成本钛冶炼技术，这也是现代冶金工业的研究热点之一。

半个世纪以来，Kroll 工艺一直是钛规模化提取的主流技术，但世界冶金工作者普遍认为低成本熔盐电解提钛技术具有更为广阔的发展和应用前景。进入 21 世纪以来，以 FFC、OS、USTB 等为代表的熔盐电解提钛技术的出现，掀起了钛冶金新工艺的热潮。

与此同时，在低成本提取金属钛的基础上，实现钛的高纯化，将有助于发挥金属钛非凡的本征性能，支撑超大规模集成电路、高端电子、医疗等领域跨越性快速发展。各种化学法、物理法及联合法钛提纯工艺应运而生，使钛的纯度获得极大突破。其中，熔盐电解精炼是钛提纯过程重要的环节，可将海绵钛/废残钛中大量金属-非金属杂质同时去除，从而获得高纯钛，也为进一步制取超高纯钛奠定基础。

可见，无论是钛冶金提取，还是精炼提纯，熔盐电化学技术一直受到广泛关注，近年来已取得很大进步。然而，至今尚未有一本系统深入阐述钛电解提取与精炼方面的书籍，给相关科研和专业技术人员了解本领域的基本原理和工艺过程带来不便。北京科技大学电化学冶金团队长期从事钛电解提取和精炼方面的科研与工业实践工作，特别是提出了在国际上被誉为 USTB 法的低成本钛电解提取新技术，并建立了高纯钛电解精炼工业生产线。多年来，与国内外众多钛电化学冶金科研团队保持了良好的交流、沟通和合作关系，对钛电解提取和精炼提纯技术现状有全面深刻的认识和理解。鉴于此，编著《钛电解提取与精炼》一书，希望给钛冶金、材料领域的科研和技术人员提供参考。

本书基础性和技术性并重，内容丰富全面，涵盖了各种新型熔盐电解提取金属钛技术，深入论述了钛电解精炼提纯基本过程与产品质量控制工艺。为了使读者能完整掌握钛电化学冶金技术发展背景及金属钛冶金与提纯现状，也概述了钛资源与冶金工艺发展历程，介绍各种化学、物理法提纯技术。本书前两章概述了钛冶金及新技术，第 3~5 章详细介绍 FFC 法、OS 法、USTB 法熔盐电解提取金属钛原理与工艺，第 6 章阐述了高纯钛及其制备方法，第 7、8 章系统介绍了钛熔盐电解精炼过程和高纯钛质量控制，第 9 章为废残钛熔盐电解利用，第 10 章对钛熔盐电解提取与精炼进行了总结与展望。

本书编写过程参考了大量文献资料，并试图把钛电解提取和精炼技术最新成果涵盖于本书中，重要参考资料列于每章正文之后，在此对相关文献作者表示衷心感谢。多年来，众多科研和技术人员为钛熔盐电化学领域的发展付出了大量心血和努力，这也是本书能够得以完成的根本，作者在此表达崇高的敬意。

本书是团队合作的成果，北京科技大学电化学冶金团队众多老师和研究生分别为本书各章的部分内容进行了补充和校稿，具体为：朱骏（第 7 章）、涂继国（第 8 章）、焦汉东（第 9 章）、罗乙娲（第 1 章）、田栋华（第 3 章）、张宝（第 5 章）、蒲正浩（第 4 章）、朱霏（第 2 章）、陈睿博（第 6 章），对他们的辛勤劳动表示诚挚的谢意。

作者力图提供一本系统完整的著作，然而受知识、水平和时间所限，书中疏漏之处敬请谅解，不足之处，恳请批评指正。

焦树强

2020 年 12 月

目　　录

1 金属钛概述与现状

钛具有其他金属材料难以达到的优异物理化学性能，被誉为“第三金属”“太空金属”“海洋金属”，在航空航天、海洋工程、武器装备、汽车舰船、电子信息等高新技术领域发挥着不可替代的作用。钛材是未来国民经济发展和产业升级换代的重要战略金属材料，对一个国家经济、国防和科技发展具有重要的战略支撑作用。本章重点介绍金属钛性质与应用、钛资源与分布特点和传统钛冶炼技术现状。在此基础上，分析现有钛冶金技术存在问题及未来发展需求。

1.1 钛性质与应用

1.1.1 钛及钛合金性质

钛位于元素周期表中第四周期第Ⅳ副族，即ⅣB 族元素。钛、锆、铪组成钛副族，因此，它们在性质上有许多相似之处，如原子的外电子层构型相同（都为 d^2s^2）、原子半径相近、化学性质相似、彼此可形成无限固溶体等。钛与相邻ⅢB 族的钪、钇和ⅤB 族的钒、铌、钽原子最外层电子数相同，性质上也有近似之处，因此也可与这些元素形成无限固溶体或有限固溶体。钛原子的电子构型为 $1s^22s^22p^63s^23p^63d^24s^2$，原子序数为 22。在化合物中通常呈最高价+4 价，有时也呈+3、+2 价等，然而低价钛化合物不稳定。钛原子和各种价态钛离子半径见表 1-1。致密金属钛呈银白色，外观似不锈钢，而钛粉呈深灰色。

表 1-1 钛原子半径和离子半径[1]

原子或离子	Ti	Ti^{+}	Ti^{2+}	Ti^{3+}	Ti^{4+}
半径/nm	0. 146	0. 095	0. 078	0. 069	0. 064

钛熔点为 1660±10℃，通常被划为难熔轻金属。钛的密度小（只有钢的 57%），强度大（等于钢），且具备优异的耐腐蚀性能。在空气中，金属钛表面可形成一层稳定的氧化物保护膜，在−196～500℃温度范围内都非常稳定，是一种极有应用价值和发展潜力的金属。

金属钛具有各种其他金属无法比拟的优异化学、物理与机械性能，具体表现为：

（1）密度小，比强度高。金属钛的密度为 4. 51g/cm^3，而低碳钢和 Cr18Ni9Ti 不锈钢分别为 7. 86g/cm^3 和 7. 90g/cm^3，铜为 8. 96g/cm^3。可见，钛是一种轻质

金属材料。工业设备上大量采用的纯钛牌号为TA2，钛合金牌号为TA10，特殊要求的设备采用了TC4。钛合金具有常用工业合金最大的比强度，钛合金的比强度是不锈钢的3.5倍、铝合金的1.3倍、镁合金的1.8倍，因此，钛合金是宇航工业必不可少的结构材料。

钛与其他金属密度和比强度的比较见表1-2。

表1-2　钛与其他金属密度和比强度比较[2]

金属	钛（合金）	铁	铝（合金）	镁（合金）	高强度钢
密度/$g \cdot cm^{-3}$	4.51	7.87	2.7	1.74	—
比强度（σ_b/ρ）	(29)	—	(21)	(16)	23

（2）弹性模量低。常温下，钛的弹性模量为106.4GPa，是钢的57%，是铁的55%，这说明钛抗正应变的能力比钢低得多，不宜作刚性结构件。

钛与其他金属的弹性模量比较见表1-3。

表1-3　钛与其他金属的弹性模量比较[2]

金属	钛	铝	铁	合金钢
弹性模量/GPa	106.4	72	196	206

（3）传热性能。金属钛的传热机理主要是电子导热，其次是晶格导热。经测试，钛的导热系数为15.07W/(m·K)，仅为钢的1/5，铝的1/13。导热性差是钛的一个缺点，但钛的比强度高、抗腐蚀性能好，不易结垢，设计上可减小元件壁厚，采用较高水流速，具有促使蒸汽冷凝由膜状向滴状转变的功能，能补偿导热性差的不足。

钛与其他金属的热导率比较见表1-4。

表1-4　钛与其他金属的热导率比较[2]

金属	钛	铝	铁	铜
热导率/$W \cdot (m \cdot K)^{-1}$	15.07	212	85	255

（4）回弹能力大。在冷成型时，钛的回弹能力约是不锈钢的2~3倍。由于冷成型时，钛的硬度与强度呈增加趋势，内部易产生较大应力，故不适于冷冲压加工，应热成型加工。

（5）无毒、无磁性。钛制骨件、钛制心脏起搏器不仅不受雷雨天气影响，而且与人体组织及血液有良好的相容性，同时钛质量轻可减小人体负荷；钛无磁性，即使在大磁场中也不会被磁化，因而钛可用于磁控设备中，例如潜艇壳体。

（6）抗阻尼性能低。金属钛受到机械振动、电振动后，与钢、铜相比，其自身振动衰减时间最长。利用这一性能可用钛制造音叉，如医学上的超声粉碎机振动元件和高级音响扬声器的振动薄膜等。

（7）耐热性能好。通常不锈钢在310℃就失去了原有力学性能，但钛合金在500℃仍可保持良好的力学性能。当飞机速度达到音速的2.7倍时，飞机结构表面温度可达230℃，铝合金和镁合金已不适合使用，而钛合金却能满足环境要求，适用于航空发动机压气机的涡轮盘和叶片以及飞机机身蒙皮[3]。采用固溶强化的α型或近α型合金，以金属间化合物为基的合金和β稳定型合金，都具备良好的耐热性、机械性能和工艺稳定性。

（8）耐低温性能好。以TA7（Ti-5Al-2.5Sn）和TC4（Ti-6Al-4V）以及Ti-2.5Zr-1.5Mo等为代表的低温钛合金，其强度随着温度的降低而提高，但塑性变化却不大，可在-253~-196℃低温下保持较好的延展性和韧性，避免了金属冷脆性，是低温容器、贮箱等设备的理想材料[4]。

（9）吸气性能。钛是一种化学性质非常活泼的金属，在较高温度下可与许多元素和化合物反应。在350℃以下，氧进入钛表面晶格中能形成一层致密的氧化膜，阻止氧进一步向基体扩散；加热到500℃以上，氧化膜变得多孔，增厚且易脱落，严重降低钛的塑性。如在纯氧中将钛加热到500~550℃，将发生激烈反应而燃烧，甚至爆炸。

钛在400℃以上会大量吸氢，引起氢脆。钛基体中含氢量超过0.015%时，就会开始沿着晶界向晶内析出针状、薄片状或块状氢化物的沉淀相，类似钛基体中微裂纹，在应力作用下会扩展而引起破裂；当钛表面膜中有氢化物或铁等污染物时，也会由于吸氢过量而使钛基体变脆。钛还能与氯气、溴、NO_2和氮等反应，降低钛基体的塑性，有时甚至造成燃烧或爆炸等事故。

（10）耐腐蚀性强。钛的惰性取决于氧化膜的存在。钛非常活泼，因此平衡电位很低，在介质中的热力学腐蚀倾向较大。然而，实际上钛在大多介质中很稳定，如钛在氧化性、中性和弱还原性介质中具有良好的耐腐蚀性。钛在氧化性介质中的耐蚀性比在还原性介质中要好得多，在还原性介质中能发生高速率腐蚀。钛在很多腐蚀性介质中不易被腐蚀，如海水、亚氯酸盐溶液、硝酸、铬酸、金属氯化物、硫化物以及有机酸等。在与钛反应产生氢的介质（例如盐酸和硫酸）中，钛通常有较大的腐蚀率。但如果在酸中加入少量的氧化剂会使钛形成一层钝化膜。在硫酸-硝酸或盐酸-硝酸的混合液里，甚至在含游离氯的盐酸中，钛都具有较好的耐腐蚀性。钛的保护性氧化膜常是金属接触水时形成的，少量的水或水蒸气即能使钛表面形成氧化膜。如果把钛暴露于完全没有水的强氧化性环境里，会发生快速氧化并产生剧烈的自燃反应。要预防这类状态下反应的发生，必须要有一定量的水分。即使由于机械磨损氧化膜受到损伤，也会很快自愈或重新再生，这表明钛具有强烈的钝化倾向。

（11）抗拉强度与屈服强度接近。Ti-6Al-4V钛合金抗拉强度为960MPa，屈服强度为892MPa，两者之间只相差58MPa。

钛与其他金属抗拉强度和屈服强度的比较见表1-5。

表1-5　钛与其他金属抗拉强度和屈服强度的比较[2]

强度	钛合金（Ti-6Al-4V）	不锈钢	铝合金
抗拉强度/MPa	960	608	470
屈服强度/MPa	892	255	294

纯钛的拉伸强度为0.27~0.63GPa，一般钛合金为0.7~1.2GPa。钛的抗压强度与其拉伸强度相近似，而剪切强度一般为拉伸强度的60%~70%，承压屈服强度约为拉伸强度的1.2~2.0倍。在大气中，经加工和退火的钛及钛合金的抗疲劳极限是拉伸强度的50%~65%。高纯金属钛具有很低的强度和很高的塑性，延伸率可达60%以上。

同时，以钛为主要成分的钛合金还具有良好的功能特性：

（1）记忆功能。钛-镍合金在一定环境温度下具有单向、双向和全方位的记忆功能，是最佳记忆合金。早在1962年，美国Buchler J. William在海军海上军械研究中心研究钛镍合金，在低温下加工成一定形状，经高温处理并冷却后，任意改变它的形状，当再次升温时，钛镍合金又恢复其初始形状。

（2）超导功能。钛-铌合金在温度低于临界温度时，呈现出零电阻与完全抗磁性。制成的导线可通过任意大电流而不会发热，是输送电能的最佳材料。

（3）贮氢功能。钛-铁合金具有吸氢的特殊功能，可以把大量的氢安全地贮存起来，在一定环境中再把氢释放出来，这在氢气分离、净化、贮存、运输以及制造以氢为能源的热泵和蓄电池等方面都有很好的应用前景[5]。

1.1.2　钛及钛合金用途

由于钛及其合金的优异性能，已在航空航天、国防军工、电子信息等高新领域获得广泛应用，同时在民用领域的应用也逐步扩大，如钛制骨架普遍应用于外科手术中。钛优异的耐腐蚀性能，使其在化工、轻工、电力、冶金、汽车、建筑等民用工业中有着极其广泛的应用。特别是在海洋开发中有着特别作用，钛是海水淡化的理想材料。钛及其合金的超导、记忆等特异功能，在高科技功能材料中也有着重要的应用。

图1-1为2018年我国钛材应用领域比重。从钛材的应用比例来看，钛及钛合金大部分应用在化工和航空航天领域，民用工业相对较少。随着我国钛工业快速发展和成本的降低，钛及钛合金在电力、能源、建筑等民用领域的需求量将持续增长。

（1）化学工业。化工行业是我国主要钛材消费用户，2007~2018年一直占全

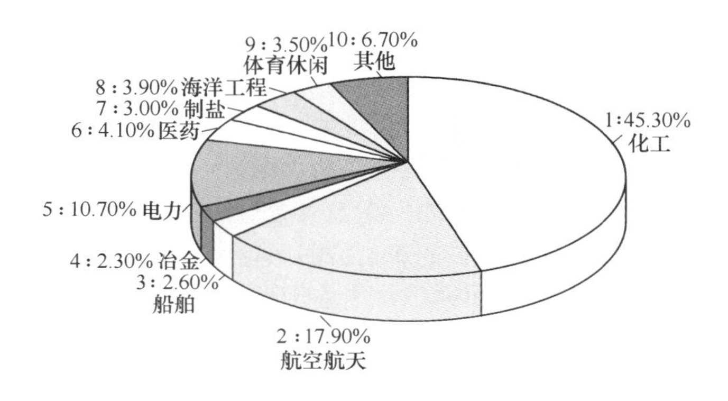

图 1-1 2018 年我国钛材应用领域占比示意图[6]

国总用钛量的 45%左右，钛在化工行业的应用范围包括氯碱、化肥、焦化、有机化工、石油化工、染料、纺织、造纸等多个方向。

钛的耐腐蚀能力比不锈钢高数倍。在化学工业中，用钛量最大的行业是氯碱，其次是纯碱、真空制盐、塑料和有机物生产中。所用的钛设备中，换热器最多，其次是阳极、容器、泵阀和管道等。其中，在氯碱电解工业，主要用钛基阳极替代石墨阳极，钛阳极使用寿命为石墨阳极的 10 倍，并可使产能提高近 1 倍，节电 15%；纯碱生产中的钛用于制作钛板换热器、钛质外冷器和氨冷凝器；氮肥生产中的钛内衬尿素合成塔；在真空制盐中，制作钛氨蒸发器、钛预热器、钛冷却泵和输送管道等[7]。

在石油化学工业中，钛是石油炼制和石油化工中优良的结构材料，可以用来制作各种热交换器、冷凝器、反应器、高压容器、蒸馏塔、脱酸塔等。2017 年，我国烧碱产能达 4102 万吨/年，随着化工和石化工业的发展，对钛的需求将会持续增加。

（2）航空和航天。航空航天工业是钛应用最主要的领域，而且在我国钛消费比重逐年增长。在 2007 年，我国航空航天用钛量已超过体育休闲业，成为第二大用户，用钛量占全国用钛总量的 17%。2008 年，我国大飞机制造在上海挂牌启动，用钛量占结构材料重量的 10%。钛在我国航空航天业中的用量仍会快速增加，甚至有望超过化工工业。

由于钛的比强度在目前常用材料中最大，所以在飞机制造业钛是不可或缺的理想材料。随着航空工业的发展，飞机飞行的速度越来越快，造成机身与空气摩擦产生的表面温度明显提高，对材料性能的需求就越发苛刻。铝合金和钢材都难以达到要求，只有钛合金使用温度可高达 600℃，满足机身、压气机、风扇叶片、发动机舱、涡轮盘等工作环境要求。

钛在军用飞机上的用量同样很大。例如：美国20世纪50年代初设计的第一代B52轰炸机，用钛量就达到907kg；战斗机F15用钛量占结构材重量的35%；新型战斗机F22用钛量上升至结构材重量的41%。钛在民用飞机上的用量近年来也有明显增长，最新的波音787和空客A380，钛用量均占结构材重量的9%[8]。

钛在航天工业中用途也很广。飞船船舱、蒙皮、各种结构件、人造卫星外壳、液体燃料的贮罐、喷嘴等都要用到钛及其合金。20世纪60年代，美国阿波罗载人飞船登上月球，其飞船机体的5%是用钛合金Ti-6Al-4V和Ti-5Al-2.5Sn等材料制造而成。德国宇航中心研究的钛合金复合材料，使用温度可达700℃以上，是宇航发动机压气机部件的优选材料。我国研制的NINCT20合金是用于火箭发动机液氢管路的新型低温钛合金，在−253℃（20K）温度下，仍有很好的强度和延伸率，不仅可用在火箭发动机管路系统，而且还可广泛用于宇航工业形状复杂的低温管路系统。

（3）海洋工程。由于钛优异的耐腐蚀性，特别是耐海水和海洋大气腐蚀的特性，被广泛应用于海洋工程装备中，如制造深潜器耐压壳体、螺旋桨、通海管路、热交换器、舰船大面积蒙皮等部件。在海水淡化、海洋热能开发和海底资源开采等项目中也有广泛应用。因此，钛也被誉为“海洋金属”，钛及钛合金是建设海洋强国的重要战略金属材料。另外，钛还广泛用于海洋石油、天然气开采，海上采油装置，海洋热能转换电站，海水养殖等领域。

（4）冶金工业。钛在冶金工业中用途广、用量大。如钛阳极可以替代有色金属（锌、锰、镍、钴、铬、铜等）电解冶金中的铅合金阳极，降低电压，节约电能消耗。在合金钢中加入少量钛，可以大大改善钢的性能，提高钢的强度、韧性和耐腐蚀性能。钛是钢的优良脱氧剂、脱氮剂和脱碳剂，通过形成TiC和TiN，使钢的内部组织致密，细化晶粒，增加强度，改善焊接性能。

（5）生物医疗。由于钛及其合金耐腐蚀、无毒副作用，且生物兼容性好，被应用于制造各种医疗器械、人造关节和假肢等。Ni-Ti记忆合金已广泛应用于骨骼固定、心脏起搏器、心血管支架、人工种植牙等医疗领域。近年来，已开始实施整形外科、牙科为中心的人体植入物和器械的钛材化。

（6）建筑工业。钛合金密度小、耐腐蚀，而且钛材表面经特殊处理后可呈现出许多特殊图案，也可以制造成具有抗菌、杀毒性能的功能材料，所以钛材也被应用于建筑材料。

1.2 钛资源

1.2.1 钛分布与矿物种类

钛在地壳中的丰度为0.61%，按元素丰度排列位居第九位，仅次于氧、硅、铝、铁、钙、钠、钾和镁。按金属排列钛为第七位，是常见的铜、镍、锡、铅、锌等普通有色金属在地壳中含量总和的十几倍。在岩石、土壤、泥煤、烟煤、砂粒及许多植物中都有钛的存在，动物的骨、血中也含有钛。钛不仅分布于地壳中，也广泛分布在月球、恒星及陨石中。尽管钛资源丰富，但由于钛冶炼技术复杂、工业生产年代较迟、产量小、成本高等原因，钛一直被误认为是“稀有金属”。

钛的活性大，自然界没有游离态的元素钛存在，而总是与氧结合在一起以二氧化钛和钛酸盐形式存在。钛是典型的亲石性元素，地壳中 TiO_2 含量大于1%的钛矿物有140多种，但主要的钛矿物有80多种，其中，最主要的矿物是金红石和钛铁矿。表1-6和表1-7给出了常见钛矿物和主要性质。按目前的技术水平，具有开采意义的钛矿物主要为钛铁矿和金红石。全球钛矿资源分布较广，拥有钛矿资源的国家有30多个。据美国地质调查局2015年公布的数据，全球锐钛矿、钛铁矿和金红石的资源总量超过20亿吨，储量约8亿吨。其中钛铁矿储量约为7.2亿吨，金红石储量约为4700万吨，二者合计储量约7.67亿吨，占全球钛矿储量的98%（以上均按 TiO_2 计）[1,3~6]。

表1-6 常见钛矿物结构和 TiO_2 含量[6]

序号	矿物	化学式	结晶构造	TiO_2 的理论含量/%
1	金红石	TiO_2	正方晶系	100
2	锐钛矿	TiO_2	正方晶系	100
3	板钛矿	TiO_2	斜方晶系	100
4	钛铁矿	$FeTiO_3$	三方晶系	52.66
5	白钛石	$TiO_2 \cdot nH_2O$	（变质物）	组成不固定
6	钙钛矿	$CaTiO_3$	立方晶系	58.75
7	榍　石	$CaTiSiO_5$	单斜晶系	40.82
8	假板钛矿	Fe_2TiO_5	斜方晶系	33.35
9	红钛铁矿	$Fe_2O_3 \cdot 3TiO_2$	六方晶系	60.01
10	钛磁铁矿	$FeTiO_3 \cdot Fe_3O_4$	等轴晶系	
11	赤铁钛铁矿	$FeTiO_3 \cdot Fe_2O_3$	三方晶系	
12	钛铁晶石	Fe_2TiO_4 （$2FeO \cdot TiO_2$）	等轴晶系	35.73
13	镁钛矿	$MgTiO_3$	三方晶系	66.46
14	红锰钛矿	$MnTiO_3$		52.97
15	钙铈钛矿	（Ca，$CeTiO_3$）		54~59
16	钙铌钛矿	（Ca，$NbTiO_3$）		34.95

表 1-7　常见钛矿物主要性质[5]

序号	矿物	密度 ρ/g · cm^{-3}	莫氏硬度	颜色	条痕	磁性
1	金红石	4.2~4.3	6~6.5	红褐色	浅褐色	无磁性
2	锐钛矿	3.9	5.5~6	褐色	无色	无磁性
3	板钛矿	4.1	5.5~6	黄色到褐色	无色	无磁性
4	钛铁矿	4.5~5	5~6	黑色	黑色	弱磁性
5	白钛石	3.5~4.5	4~4.5	灰黄色到褐色		非磁性
6	钙钛矿	4.1	5.5	深褐色	灰白色	通常为非磁性
7	榍石	3.5	5~5.5	黄色、褐色、绿色		
8	假板钛矿	4.39	6.0	赤褐色、暗褐色		
9	红钛铁矿	4.25		赤褐色		
10	钛磁铁矿					强磁性
11	赤铁钛铁矿					强磁性
12	钛铁晶石	3.5~4.0	5~5.5	黑色		弱磁性
13	镁钛矿	4.03~4.05	5~6	暗褐色		
14	红锰钛矿	4.54~4.58	5~6	暗褐色		
15	钙铈钛矿	4.21~4.88				
16	钙铌钛矿	4.13~4.26				

自然界中，钛经常与铁共生。TiO_2 可与 FeO、Fe_2O_3 形成连续固溶体，从而形成许多不同配比组成的矿物，其中尤以钛铁矿（$FeTiO_3$ 或 FeO · TiO_2）最为重要。钛铁矿中 TiO_2 含量波动很大，这与其成因和自然条件有关。实际上，钛铁矿是 FeO · TiO_2 与其他一些杂质氧化物形成的固溶体，可用通式：$m[(Fe, Mg, Mn)O \cdot TiO_2](1-m)[(Fe, Cr, Al)_2O_3]$ 来表示，式中 m 为小数。白钛石（$TiO_2 \cdot nH_2O$）是一种 TiO_2 含量高的蚀变钛铁矿，西澳大利亚和美国佛罗里达州有大量储藏，印度、斯里兰卡有少量产出。红钛铁矿（$Fe_2O_3 \cdot 3TiO_2$）产于俄罗斯的萨摩特干斯克矿床。

1.2.2　钛矿物形成的矿床

钛铁矿是最常见的钛矿物。按照成因，可分为岩矿和砂矿两大类。

岩矿床是原生矿，属于岩浆分化矿床，这类矿床的主要矿物是由含钛铁矿的钛磁铁矿和赤铁矿组成，并含有相当量的钒、钴、镍、铜、铬等有用元素。岩矿钛铁矿有下列特点：（1）矿中铁的氧化物主要以 FeO 形式存在，FeO/Fe_2O_3 比值较高；（2）结构致密，脉石含量高，可选性差，不易将 TiO_2 与其他成分分离，选出的精矿含有相当量的非铁杂质，特别是含有较高的 MgO，精矿 TiO_2 品位一般在 44%~48%之间，且选矿回收率较低；（3）产地集中，储量大，可大规模开采。主要集中在北半球，主要产地有中国、美国、加拿大、挪威和俄罗斯等[1]。

岩矿最具代表性的是钒钛磁铁矿，由于储量丰富并能形成巨大的矿床，具有重要开采和利用价值。钒钛磁铁矿是一种多金属复合矿，是以铁、钛、钒为主的多金属共生的磁性铁矿。高炉炼铁时元素钒几乎全部被碳还原成金属钒进入铁水，在转炉炼钢时，又被吹炼氧化成 V_2O_5，进入炼钢炉渣中。因此，钒钛磁铁矿也是当今钒生产的主要原料。铁精矿中的钛在高炉炼铁时绝大部分进入高炉渣。所以高炉渣也是一种重要的钛资源。由于世界各地区钒钛磁铁矿的成矿条件不同，其矿物组成和化学成分差别较大；又因其可选性不同，所生产的钛精矿和铁精矿中的铁、钛、钒含量也有很大不同。

世界上钒钛磁铁矿矿藏资源分布较广。现已大量开采并获得利用的，主要有我国四川地区的攀枝花矿、南非的布什维尔德矿、芬兰本斯塔瓦拉矿和奥坦梅基矿、挪威罗德威矿、智利埃尔罗梅罗尔矿等。

砂矿床是次生矿，属沉积矿床，有海成因和河成因之分，均是岩矿经多年侵蚀、风化、河流冲击、沉积而成。由海浪和河流带到各地，在海岸和河滩附近沉积成砂矿，大多产于气候潮湿的热带、亚热带和温带地区，即大都分布在南半球的海滩和河滩上。由于在形成过程中被风化，一些可溶成分被溶出，同时又夹带了一些贵重矿物，因此往往与锆英石、独居石等共生。砂矿的结构比较疏松，相对于 FeO，Fe_2O_3 含量较高，品位也比较高，脉石含量少，易用选矿方法将 TiO_2 与其他成分分离，选出的精矿 TiO_2 含量一般在 50%以上。砂矿床的主要矿物是金红石、钛铁矿，其次是白钛石。主要产地有澳大利亚、印度、斯里兰卡等。

1.2.3 中国钛资源

中国的钛资源居世界之首，占全球已开采储量的 64%左右。储量约占全球钛储量的 48%，共有钛矿床 142 个，分布于 20 个省区，主要产地为四川、河北、海南、湖北、广东、广西、山西、山东、陕西、河南等省。钛铁矿占我国钛资源总储量的 98%，金红石仅占 2%。我国钛矿床的矿石工业类型比较齐全，既有原生矿也有次生矿。其中，原生钒钛磁铁矿为我国的主要工业应用类型，约占世界的 60%，分布在 20 多个省区的 100 多处矿区，主要在西南、中南和华北地区。攀西地区的钒钛磁铁矿是一种世界知名的综合性矿床，是以含铁、钒、钛为主的共生磁性铁矿。钒绝大部分和铁矿物呈类质同象赋存于钛磁铁矿中。在钛铁矿型钛资源中，原生矿占 97%，砂矿占 3%；在金红石型钛资源中，绝大部分为低品位的原生矿，其储量占全国金红石资源的 86%，砂矿为 14%。

我国钛铁矿岩矿主要为钒钛磁铁矿，分布在四川省的攀枝花和红格、米易的白马、西昌的太和，河北省承德的大庙、黑山、丰宁的招兵沟、崇礼的南天门，山西省左权的桐峪，陕西省洋县的毕机沟，新疆的尾亚、哈密市香山，甘肃的大滩，河南省舞阳的赵案庄，广东省兴宁的霞岚，黑龙江省的呼玛，北京昌平的上庄和怀柔的新地。

我国钛铁矿砂矿资源主要分布在广东、广西、海南和云南等省区，矿点比较分散，尚未发现大型矿床。与国外比较，我国砂矿钛铁矿的品位相对较低，大部分精矿中的 TiO_2 含量在48%～52%之间，只在广西部分地区有 TiO_2 含量54%～60%的高品位优质钛铁矿。全国共有钛铁矿砂矿区66处，其中大型9处、中型15处、小型42处，其矿床特点是矿点比较分散、规模小、品位低。海南和云南的储量相对较大[5,8~12]。

1.3　钛冶金

钛发现于18世纪末。1791年，英国牧师兼业余矿物学家格雷戈尔（W. Grgor）在教区附近的黑色磁性砂矿中发现了一种新的氧化物矿，并将其命名为Menaccanite。1795年，德国化学家M. H. 克拉普鲁斯（M. H. Klaproth）在研究金红石时也发现了该氧化物，并确认这是一种新型元素的氧化物，M. H. Klaproth以希腊神话中大力神泰坦（Titans）来命名这种新元素“钛”（Titanium）。

从钛元素的发现到第一次制得较纯的金属钛经历了百余年的历程，再到首次成功进行工业生产又花费了近40年的时间。在一百多年的时光里，研究者们进行了大量的探索与实验，终于在1948年，美国杜邦公司用镁还原法生产出2t海绵钛，意味着钛冶金工业正式形成。

1.3.1　钛冶金发展史

金属钛的工业冶炼从1948年发展至今，仅有半个多世纪的历史，但钛冶金的发展速度很快，超过了其他任何一种有色金属的发展速度。从全世界海绵钛工业生产规模情况可以看出，20世纪60年代，海绵钛的生产规模为60kt/a，90年代增长到130kt/a，2012年海绵钛的生产量已经超过了200kt。

在实现工业化生产之前，钛提取冶金发展进程中重大的发明见表1-8。19世纪中期，众多学者就尝试从含钛矿物中提取金属钛，但是均以失败告终，主要是由于在提炼过程中，均未使体系与大气隔离，而金属钛在高温下的化学性质极其活泼，很容易和大气中 O_2、N_2 等反应。因此，尽管有人曾声称获得了金属钛，但事实上他们真正得到的可能是钛的碳化物（TiC）、氮化物（TiN）和低价氧化物（TiO）及其固溶体，主要是由于这些物质的外观很像金属。直到1910年，美国化学家M. A. Hunter才首次用金属钠还原 $TiCl_4$，得到纯度高达99.9%的金属钛；1940年，卢森堡科学家W. J. Kroll用镁还原 $TiCl_4$ 制得纯钛。从此，钠热还原法和镁热还原法成为生产海绵钛的工业方法。

表 1-8 钛冶金重要发展史[8]

年份	发明者	方法概要
1875	克利洛夫	钠还原法
1876	贝齐里乌斯	钾还原 K_2TiF_6
1887	厄尔森、彼得森	钠还原 $TiCl_4$
1895	缪萨拉	碳还原 TiO_2
1910	亨特	在钢瓶内用钠还原 $TiCl_4$
1925	阿尔科尔、捷克尔	在热钨丝上分解 TiI_4
1932	克劳尔	钙还原 $TiCl_4$
1940	克劳尔	在氩气保护下，镁还原 $TiCl_4$
1948	美国杜邦公司	工业化生产

以含 TiO_2 的富钛料为原料制取金属钛的途径有很多，已尝试过的方法概况如图 1-2 所示。归纳起来分为以下几类：氧化钛还原法、卤化钛还原法、钛化合物电解法、卤化钛热分解法和其他方法。其中，钠热还原法，简称钠法，又称亨特（Hunter）法或 SL 法，是最早研究用来制取金属钛的方法。1910 年，Hunter 等在美国通用电气公司研究灯丝新材料时，首次制取了较纯的金属钛，之后英国、日本等几家钛厂也纷纷使用钠热还原法生产金属纯钛。其生产工艺流程如图 1-3 所示。

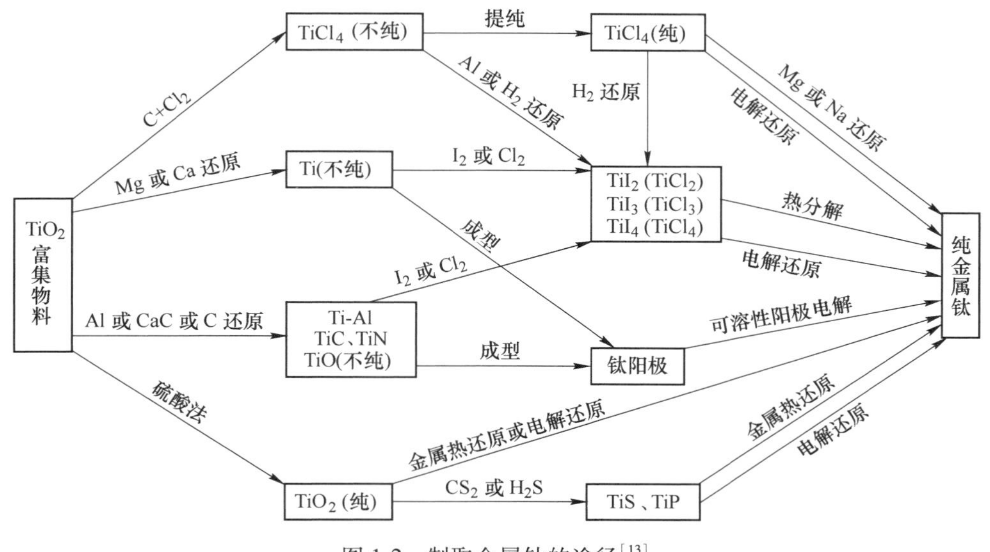

图 1-2 制取金属钛的途径[13]

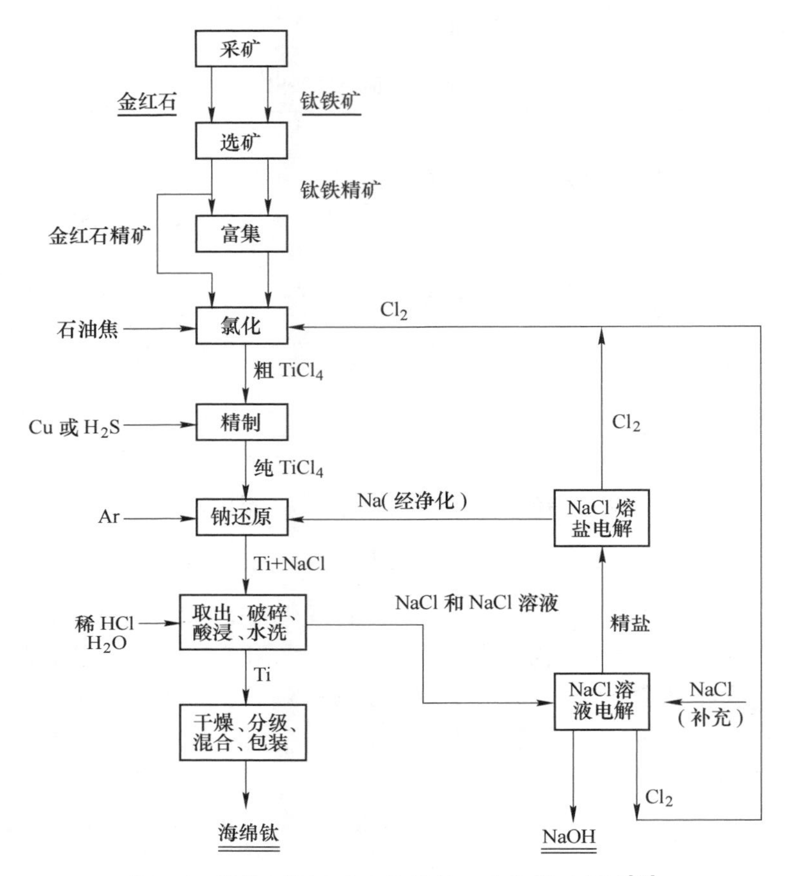

图 1-3　钠热还原法生产海绵钛工艺流程示意图[13]

钠热还原法的生产过程是在惰性气氛保护下，用钠还原 $TiCl_4$ 生产海绵钛，主要反应为：

$$TiCl_4 + 4Na \xlongequal{} Ti + 4NaCl \tag{1-1}$$

$$TiCl_4 + 2Na \xlongequal{} TiCl_2 + 2NaCl \tag{1-2}$$

$$TiCl_2 + 2Na \xlongequal{} Ti + 2NaCl \tag{1-3}$$

将制得的还原产物进行水洗除盐操作，最后经过产品后处理即得到产品海绵钛。按照还原过程进行的方式，钠法工艺可分为一段法和两段法。反应过程按式（1-1）一次完成还原反应制取海绵钛的工艺，称为一段法；反应过程先按式（1-2）制取 $TiCl_2$，然后按式（1-3）继续将 $TiCl_2$ 还原为海绵钛的工艺，称为两段法。

半连续两段钠还原法设备示意图如图 1-4 所示。第一段还原设备是一个内有搅拌装置的连续反应器，$TiCl_4$ 和液体钠从反应器顶部加入，每加入 1mol $TiCl_4$ 同时加入 2mol 钠，在 230～300℃下进行一段还原反应，反应主要按式（1-2）进行，生成物主要是 $TiCl_2$ 和 NaCl，反应器充氩气在 0.01～0.02MPa 的压力下操作。第二段还原设备为一只大型烧结锅，间歇操作。大型烧结锅组装后充入氩气，并放置在第一段反应器下面的支撑架上，加入进行第二段还原反应所需要的钠，并与第一段反应器出料管道连接，由螺旋输送器将第一段还原产物 $TiCl_2$ 和 NaCl 加入烧结锅中。当加入的 $TiCl_2$ 量与预加钠达到平衡时，将大型烧结锅取下，放入加热炉中加热至 900～950℃进行第二段还原，反应主要按式（1-3）进行，生成产物 Ti 和 NaCl。反应后生成的 NaCl 从纤维状的海绵钛中排出，然后冷却、取出海绵钛，破碎后，在旋转连续浸出器中用 0.5%的 HCl 浸出 NaCl，经水洗、真空干燥后获得钛产品。

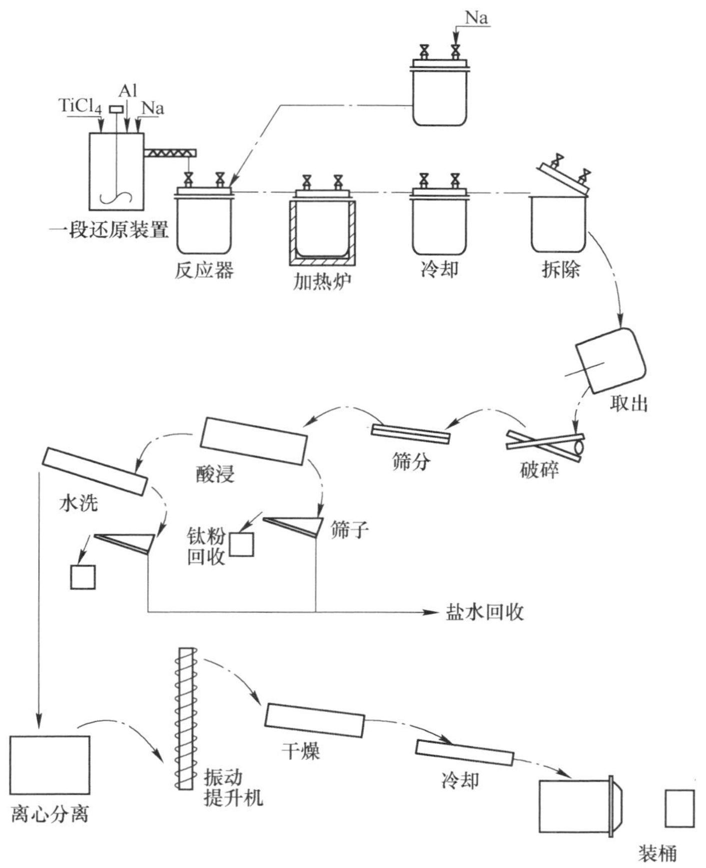

图 1-4 两段法钠热还原流程示意图[13]

日本曹达公司采用了一段预加钠还原法，其工艺为：先在还原反应器中预加钠，再徐徐加入 $TiCl_4$，保持反应温度为 850～880℃，反应按式（1-1）一步生成金属钛和 NaCl。海绵钛在反应器中间，钛坨四周为盐。反应完毕经冷却后，取出产物。

总体来说，钠热还原法生产的海绵钛纯度较低，含 Cl 量高，产品质量不及后续发展的镁热还原海绵钛。自 20 世纪 90 年代初，随着美国活性金属工业公司和英国迪赛德公司关闭之后，钠热还原法退出历史舞台，取而代之的是镁热还原法。

镁还原法是由卢森堡化学家 Kroll 发明，他一直致力于钛提取冶金的研究，并在 1940 年发明了 Kroll 海绵钛生产法，即 Kroll 法。1948 年美国杜邦公司采用该法首次生产了 2t 海绵钛，从此开创了工业化生产金属钛的新纪元。图 1-5 为当前国内外普遍采用的镁还原—真空蒸馏法生产海绵钛工艺流程。先将钛矿物经过富集—氯化—精制制取 $TiCl_4$，接着在氩气或氦气惰性气氛中用镁还原 $TiCl_4$ 为海绵钛，然后进行真空蒸馏分离除去镁和 $MgCl_2$，最后经过产物后处理即获得海绵钛产品。Kroll 法生产海绵钛的技术显著进步，逐渐淘汰了钠还原法，发展成为目前世界上生产海绵钛最主要的方法。

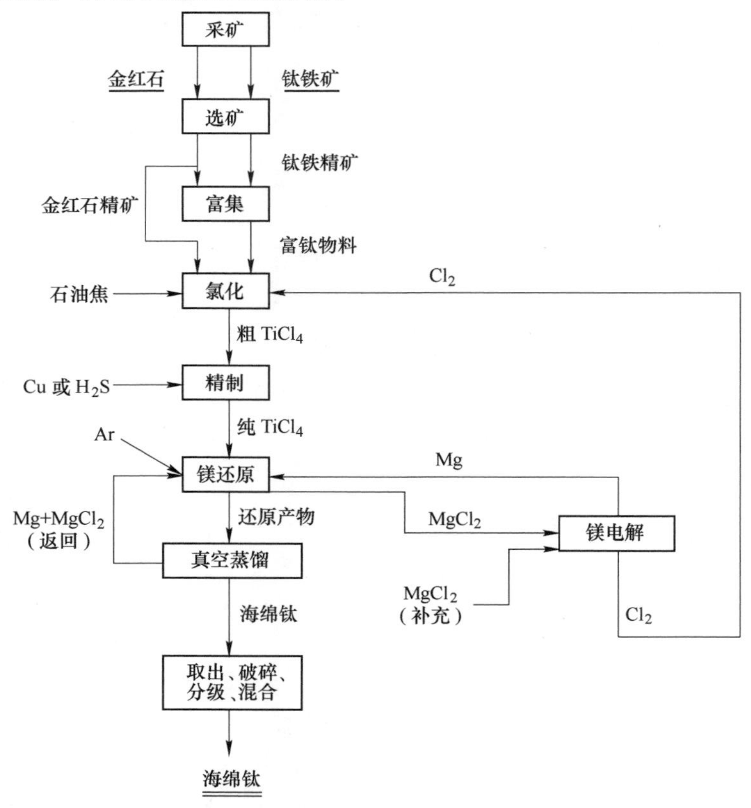

图 1-5　镁还原法工业生产流程示意图[2]

Kroll 法实现了氯/镁循环利用、设备大型化、生产过程计算机控制和“三废”治理等目标。随后英国、日本、苏联分别于1951年、1952年和1954年相继建立起各自的海绵钛工厂。由于钛材作为结构材料被广泛应用于飞机和航天器，钛的世界产量从1948年的3t，奇迹般地上升到1957年的25000t。日本大阪钛公司的海绵钛工厂是Kroll技术的典型代表，也是世界上最先进海绵钛工厂。该公司的技术进步体现在如下四个方面：（1）设备大型化：沸腾氯化炉直径3m，日产可达200t；还原—蒸馏联合炉最大炉产10t；多级电解槽110kA。（2）生产效率高：氯化由固定床改为流化床，生产效率提高了30倍；还原—蒸馏通过联合法和炉型大型化，生产效率提高了4倍；镁电解由于采用多级电解槽，生产效率提高了10倍。（3）产品质量优质化：优质海绵钛（布氏硬度70~90）产率达到76%。（4）技术经济指标先进：采用高品位天然金红石、人造金红石或富集高钛渣混合料为氯化原料，使每吨海绵钛的氯净耗降至200kg以下，镁净耗降至11kg，电耗降至15700kW，钛总回收率达95%以上。由此可见，Kroll法已然发展成为非常成熟的钛冶炼生产技术。

1.3.2 我国钛工业生产发展现状

我国是较早从事钛工业生产的少数几个国家之一。1955年在原北京有色金属综合研究所（现有研科技集团有限公司）开始钛生产工艺的研究工作，1958年以10kg/炉的实验室规模制取了第一批海绵钛。1959年在抚顺铝厂扩大至100kg/炉小规模试生产，为我国海绵钛的生产奠定了基础[6,7,13]。20世纪60~70年代，我国兴建了十几家海绵钛工厂，其中1970年9月投产的位于遵义的海绵钛工厂规模最大。同时，我国还兴建了一批生产钛材的工厂，其中以位于宝鸡的钛材工厂规模最大。然而，当年我国钛工业发展并不顺利，大多数工厂规模很小，技术水平低，钛材深加工能力不足。1980年我国海绵钛产量2800t，钛材产量仅500t。80年代我国压缩军工，生产海绵钛的需求减少，大部分工厂关闭或转产，到90年代只剩下遵义和抚顺的两家海绵钛工厂。近年来由于市场需求旺盛，我国又新建了一些钛工厂，目前钛工厂已增加到十几家。

目前世界上生产海绵钛的国家主要有6个：美国、日本、俄罗斯、乌克兰、哈萨克斯坦和中国。生产钛材的国家主要有8个：美国、俄罗斯、日本、中国、英国、法国、德国和意大利。拥有从矿石处理到钛材生产完整钛产业链的国家只有4个：美国、日本、俄罗斯和中国。衡量钛工业规模有两个指标：海绵钛产量和钛材产量。海绵钛产量反映的是原料生产能力，钛材产量反映的是深加工能力。图1-6给出了我国2006~2012年海绵钛及钛材产量。2007年我国海绵钛产量4.52万吨，比2006年增长1.5倍，超过日本、俄罗斯和哈萨克斯坦，跃居世界第一。2012年我国海绵钛的产量达到了10.9万吨。2007年，我国钛锭生产能力达到48.3kt，比2006年增长55.8%。宝钛股份公司扩大了钛锭生产能力，攀钢也进行了钛材项目建设。2007年，我国共生产钛粉约1.52kt，比2006年增长8.4%；共生产钛加工材23.6kt，相比2006年增幅达84.6%[1,14,15]。

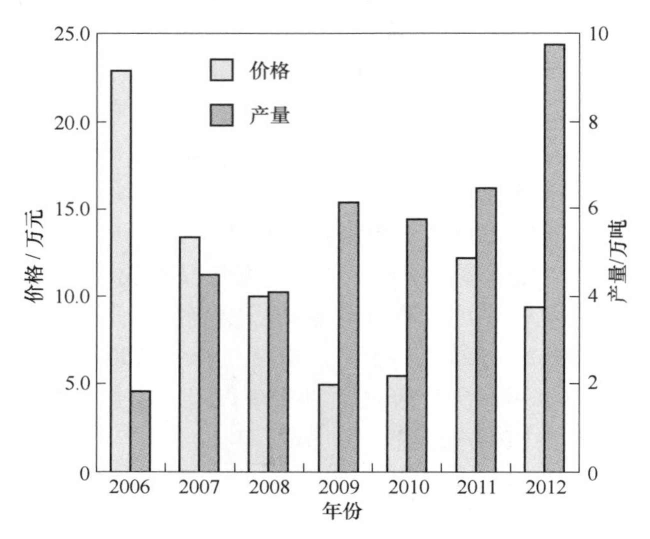

图1-6　我国2006~2012年海绵钛产量和价格

相比于钛丰富的储量，至今海绵钛的世界产量仍很小，其原因在于：（1）工序多、流程长，生产周期长，从钛渣算起到产出海绵钛需时在10~20天以上，仅是还原—蒸馏工序，1~3t炉需5~6天，5t炉需8~10天；（2）能耗过大，“三废”较多，处理费用高；（3）一次性投资大，1t海绵钛的建设投资约13万~15万元。

1.3.3　Kroll钛冶金工艺与问题

镁热还原$TiCl_4$法（也称Kroll法）是目前世界上最主要的生产海绵钛的工艺。图1-7为Kroll工艺流程图。首先将钛矿物进行富集获得富钛矿；在流态化炉中沸腾氯化制备粗$TiCl_4$；在精馏塔内精制$TiCl_4$；将精制$TiCl_4$以一定的流速通入钢制反应器中，使其与熔融态的Mg反应，反应温度为800~950℃。反应产物为海绵状金属钛，大部分副产物$MgCl_2$和过量的液态Mg可从钢制反应器底端放液口流出分离；残留在产物中的少量Mg和$MgCl_2$在900~1000℃下采用真空蒸馏法除去；反应产物$MgCl_2$电解再生Mg和Cl_2循环利用。

图1-8为Kroll工艺的化学反应式。氯化步骤是将TiO_2氯化成$TiCl_4$，然后$TiCl_4$作为第二步镁热还原的原料以制备金属钛，金属热还原步骤生成的产物$MgCl_2$则通过熔盐电解为Mg和Cl_2，返回到镁热还原和氯化步骤，整个流程为一个闭合的回路。总反应式为C还原TiO_2生成Ti和CO，但实际上用碳无法还原出

金属钛，最终只能还原生成 TiC，所以才需要 $TiCl_4$、Mg、$MgCl_2$ 和 Cl_2 作为中间产物，通过多步中间反应来生产金属钛[16,17]。

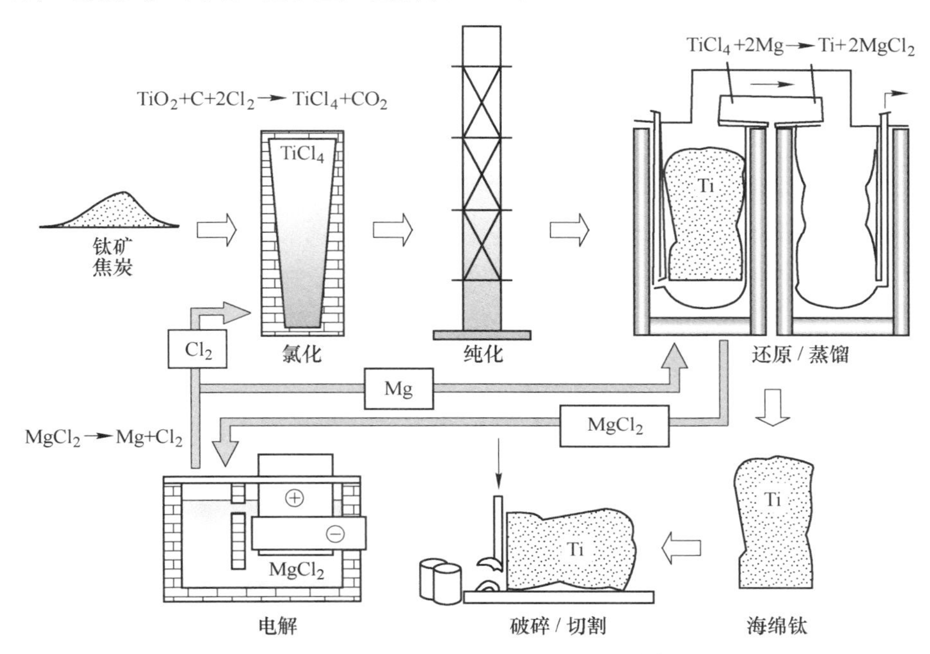

图 1-7 Kroll 法制备金属 Ti 流程图[9]

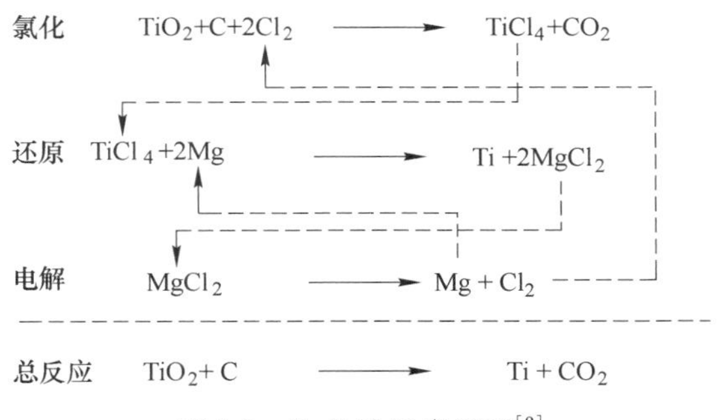

图 1-8 Kroll 法反应机理[9]

日本昭和钛公司采用镁还原、真空分离法生产海绵钛，实现了还原和分离设备一体化、批量生产大型化，并且把氯化镁电解改为多极电解槽，使生产率大幅增加，电耗比改进前降低了 40%以上，维修费节省 20%。每吨海绵钛的耗电量（包括氯化镁电解消耗电力）降到了 16000kW · h。Kroll 法从 1948 年开发当初就因其成本高、还原效率低而受到批评。半个世纪以来，该工艺并没有得到根本的改变，仍然是间歇式生产，未能实现生产的连续化，生产成本高，这也是限制金属钛不能作为大宗金属规模化应用的关键问题。Kroll 法生产成本高的根本原因是[3,18~20]：

（1）耗时：全过程需要 10~15 天；

（2）耗能：吸热的化学还原与放热的化学还原分别在不同的反应器中完成，潜能未能利用，生产 1t 钛耗能 6945kW · h（不包括氯化镁电解能耗）；

（3）耗力：劳动强度大，反应需要在真空和保护气氛下进行，而过程为间歇操作，不能实现连续化生产；

（4）原料贵：Mg 和 $TiCl_4$ 制备成本高；

（5）环境污染：$TiCl_4$ 和 Cl_2 具有强腐蚀性；

（6）设备投资大。

1.3.4　钛冶金发展需求

与其他金属的冶金过程相比，钛提取冶金工艺仍处于不断发展和完善阶段。表 1-9 为 2013 年几种常用金属和矿石的价格及金属产量的统计数据。从表中的地球元素丰度数据可以发现，钛元素在地壳中含量为 4400ppm，相当于铜的 80 倍、铅的 338 倍、锌的 62 倍，但是金属钛 2013 年世界产量仅仅只有 24 万吨，是同年铜、铅、锌产量的 1/80、1/42、1/50。分析以上数据，可发现钛丰富的矿产资源与金属钛的产量和价格存在极大的反差。一般来说，金属价格包含矿石成本和金属提取冶炼成本两个部分。因此，用金属价格减去矿石价格（见表 1-9 的最后两列数据）基本能够体现金属的提取冶炼成本。通过计算会发现，钢、铜、锌和铅的金属价格与其矿石价格相差不大，金属铜的差值最大，但也仅为 6000 元/吨左右，说明这几种金属的冶炼成本低；金属镁和铝的价格比其矿石价格高出人民币 10000 多元/吨，原因在于需要通过熔盐电解的方法提取，而无法通过碳热还原镁和铝的氧化物直接获得，所以其价格基本体现的是电解工艺中的电耗成本。最为反常的是钛，其矿石价格只有人民币 3200 元/吨，然而金属钛的价格却高达人民币约 60000 元/吨，远远超出钛矿石价格以及其他几种常用金属的价格[6,21~23]。这表明金属钛的冶炼成本极高，造成了金属钛的价格昂贵，进而限制市场的需求量。

表 1-9　2013 年常用金属矿石和金属的价格及金属产量

元素	元素丰度 /ppm	金属产量 /万吨 · 年$^{-1}$	矿石价格 /元 · 吨（元素）$^{-1}$	金属价格 /元 · 吨$^{-1}$
铁	50000	16070	1650	3550
镁	20900	85	1200	16800
铝	81300	4560	1800	13150
钛	4400	24	3200	60000

续表 1-9

元素	元素丰度 /ppm	金属产量 /万吨·年$^{-1}$	矿石价格 /元·吨（元素）$^{-1}$	金属价格 /元·吨$^{-1}$
锌	70	1200	10200	15050
铜	55	1870	43650	49800
铅	13	1018	10650	13900

高昂的价格，导致钛不能像金属铁和铝一样被广泛地应用，迄今为止仍限于高价位的特殊用途。钛的优异物理化学性能和无限应用潜力与其产量（约 20 万吨/年）及社会需求之间存在着极大反差。金属钛的密度（4.5g/cm^3）是不锈钢（7.9g/cm^3）的 57%、铜（8.9g/cm^3）的 51%，因此同等体积的金属钛，其使用量仅为不锈钢或铜的一半左右。从比强度、耐蚀性和生物兼容性的角度而言，不锈钢和铜远劣于钛。如果钛及钛材的价格能够降低到不锈钢价格，金属钛材完全能够取代目前所有不锈钢和部分铜材料。2013 年全球不锈钢年产量约为 4000 万吨，铝约为 4560 万吨，铜及铜合金约为 1870 万吨。从矿产资源角度考虑，金属钛的产量应该在铜、铅、锌之前，与金属铝和不锈钢相当，合乎逻辑的产量大概为 4500 万吨左右。实际上，受金属钛昂贵价格的制约，2013 世界金属钛的总产量仅为 24 万吨。

通过以上数据的分析，可以发现金属钛及其合金具有十分巨大的潜在市场。如果能够在提取工艺上实现突破，降低生产成本，金属钛及合金将会在金属材料中发挥更为显著的作用，市场容量也会极大扩张。

参 考 文 献

[1] 莫畏，邓国珠，罗方承．钛冶金［M］.2 版．北京：冶金工业出版社，1998.

[2] 王桂生，田荣璋．钛的应用技术［M］. 长沙：中南大学出版社，2007.

[3] 孙康．钛提取冶金物理化学［M］. 北京：冶金工业出版社，2001.

[4] 莫畏．钛［M］. 北京：冶金工业出版社，2008.

[5] 邓国珠．钛冶金［M］. 北京：冶金工业出版社，2010.

[6] 李大成，刘恒，周大利．钛冶炼工艺［M］. 北京：化学工业出版社，2009.

[7] 王向东，郝斌，逯福生，等．钛的基本性质、应用及我国钛工业概况［J］. 钛工业进展，2004，21（1）：6-10.

[8] 邹武装．钛手册［M］. 北京：化学工业出版社，2012.

[9] 雷霆．钛及钛合金［M］. 北京：冶金工业出版社，2018.

[10] 王立平，王镐，高颀．我国钛资源分布和生产现状［J］. 稀有金属，2004，28（1）：265-267.

[11] 吴贤，张健．中国的钛资源分布及特点［J］．钛工业进展，2006，23（6）：8-12.
[12] 沈强华，张宗华．昆明地区钛资源分布及评价［J］．昆明理工大学学报（理工版），2003，28（5）：17-20.
[13] 莫畏，董鸿超，吴享南．钛冶炼［M］．北京：冶金工业出版社，2011.
[14] 吴维平，江来利，张勇．安徽大别山金红石矿资源勘查、开发及利用现状［J］．安徽地质，2003，13（1）：66-69.
[15] 邓国珠．世界钛资源及其开发利用现状［J］．钛工业进展，2002（5）：9-12.
[16] 冯宁，马锦红，曹坤．熔盐氯化法生产粗四氯化钛应用研究［J］．辽宁工业大学学报（自然科学版），2017，37（3）：180-182.
[17] 陈勇，李正祥，张建安，谢丽娟．Kroll 法生产海绵钛还原温度对产品结构的影响研究［J］．有色金属（冶炼部分），2014（4）：29-32，37.
[18] 王震，李坚，华一新，张志，张远，柯平超．钛制取工艺研究进展［J］．稀有金属，2014，38（5）：915-927.
[19] 王家伟，贾永真，刘华龙．海绵钛生产工艺研究进展［J］．广州化工，2013，41（14）：11-13.
[20] 刘美凤，郭占成．金属钛制备方法的新进展［J］．中国有色金属学报，2003（5）：1238-1245.
[21] 邹建新，王荣凯，高邦禄．攀枝花钛资源状况及钛产业发展思路探悉［J］．四川冶金，2004（1）：2-5.
[22] 孙仁斌，王秋舒，元春华，张潮，张鑫刚，巴特尔．全球钛资源形势分析［J］．中国矿业，2019，28（06）：1-6.
[23] 彭英健，吕超．钒钛磁铁矿综合利用现状及进展［J］．矿业研究与开发，2019，39（5）：130-135.

2 钛冶金新技术

尽管 Kroll 钛冶炼工艺已被普遍应用，是目前金属钛的主要生产方法。然而，自 Kroll 法工业化以来，人们从未间断对钛冶金新技术的探索，根本原因就是 Kroll 法仍然存在流程长、污染重、能耗高、间歇式操作等问题，造成钛生产成本高和价格昂贵[1]。尽管金属钛在地球金属元素丰度排第四，但由于高的价格，一直难以规模化生产，仅在高新技术和尖端领域等特殊场合应用，在需求量更大的民用领域无法得到广泛应用[2~5]。因此，长期以来，低成本、清洁化的钛冶金新技术一直受到广泛关注。

目前，研究开发的钛冶炼新技术可以分为热还原和熔盐电解两类[6~8]，前者主要是以活泼碱/碱土金属（如钠、镁、钙等）为还原剂，高温热还原含钛化合物（$TiCl_4$，TiO_2 及 K_2TiF_6）制备金属钛[9,10]；后者则是在熔盐体系中，以钛的氯化物或氧化物（如 $TiCl_4$、TiO_2 等）为原料，电化学还原制备金属钛[11,12]。近年来，金属钛冶炼新技术在基础理论和提取工艺方面取得了较大的突破，然而离替代 Kroll 法，实现工业化应用仍有较大差距。本章着重围绕近年较受关注的典型热还原法（如 Armstrong 法[13]、PRP 法[14]和 SRI international 法[15]等）和熔盐电解法（如 Ginatta 法[16~19]、MER 法[20,21]、FFC 法[22]、OS 法[23]、USTB 法[24~27]、QIT 法[28]等），介绍钛冶炼新技术的基本原理和工艺过程。

2.1 热还原制备金属钛

2.1.1 Armstrong 法

Armstrong 工艺以其发明人 Armstrong 命名，由于是由美国芝加哥国际钛粉公司（International Titanium Powder，ITP）开发，又名 ITP 法。其基本原理是用金属钠还原四氯化钛制备金属钛，实际上属于 Hunter 法，但与传统的 Hunter 法并不相同，是一种连续生产工艺。Armstrong 工艺的核心设备是一种将四氯化钛蒸气注射到钠气流中的装置——Armstrong 反应器（见图 2-1），包括内外两个环状管，在两管之间有针阀，它可以轴向转动，位于开放位置和封闭位置之间，开放位置位于内管与外管液体接合处，封闭位置处是从外管将内管封住。

Armstrong 工艺流程如图 2-2 所示。制备过程在钛反应器中连续发生；液态钠通过一个圆柱形的腔室被抽进，而四氯化钛蒸气通过一个内部喷嘴注射到钠气流里面；在喷嘴出口处快速发生反应，生成钛粉；钛、钠和氯化钠通过过滤、蒸馏

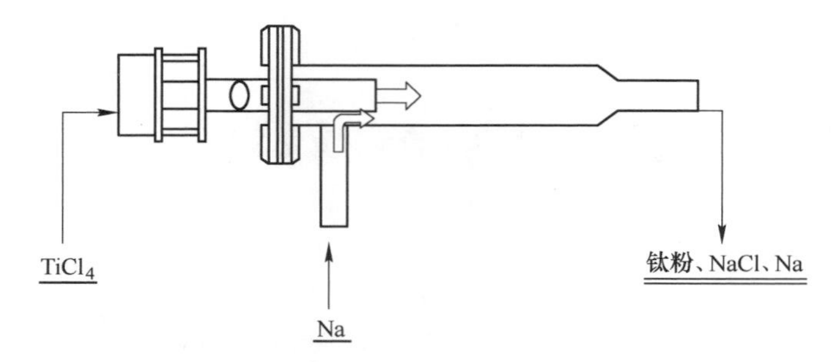

图 2-1　Armstrong 工艺反应器[13]

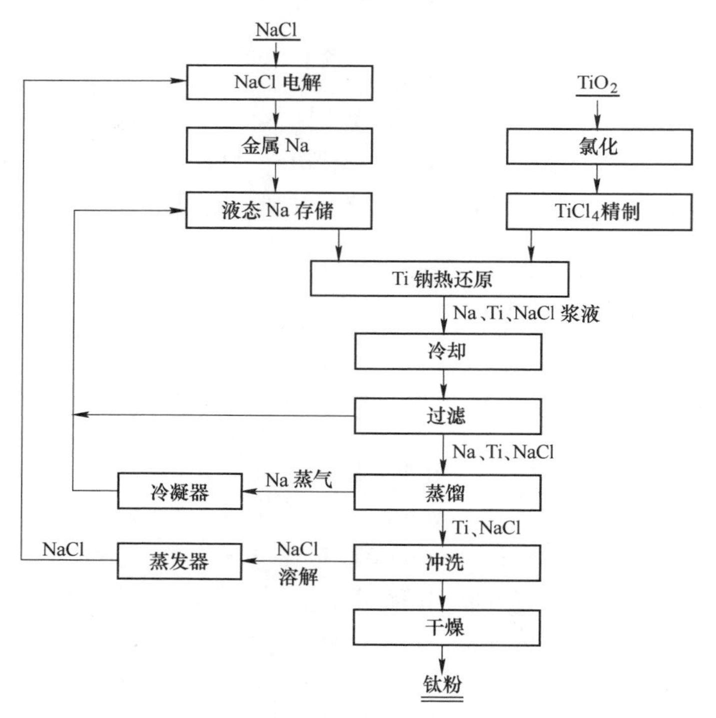

图 2-2　Armstrong 法工艺流程[13]

和洗涤得以分离。还原副产物 NaCl 通过熔盐电解为金属钠和氯气，重新返回利用。所制得的钛粉接近于商业一级品，其中氯元素含量小于 50ppm。试验性工厂中得到的钛粉中氧含量小于 1000ppm，能够满足大部分市场需求。如果同时通入其他金属的氯化盐，还可以制得 Ti-V、Ti-Al 等合金粉。近年来，曾将 Armstrong 法应用于制备 Ti-6Al-4V 合金粉末[29]，取得了良好的效果。

与 Hunter 法相比，Armstrong 法的优点为：

（1）连续化生产工艺，反应温度较低，因此减少了生产成本；

（2）产品纯度较高，不需要进一步处理；

（3）产品适用性广，该法生产的钛粉满足粉末冶金、喷射成型以及其他快速制造领域的需求；

（4）副产物 NaCl 可分解为钠和氯气，实现循环利用。

目前，ITP 公司建设了试验性工厂进行生产，其操作参数和分离技术均为连续模式。钛粉生产能力为每年 400 万磅（1lb = 0.4536kg），采用大容量或多重反应器即可提高产能，经济规模主要取决于附属过程与主流程的匹配。该公司已经对试验工厂的产品进行了全面的分析，如质量、形貌、粒度分布等，后续的熔体处理系统已经通过检测和校验。ITP 公司正在致力于工艺过程和粉末质量改进，以优化粉末的使用性能。

同时，ITP 公司已从 DARPA（The Defense Advanced Research Projects Agency）获得资助，用来改造 Armstrong 工艺，使之能够生产氧含量低的合金。目前，Armstrong 工艺已经可以生产可使用的钛粉末，是最接近工业化生产的一种工艺。然而，仍存在众多问题需要解决，包括：工艺装备的使用寿命、分离设备的优化、以 $TiCl_4$ 为原料的产品成本、氧含量的进一步降低、还原剂回收利用以及符合使用要求的钛产物粒径和形貌控制等。

2.1.2 PRP 法

预成型还原工艺（Preform Reduction Process，PRP）是由日本东京大学的 Okabe 教授提出的。图 2-3 为 PRP 工艺流程图，该工艺主要包括三个重要的步骤：预成型、钙蒸气还原和酸浸除杂，从而获得金属钛。以 TiO_2 为原料与助熔剂 CaO、$CaCl_2$、黏结剂混合均匀后，预先制备出所需的形状，然后在 1073～1273K 的温度下烧结除去黏结剂和水。利用钙蒸气将烧结块中 TiO_2 还原为金属钛；然后通过酸浸、真空干燥等，获得钛粉产品。早在 PRP 法制备金属钛之前，就有用金属钙直接还原制备金属钛的研究工作，但是最终并没有实现工业化生产，主要的原因是：金属钙在还原二氧化钛的时候，会生成一层 CaO 包覆在金属钛颗粒表面，抑制还原反应的持续进行；而且 CaO 层很难被完全去除，在金属钛粉熔炼的过程中，CaO 便会进入到金属钛锭，造成 Ca 和 O 含量超标，导致制备的金属钛无法使用。PRP 工艺通过在原料 TiO_2 内添加 CaO 的助熔剂 $CaCl_2$，因为 CaO 在 $CaCl_2$ 熔盐中的溶解度可达到 20mol%左右，这样还原产生的氧化钙就会溶解到 $CaCl_2$ 助熔剂里，解决了 CaO 在金属钛表面包覆的问题。

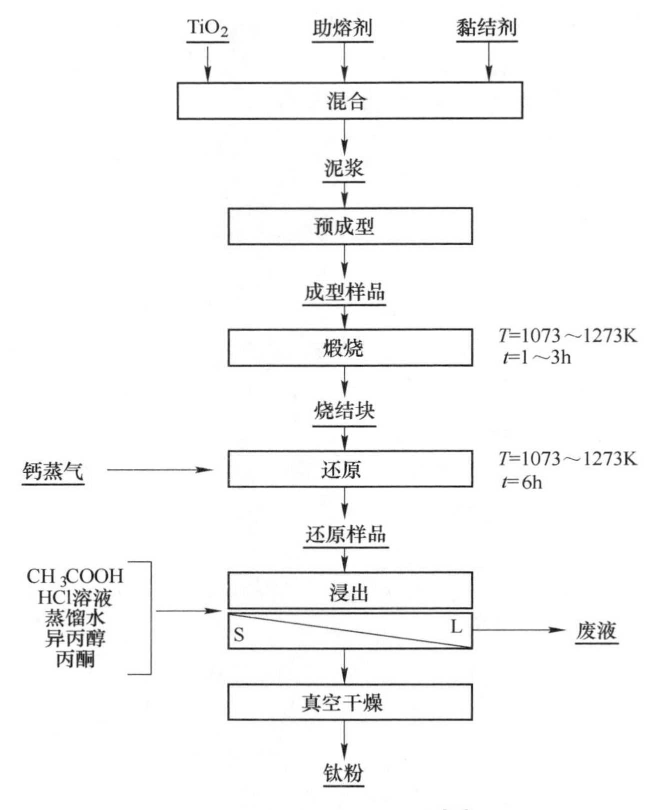

图 2-3　PRP 工艺流程图[14]

图 2-4 为 PRP 工艺实验装置示意图。烧结后的固体样品被放入不锈钢容器内，并置于熔融金属钙的正上方；金属钙在 1073～1273K 温度范围内形成钙蒸气，钙蒸气会与 TiO_2 发生反应生成 Ti 和 CaO。产物经过酸洗，可以得到纯钛粉末。该法最佳的产物成分为：钛含量 99. 8wt%，氧含量 2800ppm，铁含量 1000ppm，钙含量 300ppm。可见，氧和铁的含量都较高，只能达到中国海绵钛产品质量国家标准（GB/T 2524—2002）四级海绵钛要求。

PRP 法的优点为：（1）不需要制备 $TiCl_4$，直接以 TiO_2 为原料通过钙热还原制备金属钛，工艺简单；（2）直接制备获得金属钛细粉末，可作为粉末冶金的原料，提高了产品的附加价值[30~32]。

然而，PRP 法也存在明显的不足之处：（1）对原料 TiO_2 纯度要求高；（2）使用 $CaCl_2$ 助熔剂对氧具有一定的溶解度，容易造成产品的二次氧化，产品氧含

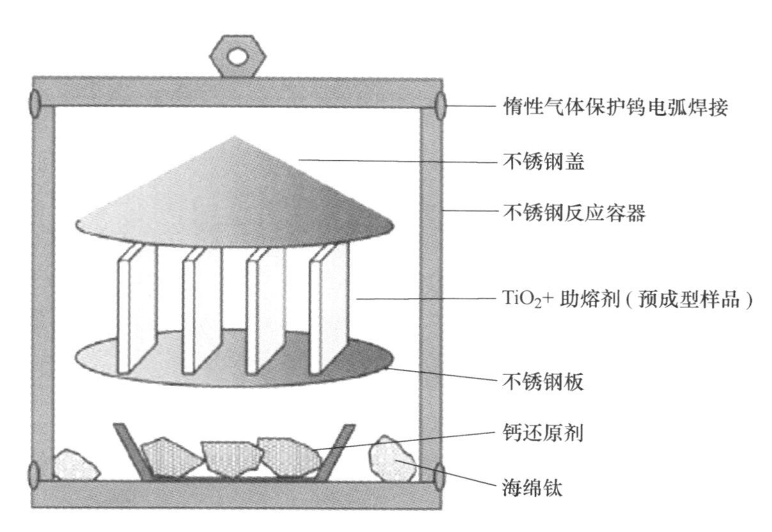

图 2-4 PRP 工艺的实验装置示意图[14]

量偏高；（3）还原剂为金属钙，同样需要通过电解生产，所以钛的生产成本依然会比较高[33]；（4）钛纯度较低；（5）反应过程放热严重，温度有效控制是工艺放大的难题。

2.1.3 SRI International 法

SRI International 法是在高温流化床中利用氢气将 $TiCl_4$ 和其他金属氧化物还原为金属或合金，产物沉积到相同材料的粒状基底上[34]。颗粒的直径从微米级到毫米级。如果要采用 SRI International 工艺生产钛粉，则需要用钛作为基底。通常基底是由钛产物破碎为小颗粒制成，该工艺也同样适用于钛合金（如 Ti-Al-V）生产。还原过程分两步并在不同的温度下进行，因此反应器通常设计为两个反应区域，如图 2-5 所示。在第一个反应区内，温度基本维持在 800~1200℃之间，$TiCl_4$ 蒸气首先通过一个含有海绵钛或钛屑的混合流化床，发生如下反应：

$$3TiCl_4(g) + Ti(s) = 4TiCl_3(g) \quad (2\text{-}1)$$

$$TiCl_4(g) + Ti(s) = 2TiCl_2(g) \quad (2\text{-}2)$$

在第一反应区可得到钛的低价卤化物，以 $TiCl_x$ 表示，并由惰性气体氩气移送到第二反应区。经氢气还原后，得到金属钛粉，其反应为：

$$2TiCl_x(g) + xH_2(g) = 2Ti(s) + 2xHCl(g) \quad (2\text{-}3)$$

在生产中，为了获得高的反应率，第二反应区温度通常需要保持在 1230~1250℃。同其他钛粉制备方法不同的是，SRI International 法不需要任何其他污染性的中间物质。因此，该工艺过程可以省去净化等工序，容易实现对杂质含量的控制。

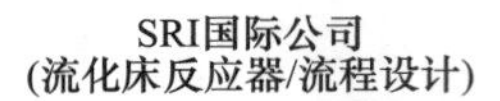

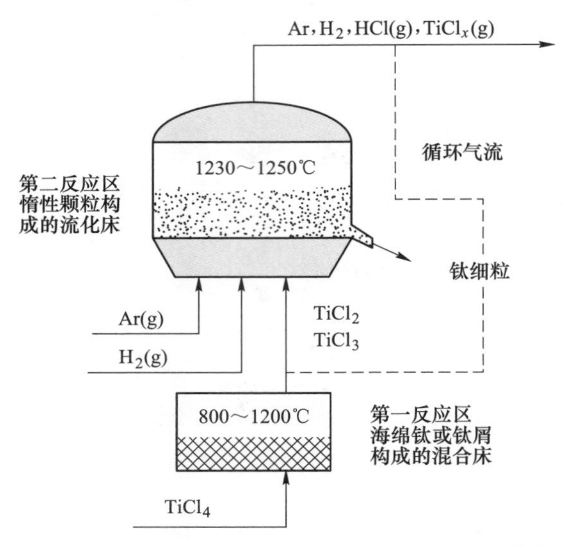

图 2-5　SRI 流化床反应器的示意图和基本布局[15]

目前，SRI International 工艺尚处于实验室研究的初期阶段，存在操作温度高，能耗大的缺点。未来仍需要重点解决金属钛粉末微观结构、生长速度、反应率、杂质（如 O、C、N）控制等问题，需明确扩大化生产实验的放大效应，并进行反应器的设计以及产品成本计算。由于该工艺需采用特殊的基底材料，且使用 $TiCl_4$ 作为原料，因此成本问题可能会成为限制其工业化的瓶颈。此外，能源利用率以及产品的沉积速度都可能成为该工艺规模化的技术难题。

2.2　熔盐电解制备金属钛

相比于热还原法，熔盐电解法提取金属钛具有过程简单、可连续操作、产品质量好等优势，被认为是未来最有望替代 Kroll 法的钛冶炼工艺，受到更为广泛的关注。早在 20 世纪 50 年代，Kroll 就曾预言熔盐电解法将会取代 Kroll 法，成为生产钛的主流方法。早期主要考虑以 $TiCl_4$ 为原料熔盐电解钛，然而由于 $TiCl_4$ 熔点与沸点都相对比较低、易挥发、在氯化物熔盐中溶解度低、电流效率低等原因，一直未实现适合工业应用的技术突破。近年来，随着钛需求量的快速增加，对低成本制钛技术的需求极为迫切。以钛氧、钛氯化合物为原料，研究者提出和证实了多种熔盐电解金属钛新技术。

2.2.1　Ginatta 法

1985 年，意大利科学家 Ginatta 提出了一种制备金属钛新方法，被称为“Ginatta 法”，通过电解 $TiCl_4$ 制备金属钛。采用多种卤化物熔盐作为电解质，将 $TiCl_4$ 蒸气通入其中，通过与金属 Ti 的化学还原或在阴极的电化学还原反应，将其转化成为 $TiCl_2$，然后 Ti^{2+} 在阴极电化学还原为金属钛。Ginatta 方法最大的特点在于使用一种特殊设计的电极（Intermediate electrode），解决了熔盐中 $TiCl_4$ 向 $TiCl_2$ 的转化问题。利用该电极将电解槽中的阴、阳极隔开，该电极正对阳极的一面为过渡阴极，正对阴极的一面为过渡阳极，利用该电极将 $TiCl_4$ 电化学还原为 $TiCl_2$，Ti^{2+} 溶于熔盐中，在阴极沉积为金属钛。由于该方法阴极可不断更换，因此为连续化生产提供了保证。在 1985～1991 年间，RMI 公司与 Ginatta 合作，试图将该方法应用于工业化生产。1985 年利用 Ginatta 法生产金属钛产量可达 70 吨/年，其扩大化项目照片如图 2-6 所示。然而，由于技术问题和成本太高，加之金属钛市场萎缩，RMI 公司于 1992 年退出该项目。

图 2-6　Ginatta 扩大化生产电解车间和阴极钛照片[35]

Ginatta 博士不断对 Ginatta 方法进行改进，为了解决电化学沉积阴极得到沉积物为枝晶状这一问题，借鉴铝电解方法，将电解温度提高到 1750℃，同时电解质体系采用含有一定量金属 Ca 的 $CaCl_2$-CaF_2 熔盐，利用阴极多相界面将获得的液态金属钛与电解质分离。这种多相界面包括 K、Ca、Ti、Cl、F 等离子，同时含有金属 K 和 Ca。液态金属钛沉积于电解槽底部，通过流入冷却 Cu 坩埚中而形成铸锭。

Ginatta 法可制备出直径为 250mm 的钛锭，如图 2-7 所示。然而，该方法也存在众多问题：（1）所使用的 Intermediate electrode 过于复杂，难以广泛采用；（2）获得的 Ti 为液态，虽然便于后续加工，但制备过程温度过高；（3）获得的 Ti 产品质量无法保证；（4）仍然使用 $TiCl_4$ 作为原料，成本过高。

从降低能耗与简化工艺过程角度看，采用熔盐电解法比 Kroll 法和 Hunter 法均具有优越性。在开发 Kroll 热还原法时，就有将钛的冶炼过程转变为电解法制

图 2-7　1750℃，Ginatta 法电解后电解质和金属钛产品[35]

备的想法，至今熔盐电解钛一直被广泛研究。$TiCl_4$ 电解还原法曾被认为是一种最有望取代 Kroll 工艺的方法，美国、日本、前苏联、意大利、法国、中国等都进行了长期和深入的研究，也曾建立了数家小型工厂，但由于存在各种价态钛离子间无效的氧化还原反应、隔膜破坏、枝晶等，未达到预计的技术经济指标，均被迫停产关闭。采用 $TiCl_4$ 电解还原法在技术上必须解决以下问题：

（1）$TiCl_4$ 在熔盐中的溶解度比较低，难以满足工业化大规模生产需要，而钛的低价氯化物在熔盐中的溶解度比较高。因此，要实现连续化高效电解制取金属钛，首先需要将 $TiCl_4$ 转变为钛的低价氯化物，且使之溶解于熔盐中。

（2）钛是典型的过渡族金属元素，钛离子在阴极的不完全还原以及不同价态钛离子之间的歧化、转换迁移反应会降低电解过程的电流效率。因此，必须将阴极区和阳极区隔开。

（3）为了创造良好的工作环境、降低钛损耗和降低钛氧含量，必须将电解槽密封。

2.2.2　MER 法

MER 工艺是由美国 MER 公司（Materials & Electrochemical Research Corp.）开发的一种电解还原制备金属钛工艺。采用 TiO_2 和碳作为阳极，使用氯化物熔融盐作为电解质，工艺流程如图 2-8 所示。

MER 工艺先将 TiO_2 与含碳的原料以及黏结剂搅拌均匀，然后模压成型制成电极。再通过热处理制成复合阳极，在氯化物熔融盐中进行电解，阴、阳极反应如下：

阳极：
$$Ti_xO_y + \frac{y+n}{2}C = x\,Ti^{\frac{2y}{x}+} + nCO + \frac{y-n}{2}CO_2 + 2ye \tag{2-4}$$

阴极：
$$x\,Ti^{\frac{2y}{x}+} + 2ye = xTi \tag{2-5}$$

图 2-9 为复合阳极（Ti_xO_y/C）电解原理示意图。复合阳极（Ti_xO_y/C）在熔

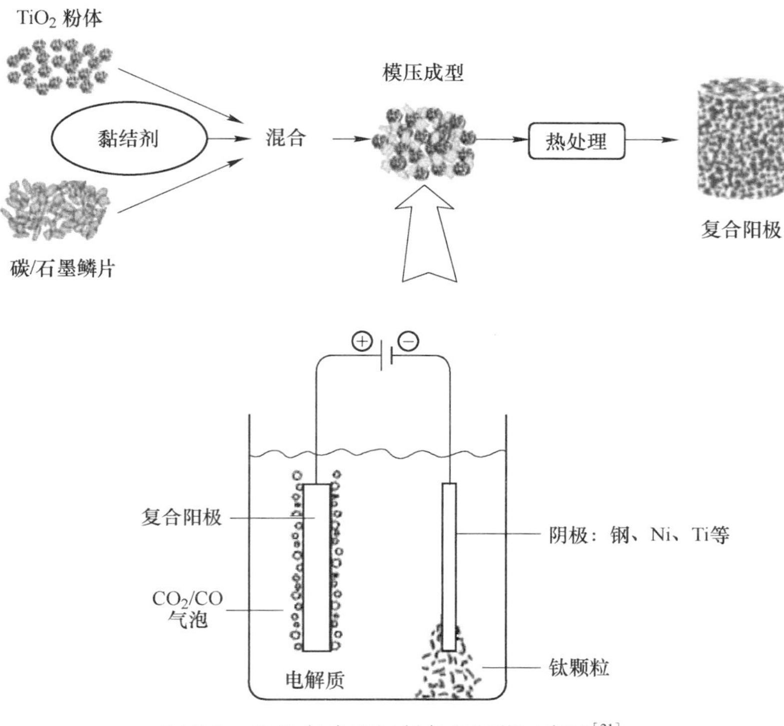

图 2-8 MER 复合阳极制备和工艺示意图[21]

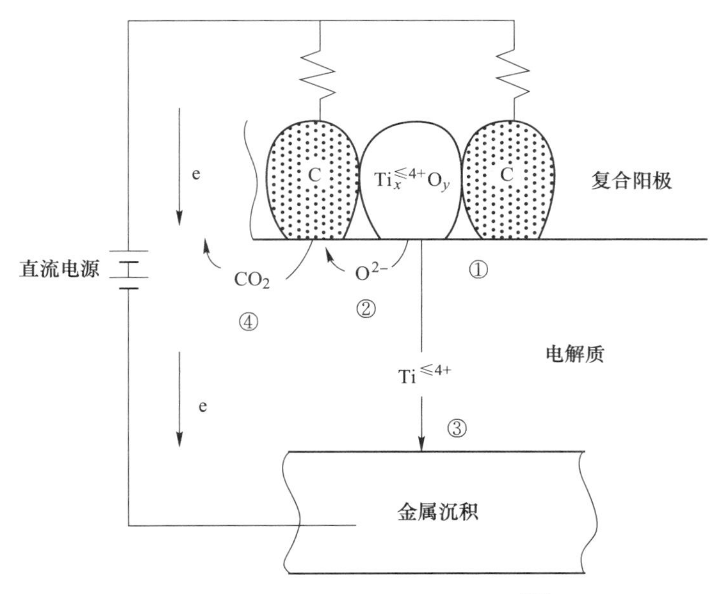

图 2-9 复合阳极电解原理示意图[21]

盐中发生电化学溶解，Ti_xO_y中的钛组分以$Ti^{\leq 4+}$的价态形式析出并电迁移至阴极，电化学还原获得金属钛，氧以O^{2-}的形式与C结合生成CO/CO_2气体析出。

通过控制熔融盐的比例、温度、电解参数等，可以得到不同形貌的金属钛。图2-10所示为该团队通过改变实验条件之后得到的不同形貌的阴极产物。通过使用更为廉价的富钛渣，与碳材料混合制备出TiO_2/C复合阳极，可降低整个工艺成本。MER工艺曾获得Defense Advance Research Project Agency（DARPA）的资助，正在扩大生产规模，在2010年左右达到了日产227kg金属钛的产能，其目标是将海绵钛的价格不断降低。然而，由于MER法使用TiO_2与C的复合物或不完全还原产物Ti_nO_{2n-1}（如Ti_3O_5、Ti_2O_3等）作为阳极材料，导电性能否满足电极材料的要求是一个关键。如果加入过量C以增加导电性，电解过程阳极将会产生大量残余C，影响复合阳极溶解、阴极产物纯度和电流效率等。

图2-10　阴极钛金属的形貌[21]

（a）微粒状；（b）薄片状；（c）连续状

2.2.3　FFC法

在早期的熔盐电解钛研究和技术开发中，钛原料均是以氯化钛的形式加入熔盐中进行电解[37,38]。然而，氯化钛必须从TiO_2氯化制备，该过程由于采用氯气，污染重，并且电解过程存在多价态钛离子的歧化反应，效率低。若能直接以TiO_2为原料电解制备金属钛，将显著缩短流程，同时不需要氯化处理，环境友好[39,40]。20世纪60年代，研究者围绕TiO_2曾开展大量工作，但均没有取得预期效果。

2000年，英国剑桥大学D. J. Fray、T. W. Farthing和G. Zheng Chen提出了一种固态TiO_2阴极直接熔盐电脱氧的新型工艺，实现了金属钛的短流程电解制备，被称为FFC剑桥工艺。具体过程如图2-11所示，将TiO_2粉末和黏结剂均匀混合，压制成型并在800~1000℃烧结为阴极片，以石墨为阳极，$CaCl_2$为熔盐电解质，进行电解。固态TiO_2阴极中的四价钛电化学还原为金属钛，O^{2-}进入熔盐并迁移至阳极，与碳反应生成CO_2和CO。阴极反应可用下式表示：

$$TiO_{2(阴极)} + 4e \longrightarrow Ti(s) + 2O^{2-}_{in\ CaCl_2} \tag{2-6}$$

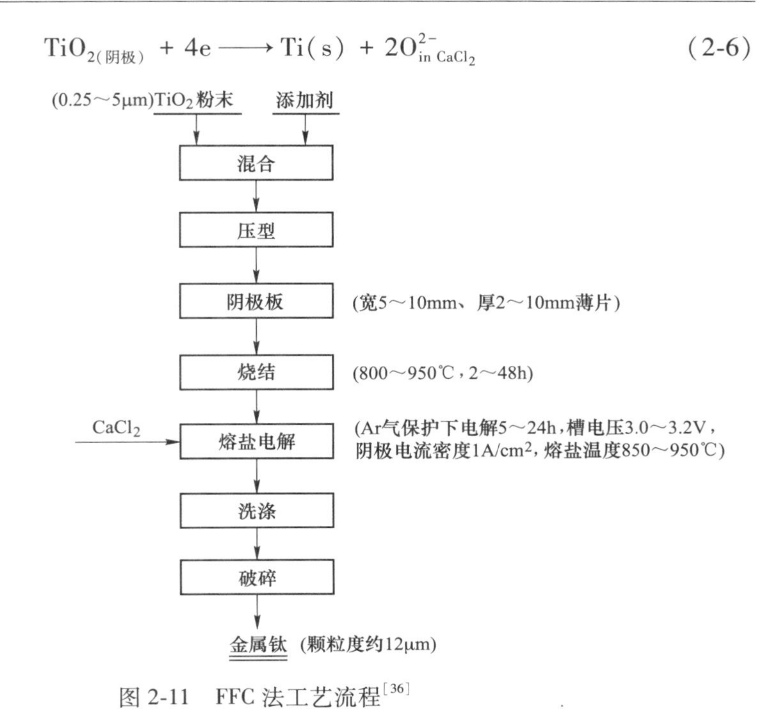

图 2-11 FFC 法工艺流程[36]

以往研究者普遍认为要想通过电解还原 TiO_2，得到与 Kroll 法氧含量相近的金属钛几乎是不可能的。因此，FFC 法提出后，立即引起世界冶金、材料研究者以及产业界的普遍关注，并将该法扩展用于钒、铬、硅等其他金属和半金属的制备。FFC 法若能实现工业化应用，将显著缩短钛冶炼流程，由于避免现有 Kroll 法中 TiO_2 碳热氯化和 $MgCl_2$ 电解工艺，无氯气的污染和腐蚀问题，环境友好，是一种绿色生产技术。FFC 法将在第 3 章进行详细介绍。

2.2.4 OS 法

OS 法由日本 Kyoto 大学的 Ono 和 Suzuki 在 2002 年钛协会年会上首次提出，其主要特点是用电解得到的钙将 TiO_2 还原为金属钛[41]。图 2-12 为 OS 工艺装置示意图。在 CaO-$CaCl_2$ 熔盐中，以石墨坩埚为阳极，不锈钢网做成阴极，TiO_2 粉末直接放入阴极篮中，在两极间施加电压进行恒流电解。采用的电压需要高于 CaO 的分解电压而低于 $CaCl_2$ 的分解电压。因此，OS 工艺是 Ca^{2+} 首先在阴极上电化学还原为金属钙，如反应（2-7）所示，O^{2-} 在碳阳极上生成 CO 或 CO_2。由于 TiO_2 和钙的密度差异，两者并不直接接触，TiO_2 被溶解在熔盐中的电解金属钙还原为金属钛，如反应（2-8）所示。OS 法同样以 TiO_2 为原料制备金属钛粉，避免了氯化工艺，具有工艺流程短和环境友好的特点。OS 法将在第 4 章进行详细介绍。

$$Ca^{2+} + 2e \longrightarrow Ca \tag{2-7}$$

$$2Ca + TiO_2 = Ti + 2CaO \tag{2-8}$$

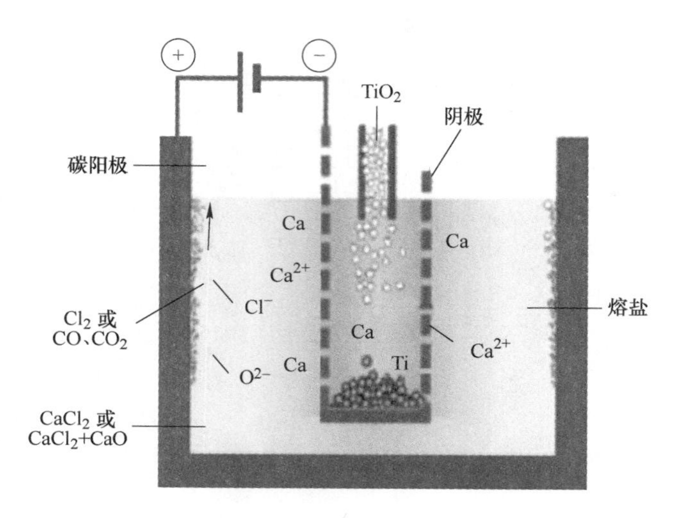

图 2-12　OS 工艺实验装置实验图[42]

2.2.5　QIT 法

加拿大的魁北克铁钛公司（Quebec Iron and Titanium，QIT）是世界著名的钛渣生产公司。该公司于 2003 年发明了使用电解法将钛渣还原为金属钛的新型钛金属冶炼方法。图 2-13 为 QIT 法的电解原理示意图。

QIT 工艺在高于钛熔点的温度下进行，电解产物为液体钛。虽然 QIT 工艺采用的电解质、阳极和操作方法可根据实际要求进行调整，但基本流程相同：首先将熔盐电解质（如 CaF_2）置于电解反应器中，然后将熔融的钛渣加入，由于密度差异，位于熔盐电解质下部，最后进行电解。固体电解质、熔渣和金属形成衬里层保护电解槽的内部和底部。由于钛渣具有强腐蚀性，QIT 工艺的关键就是衬里层的设计。电解可经过一步或两步完成。以两步电解法为例：第一步是提纯钛渣，以除去钛渣中电位比钛正的 Fe、Cr、Mn、V 等杂质，由于杂质与电解质及钛渣的密度差异将在电解质/熔渣阴极界面上沉积生成液滴，并沉降至反应室底部，当 Fe、Cr、Mn、V 等杂质金属混合物累积到一定程度后，通过底部的放液口将杂质除去；第二步，在更高温度下，电解还原提纯后的熔渣，得到液态金属钛。当电解过程采用一步法时，钛渣就必须用 Sorel 渣或更高品位的 UGS 渣，使总 Fe 量低于 1.4wt%（以 FeO 计），从而避免后期去除 Fe 的处理。

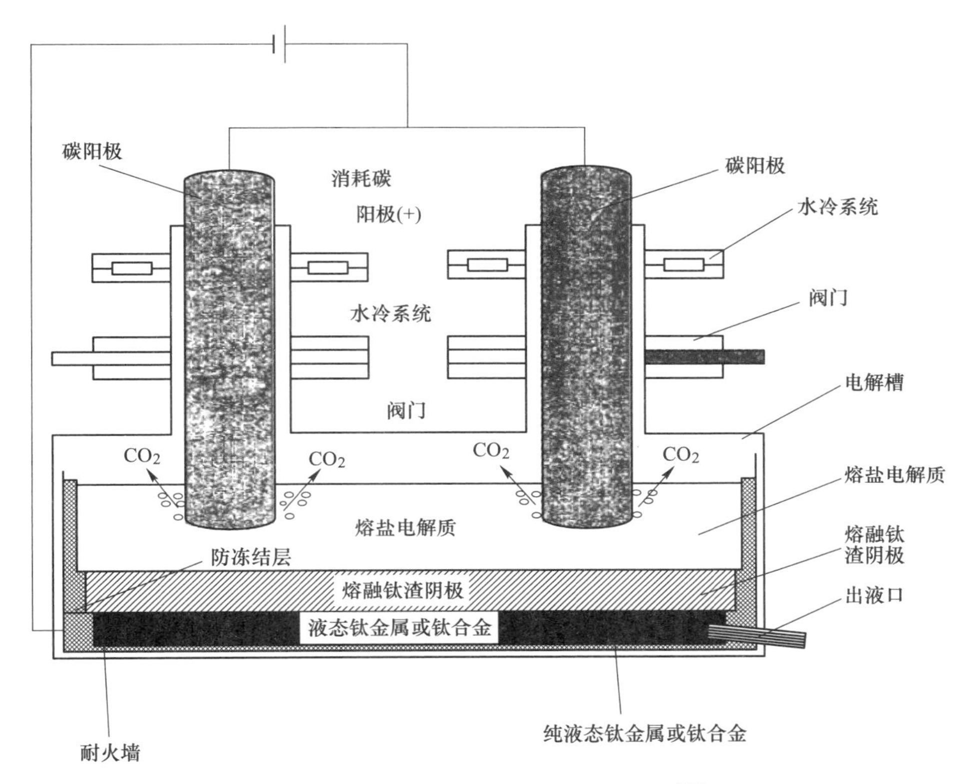

图 2-13 QIT 工艺电解实验装置示意图[43]

通过将电解反应器与电弧炉直接连接，同时不断向熔盐中添加钛渣原料，就可在保证熔融钛渣不暴露在空气中，从而实现电解工艺的连续化进行。由于大量应用于汽车工业和其他市场上的低成本钛合金中都含有一定程度的铁，因此 QIT 钛渣电解工艺所得 Ti 产品的微量 Fe 并不会对产品性能产生很大影响。QIT 钛渣电解工艺另一个优势在于，通过将其他金属氧化物加入到熔体中还原可直接得到钛合金产品，如氧化铝和五氧化二钒的加入可以直接电解获得 Ti-6Al-4V 合金。

显然，QIT 钛渣电解工艺已经取得了巨大的进步，但与其他提取方法一样，仍有许多问题需要解决：(1) 如何严格控制产品的组成，仍然需要深入系统的研究；(2) 该工艺在极高温度下进行，能耗巨大，且熔盐电解质的挥发问题需要关注；(3) 熔融钛渣腐蚀性强，对电解反应器材料的抗腐蚀性要求苛刻。

2.2.6 USTB 法

2006 年，北京科技大学朱鸿民和焦树强等人提出了一种利用可溶性钛碳氧固溶体为阳极电解制备金属钛的方法，被称为“USTB 法”。可溶性钛化合物阳极熔盐电解钛的研究可追溯到 20 世纪 50 年代，当时研究者采用导电性 TiC 为阳极，在熔融盐体系中进行电解，阳极中的钛以钛离子形态溶解进入熔盐，然后在阴极电沉积获得金属钛。然而，TiC 溶解过程会产生阳极剩碳，随着电解的进行，剩碳的脱落将造成阴、阳极短路，导致电解过程无法连续稳定进行。当以 TiC 和 TiO 为原料，在 2100℃的高温下热处理形成 Ti-C-O 合金，以其为阳极进行熔盐电解，同样发现有钛离子的电化学溶解，并且阳极同时会有碳氧化合物气体产生。然而早期研究只是对实验现象进行了简单描述，没有对整个电解机理和本质问题进行系统深入研究。

20 世纪 70 年代，日本学者 Y. Hashimoto 以碳和 TiO_2 为原料混合成型后，在高温下（≥1700℃）真空烧结形成 TiC_xO_y，并以其为阳极进行电解，初步研究发现，当 $x<y$ 时，在阴极上无法得到金属沉积物；而当 $x>y$ 时，即碳含量比较高时，阴极上会有海绵钛析出，但此时阴极电流效率最高仅 21%，并且由于阳极含碳量过高，长时间电解也会产生阳极剩碳。

目前，基于可溶性阳极思路，开展具体的钛冶炼研究的主要单位有美国的 MER 公司和北京科技大学，并分别命名为 MER 工艺和 USTB 工艺。两者的电解过程具有类似之处，但是在可溶性阳极的制备以及认识上有着明确的不同。MER 工艺仅停留于“简单复合”阶段，没有明确说明复合阳极的具体成分，仅以 Ti_xO_y/C 表述为钛低价氧化物和碳的混合物。

相比之下，USTB 法严格控制 TiO_2 和 C 的比例，即将碳或碳化钛和二氧化钛粉末按化学反应计量比混合压制成型，进一步烧结或熔铸制成具有金属导电性的 $TiC_{0.5}O_{0.5}$固溶体阳极。其中，$x:y$ 严格控制在 1∶1，即钛碳氧可看作 TiC 和 TiO 的固溶体。然后，以碱金属或碱土金属氯化物为熔盐电解质，在一定温度下进行电解，钛以低价离子形式溶解进入熔盐中，并在阴极电沉积为金属钛，阳极所含碳、氧则形成 CO/CO_2 气体排出。USTB 法可获得高纯度的金属钛粉，达到国家一级标准，并且阴极电流效率可高达 89%。USTB 法突出的优点是电解过程可以连续进行，没有阳极泥产生，工艺简单，成本低，无污染。目前，USTB 法已实现了半工业化生产，在未来有望实现规模化工业应用。USTB 法将在第 5 章进行详细介绍。

2.2.7　MOE 法

鉴于铝电解工艺工业化应用的巨大成功，人们曾试图寻找一种类似于铝电解工艺中的冰晶石之类的熔盐电解质，能够对二氧化钛具有高的溶解度，从而实现连续化电解。MIT 的 Sadoway 以能够溶解 TiO_2 的高温熔融氧化物为电解质，在 1700℃下电解制得了液态金属钛，并且通过采用惰性阳极，析出氧气，避免了

CO_2 等温室气体的产生。电解装置如图 2-14 所示。MOE 工艺简单，可连续生产，同时阳极得到 O_2，对环境无污染。然而，该工艺操作温度高达 1700℃，能耗巨大并且熔融氧化物介质腐蚀性强，惰性阳极需使用贵金属材料，成本较高。同时，由于制得的液体钛沉在电解槽底部，与溶有 TiO_2 的高温熔盐层直接接触，液体金属钛产品中的含氧量可能较高，如何保证得到高纯度液体钛是关键难题[44]。

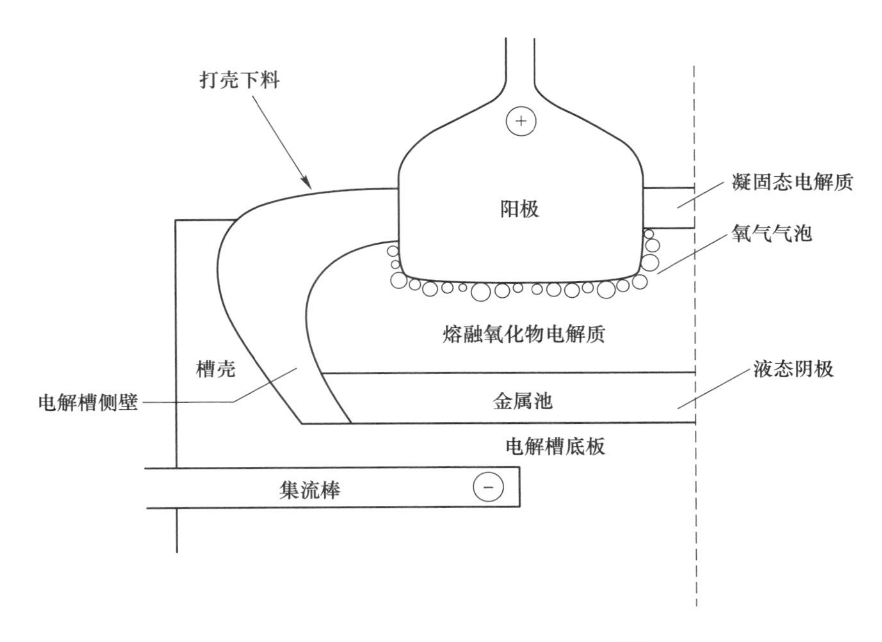

图 2-14 MOE 工艺电解装置示意图[45]

参 考 文 献

[1] 许原，白晨光，陈登福，邱贵宝，温良英．海绵钛生产工艺研究进展［J］．重庆大学学报，2003，26（7）：97-100.

[2] 金哲，张万明．生物医用 Ti-6Al-7Nb 合金高温变形行为研究［J］．稀有金属，2012，36（2）：218-223.

[3] Quandt E，Schmutz C，Zamponi C. Method for the production of structured layers of titanium and nickel ［P］. U. S：8338311. 2012.

[4] 王志，袁章福，郭占成．金属钛生产工艺研究进展［J］．过程工程学报，2004，4（1），90-96.

[5] 高敬，屈乃琴．海绵钛生产工艺概述［J］．钢铁钒钛，2002，23（3）：44-48.

[6] Gerdemann S J. Titanium process technologies ［J］. Advanced Materials Research，2001，159（7）：41-43.

[7] 王震，李坚，华一新，张志，张远，柯平超．钛制取工艺研究进展［J］．稀有金属，2014，38（5）：915-927.

[8] Cui C，Hu B M，Zhao L，Liu S. Titanium alloy production technology，market prospects and industry development ［J］. Materials and Design，2011，32（3）：1684-1691.

[9] Poulsen E R，Hall J A. Extractive metallurgy of titanium：a review of the state of the art and evolving production techniques ［J］. Extractive and Process Metallurgy，1983，35（6）：60-65.

[10] 方树铭，雷霆，朱从杰，周林．海绵钛生产工艺和技术方案的选择及分析［J］．轻金属，2007，4（1）：43-49.

[11] 扈玫珑，白晨光，董凌燕，李泽全，聂新苗．电解 TiO_2 提取钛的研究进展［J］．钛工业进展，2005，22（5）：44-48.

[12] 刘松利，白晨光，杨绍利，等. 熔盐电解法制备钛的进展和发展趋势［J］．轻金属，2006（12）：46-49.

[13] Kraft E H. Opportunities for low cost titanium in reduced fuel consumption，improved emissions，and rnhanced durability heavy-duty vehicles ［R］. Washington：EHK Technologies，2002：31-38.

[14] Okabe T H，Oda T，Mitsuda Y. Titanium powder by preform reduction process（PRP）［J］. Journal of Alloys and Compounds，2004，364（1-2）：156-163.

[15] 陈兵．钛粉生产的技术现状及应用［C］．钛资源综合利用新技术学术交流会．2014：249-254.

[16] Ginatta M V. Process for the electrolytic production of metals ［P］. U. S. Patent 6074545，2000-06-13.

[17] Ginatta M V. Why produce titanium by EW ［J］. Journal of Metals，2000，52（5）：18-20.

[18] Ginatta M V，Orsello G. Plant for the electrolytic production of reactive metals in molten salt baths ［P］. U. S. Patent 4670121，1987-06-02.

[19] Ginatta M V，Orsello G，Berruti R. Method and cell for the electrolytic production of a polyvalent metal ［P］. U. S. Patent 5015342，1991-05-14.

[20] Withers J C，Loutfy R O. Thermal and electrochemical process for metal production ［P］. U. S. Patent 7985326，2011-07-26.

[21] Withers J C，Laughlin J，Loutfy R O. The production of titanium from a composite anode ［C］. Proceedings of 2007 TMS Annual Meeting，Innovation in Titanium Technology，Orlando，USA，2007：117-125.

[22] George Z，Chert，Fray D J，et al. Direct electrochemical reduction of titanium dioxide to titanium in molten calcium chloride ［J］. Nature，2000，407：361-364.

[23] Suzuki R O，Ono K. OS Process-thermochemical approach to reduce titanium oxide in the molten $CaCl_2$ ［C］. TMS Yazawa International Symposium，Metallurgical and Materials Processing：Principles and Technologies，VolⅢ：Aqueous and Electrochemical Processing，2003.

[24] 朱鸿民，焦树强，朱骏 . USTB 法金属钛电化学提取技术与应用［C］. 中国科协第 350 次青年科学家论坛——绿色高性能钢铁材料的关键技术摘要集，2018.

[25] Jiao S Q, Zhu H M. Novel metallurgical process for titanium production [J]. Journal of Materials Research, 2006, 21 (9): 2172-2175.

[26] Jiao S Q, Zhu H M. Electrolysis of Ti_2CO solid solution prepared by TiC and TiO_2 [J]. Journal of Alloys and Compounds, 2007, 438 (1): 243-246.

[27] 朱鸿民，焦树强，顾学范. 一氧化钛/碳化钛可溶性固溶体阳极电解生产纯钛的方法［P］. 中国：1712571A，2005.

[28] Cardarelli F. A method for electrowinning of titanium or alloy from titanium oxide containing compound in the liquid state [P]. International Patent: W003046258, 2003.

[29] Liu R, Hui S X, Ye W J, Li C L, Fu Y Y, Song X Y. Dynamic stress-strain properties of Ti-Al-V titanium alloys with various element contents [J]. Rare Metals, 2013, 32 (6): 555-559.

[30] 曹大力，王吉坤，邱竹贤，石忠宁，王兆文，郭思辰 . 金属钛制备工艺研究进展［J］. 钛工业进展，2008（4）：9-13.

[31] 郭胜惠，彭金辉，等. 熔盐电解还原 TiO_2 制取海绵钛新技术研究［J］. 昆明理工大学学报，2004，29（4）：50-52.

[32] 洪艳，沈化森，曲涛，胡永海，车小奎 . 钛冶金工艺研究进展［J］. 稀有金属，2007，31（5）：694-700.

[33] 王向东，朱鸿民，逯福生，贾翃，郝斌 . 钛冶金工程学科发展报告［J］. 钛工业进展，2011（5）：1-5.

[34] Lau K, Hildenbrand D, Thiers E, et al. Direct production of titanium and titanium qlloy [C]. Monterey: The 19th Annual Titanium Conference of the International Titanium Association, 2003.

[35] Ginatta M V, et al. Economics and production of primary titanium by electrolytic winning [C]. TMS, EDP Congress, 2001: 13-41.

[36] Fray D J. Emerging Molten Salt Technologies for Metals Production [J]. Journal of Metals, 2001, 53 (10): 26-31.

[37] Okabe T H, Oishi T, Ono K. Preparation and characterization of extra-low-oxygen titanium [J]. Journal Alloys and Compounds, 1992, 184 (1): 43-56.

[38] Okabe T H, Suzuki R O, Oishi T, et al. Thermodynamic properties of dilute titanium-oxygen solid solution in beta phase [J]. Mat. Trans., 1991, 32 (5): 485-488.

[39] Fisher, Richard L. Deoxidation of titanium and similar metals using a deoxidant in a molten metal carrier [P]. U. S. Patent: 4923531, 1990-05-08.

[40] Okabe T H, Nakamura M, Oishi T, et al. Electrochemical deoxidation of titanium [J]. Metall. Trans. B, 1993, 24B: 449-455.

[41] Ono K, Suzuki R O. A new concept for producing Ti sponge: calciothermic reduction [J]. Journal of the Minerals, Metals and Materials Society, 2002, 54: 59-61.

[42] Suzuki R O, Ono K, Teranuma K. Calciothermic reduction of titanium oxide and in-situ elec-

trolysis in molten $CaCl_2$ [J]. Metallurgical and Materials Transactions B, 2003, 34: 287-295.

[43] Cardarelli F. A method for electrowinning of titanium or alloy from titanium oxide containing compound in the liquid state [P]. International Patent, W003046258. 2003.

[44] Sadoway D R. Apparatus for electrolysis of molten oxides [P]. U. S. Patent 11496615, 2008-01-31.

[45] Sadoway D R. Electrochemical processing of refractory metal [J]. Journal of the Minerals, Metals and Materials Society, 1991, 43 (6): 15-19.

3 FFC 法电解提取钛

针对现有 Kroll 法钛冶金技术生产成本高、环境污染严重和资源能源消耗大等问题[1~10]，2000 年英国剑桥大学 D. J. Fray 教授团队提出一种以 TiO_2 为原料，直接作为固态阴极，电解脱氧生产金属钛的新方法，该研究成果发表于世界顶级刊物 “Nature” 杂志，掀起了钛冶炼新技术的研究热潮。该工艺以三位研究者的姓氏命名，即 “Fray-Farthing-Chen process”，简称 “FFC 工艺”。如图 3-1 所示，FFC 工艺过程为：采用 TiO_2 的压制块体作为阴极，碳质材料为阳极，在 850℃熔融 $CaCl_2$ 体系施加 2.8~3.2V 电压，直接恒电压电解，TiO_2 阴极脱氧获得金属钛。阴极脱出的氧溶解于 $CaCl_2$ 体系中，并迁移至阳极与碳反应生成 CO/CO_2 气体。若采用惰性阳极，则以 O_2 形式排出。FFC 工艺具有明显的优点[6~13]：（1）以氧化钛为原料直接阴极脱氧获得金属钛粉，工艺流程短，可连续化生产；（2）不需要氯化工艺，环境友好；（3）金属钛产品为粉末状，能够直接用于粉末冶金；（4）通过调配原料的成分，能够电脱氧直接制备金属合金材料。本章将介绍 FFC 法提出过程和电解质的选取，重点讨论固态氧化物阴极电脱氧机理、电解金属关键控制因素和惰性阳极开发等。在此基础上，介绍 FFC 法电解钛技术向以硫化钛、多金属氧化物为阴极的电解金属钛/合金的应用拓展。

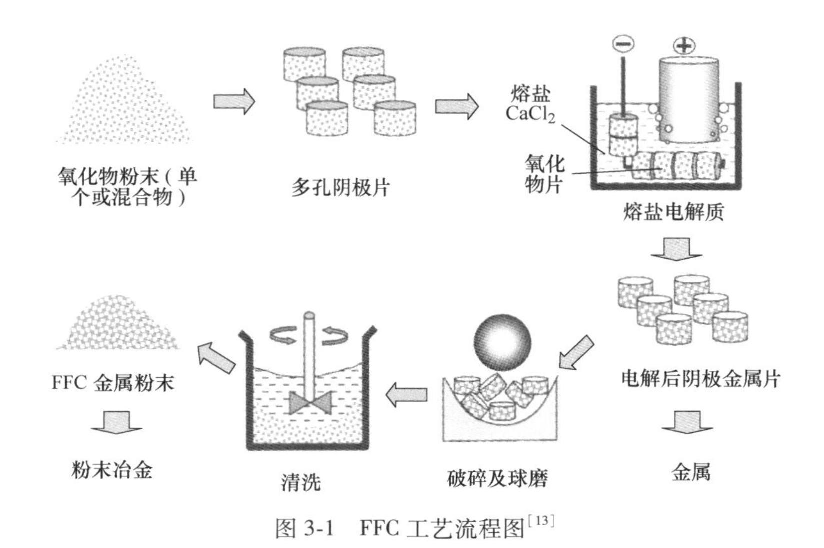

图 3-1 FFC 工艺流程图[13]

3.1　FFC 法的提出

金属钛由于具有强烈的亲氧性，通常较难从钛氧化物中直接去除氧。时至今日，去除钛表面氧的方法主要是磨损或者氢氟酸（HF）酸洗，将不可避免地造成钛表面磨损或者废液的排放。1980 年，T. W. Farthing 访问剑桥大学科学家 D. J. Fray 教授时提出：寻求一种新方法以减少在氧化高温环境中钛表面形成的 Ti-O 固溶体中的氧[12]。为此，科学家提出采用电化学方法还原金属钛，将氧离子溶解于熔盐电解质中，并迁移至阳极发生反应而去除。当时推测，在钛阴极表面，可能发生如式（3-1）所示的反应：

$$Ti[O] + 2e = Ti + O^{2-} \tag{3-1}$$

［O］为溶解于钛表面的氧。对于部分氧化物，也可能存在如下反应：

$$TiO_2 + 4e = Ti + 2O^{2-} \tag{3-2}$$

$$TiO + 2e = Ti + O^{2-} \tag{3-3}$$

通过上述反应产生的氧离子可溶解于电解质中，并迁移至阳极反应去除。

1996 年，G. Z. Chen 首次证实在 3.0V 下，恒电压电解仅 1h，即可去除钛表面氧化产生的氧[13]。在此基础上，进一步发现以烧结后的 TiO_2 作为阴极，可实现氧的脱除，而制取金属钛，成果于 2000 年发表于世界著名期刊“Nature”上，即“FFC process”[14]。图 3-2 为 FFC 工艺电解示意图。

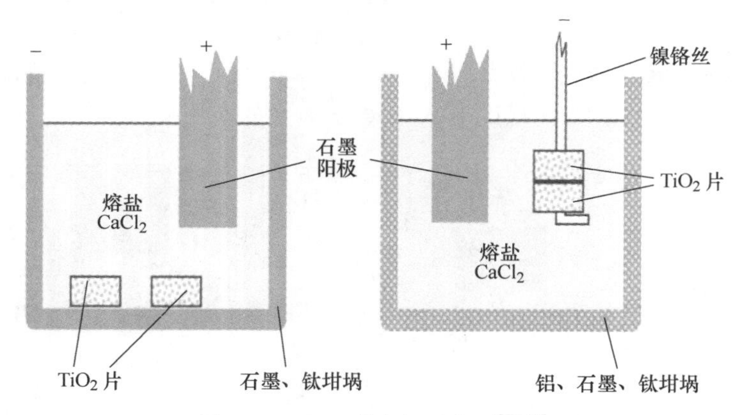

图 3-2　FFC 工艺电解示意图[13,14]

3.2　熔盐电解质的选择

通常熔盐电解质，需要具有较宽的电化学反应窗口、较快的离子迁移速度、高的电导率以及较快的传质过程和反应动力学速度。针对 FFC 法，选取能够在特定电压下不分解并且不溶解阴极 TiO_2 的电解质成为该工艺成功的重中之重。除了常规熔盐电解质的基本要求外，FFC 工艺还需要熔盐电解质对氧离子（O^{2-}）

具有高的溶解度。

$CaCl_2$ 是一种化学稳定且价格低廉的熔盐，在一定的电压范围（<3.0V）内不发生分解，并且对氧离子具有很高的溶解能力。研究表明，$CaCl_2$ 在 850℃时可以溶解 20mol%左右的氧化钙[15]。因此，一般选取 $CaCl_2$ 作为 FFC 工艺的电解质，具有以下优点：

（1）$CaCl_2$ 具有低廉的生产成本、且杂质含量较低；

（2）熔融 $CaCl_2$ 对氧离子有比较高的溶解度，能够有效溶解阴极还原释放的氧离子；

（3）在实验操作温度下（<850℃），$CaCl_2$ 熔盐热稳定性高、黏度小、流动性好，有利于电解过程中产生气体的排出和电解质成分的均匀化；

（4）熔融 $CaCl_2$ 的电导率高，有利于氧离子（O^{2-}）在熔盐中的快速迁移；

（5）$CaCl_2$ 易溶于水，电解产物与电解质容易通过水洗进行分离。

3.3 电脱氧机理

FFC 工艺不仅适用于 TiO_2 电脱氧制备金属钛，还适用于 V、Cr、Si 等高熔点金属氧化物电脱氧制备单质，是一种直接熔盐电解固态金属氧化物制备金属、半导体、合金等材料的工艺技术。在阴极还原过程中，阴极原料以固态形式存在，不会溶解于电解质中形成离子态。根据电解槽的结构，可以将电解反应分为三部分：阴极过程、离子迁移过程和阳极过程。

图 3-3 为以金红石为例，固态阴极电脱氧过程示意图。在阴极过程中，固态氧化物中的高价态金属得到电子而使价态降低，金属与氧的化学键断裂，产生的金属单质以固态形式保留于阴极；而氧负离子溶解进入熔盐电解质中，并在电场的作用下迁移至阳极表面，继而发生阳极反应过程。

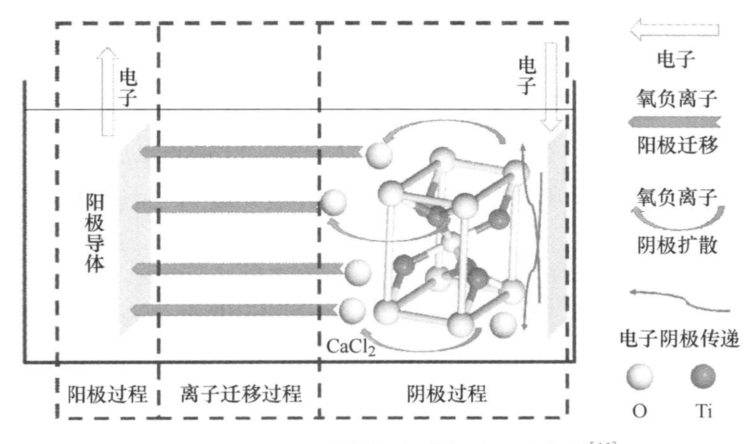

图 3-3 金红石固态阴极电脱氧过程示意图[16]

电子是固态还原工艺阴极电化学反应过程的还原剂，提供足够强度的电子是固态原料发生脱氧反应的前提条件。在较高的温度下，固态氧化物可能会表现出一定的导电性能，但是电阻率仍然很高。因此，固态氧化物原料在传递电子的过程中会产生较高的能量损失，造成电解过程较大的电压降。固态原料的电化学脱氧反应从导体与电极杆接触处开始，脱氧反应完成后接触处的氧化物表面转变为金属或半导体单质，这些金属或半导体单质成为新的导体继续传递电子进入氧化物内层，持续的电解过程使脱氧反应不断向氧化物内部推进，直到整个氧化物都完全脱氧，从而转变为金属或半导体单质[16]。

在固态阴极中金属离子电还原的同时，氧负离子将溶解进入熔盐电解质。然而，难以与熔盐直接接触的氧负离子需要通过固态迁移过程扩散到熔盐界面，然后再进入熔盐电解质。氧负离子固态迁移速度远低于液态熔盐中的迁移速度，因此，该过程成为脱氧的控制步骤。氧负离子的固态迁移依靠氧浓度差驱动，提供更优的固态还原条件使与熔盐接触的氧负离子快速脱除，可以提高氧浓度差，增强氧负离子迁移驱动力。

阳极过程发生的电化学反应与阳极材料有关。如采用惰性阳极，氧负离子会直接释放电子并转变成氧气析出[17]；发生如式（3-4）所示的化学反应：

$$2O^{2-}(\text{熔盐}) = O_2(g) + 4e \tag{3-4}$$

若采用非惰性阳极，则氧负离子与阳极材料发生化学反应，形成化合物[17]。不同阳极材料时分别发生的化学反应如式（3-5）~式（3-8）所示：

$$2C + 5O^{2-} = CO_2(g) + CO(g) + O_2(g) + 10e(\text{石墨阳极}) \tag{3-5}$$

$$O^{2-} + H_2(g) = H_2O(g) + 2e\ (\text{氢电极}) \tag{3-6}$$

$$10O^{2-} + 3CH_4(g) = CO_2(g) + 2CO(g) + 6H_2O(g) + 20e\ (\text{甲烷电极}) \tag{3-7}$$

$$yO^{2-} + xM = M_xO_y + 2ye(\text{金属电极}) \tag{3-8}$$

3.3.1　电化学还原机理

对于 FFC 工艺，只需要在阴、阳极间直接施加一定的电压，经一定时间后，阴极氧化物即可以被还原为金属。电解过程中发生的阴极反应可以简单地理解为如式（3-9）的反应：

$$TiO_2 + 4e = Ti + 2O^{2-} \tag{3-9}$$

然而，TiO_2 中钛为+4 最高价态，还原过程往往容易产生+3 价和+2 价中间体。因此，TiO_2 阴极还原机理并不是简单的一步还原过程。为研究 FFC 法 TiO_2 电脱氧还原机理，D. J. Fray 等人[14]在 700℃下，将钛箔高温氧化 14 天，使其表面形成氧化层，进行循环伏安曲线测试，如图 3-4（a）所示。作为对比，无氧化层钛箔也进行相应测试（见图 3-4（b））。可以发现，由于氧化层的形成，在图 3-4（a）中新

增还原峰 1 和 2，说明钛箔表面 TiO_2 通过两步电化学还原转化为金属钛。

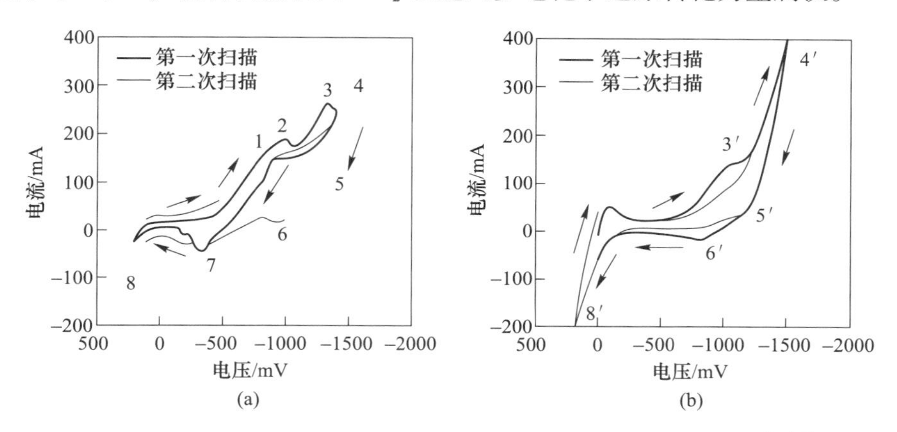

图 3-4　钛箔在氯化钙熔盐中的循环伏安曲线（工作面积约 $1.0cm^2$）[14]

（a）钛箔表面存在氧化钛层（700℃氧化 14 天）；（b）表面氧化层钛箔

研究者通常认为 TiO_2 电还原脱氧时，首先形成中间产物，然后再还原为金属钛，并不是直接还原为金属钛。中间产物主要是钛的低价氧化物及钛氧化物与氧化钙形成的钙钛酸盐。值得注意的是，反应过程中往往涉及 CaO 参与反应，CaO 可能是来自熔盐在空气中吸水发生 $CaCl_2$ 的水解及 $CaCl_2$ 本身含有的微量 CaO 杂质。当 TiO_2 电脱氧产生足够高的氧离子（O^{2-}）浓度时，氧离子（O^{2-}）与钙离子（Ca^{2+}）将形成 CaO。其中，部分 CaO 在阴极电还原为金属 Ca，部分形成钙钛酸盐中间化合物（如 $CaTiO_3$ 和 $CaTi_2O_4$）。C. Schwandt 等人[18]采用阶梯式增加槽压的方法，在 2.5~2.9V 区间获得了不同结构的中间化合物和金属钛。电解过程电流-时间曲线和中间产物如图 3-5 所示。可以看出，随着电解时间的进行，电流整体呈现逐渐下降减小的趋势。当电解进行 1h 时，电流出现明显的拐点，然后缓慢减小。电解 1h 后采用 XRD 分析产物，发现主要为 Ti_2O_3（JCPDS：43-1033）和 $CaTiO_3$（JCPDS：42-0423）；电解 5h 后，产物主要为 TiO（JCPDS：08-0117）和 $CaTiO_3$（JCPDS：42-0423）；电解 7h 后，产物为 TiO（JCPDS：08-0117）、$CaTiO_3$（JCPDS：42-0423）和 $CaTi_2O_4$（JCPDS：11-0029）。由于电解时间较短，尚未完全电化学还原出金属钛，但可以确定，TiO_2 的还原过程中将经历 $CaTiO_3$、Ti_3O_5、TiO 和 $CaTi_2O_4$ 等中间化合物。因此，TiO_2 电还原脱氧过程如反应式（3-10）~式（3-16）所示。

$$5TiO_2 + Ca^{2+} + 2e = Ti_4O_7 + CaTiO_3 \tag{3-10}$$

$$4Ti_4O_7 + Ca^{2+} + 2e = 5Ti_3O_5 + CaTiO_3 \tag{3-11}$$

$$3Ti_3O_5 + Ca^{2+} + 2e = 4Ti_2O_3 + CaTiO_3 \tag{3-12}$$

$$2Ti_2O_3 + Ca^{2+} + 2e = 3TiO + CaTiO_3 \tag{3-13}$$

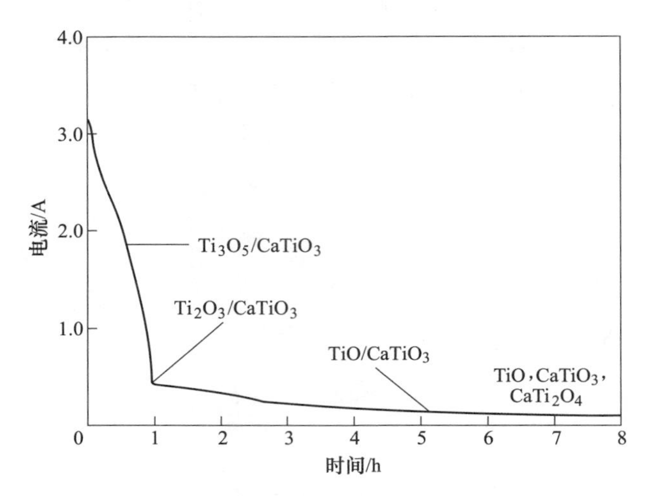

图 3-5　900℃时氯化钙熔盐中 2.5V 电解 8h 的电流时间曲线[18]

$$CaTiO_3 + TiO = CaTi_2O_4 \tag{3-14}$$

$$CaTi_2O_4 + 2e = 2TiO + Ca^{2+} + 2O^{2-} \tag{3-15}$$

$$TiO + 2(1-x)e = TiO_x + (1-x)O^{2-} \tag{3-16}$$

上述还原机理同样被帝国理工学院和华威大学 R. Bhagat[19] 等研究者采用原位同步辐射衍射技术所证实。在 $CaCl_2$ 熔盐电解质中，900℃下，3.1V 电解 TiO_2 的物相组成与电解时间的变化关系如图 3-6 所示。可以看出，$CaTi_2O_4$ 始终存在于 TiO_2 片的边缘区域，而在中间区域也大量存在，这表明是从外部逐渐向内部缓慢地扩散。这一现象再次说明，TiO_2 的还原是一种电化学反应，而并非是金属钙还原，还原过程中高价钛通过低价中间化合物的形式逐步被还原为金属钛。如图 3-7 所示，持续电解 120h 后，获得的还原产物为物相单一的海绵状金属钛粉末。

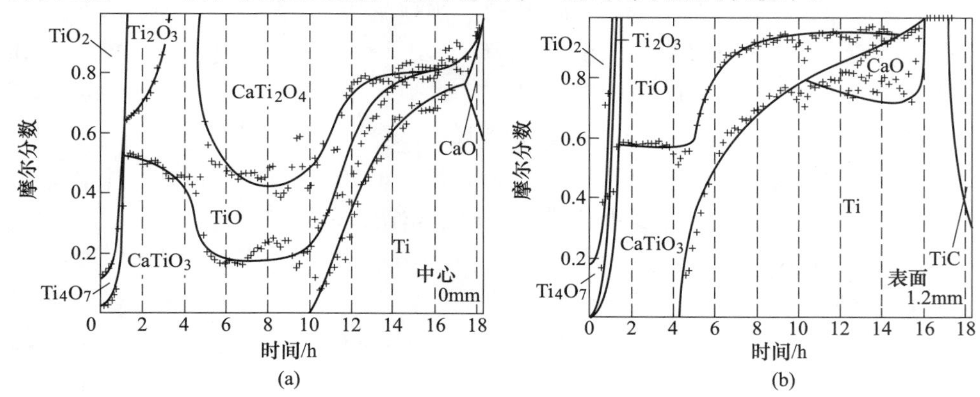

图 3-6　$CaCl_2$ 熔盐中，TiO_2 电解过程，物相组成随时间的变化图（温度：900℃；电压：3.1V）[19]

（a）TiO_2 中间层；（b）TiO_2 边缘区域

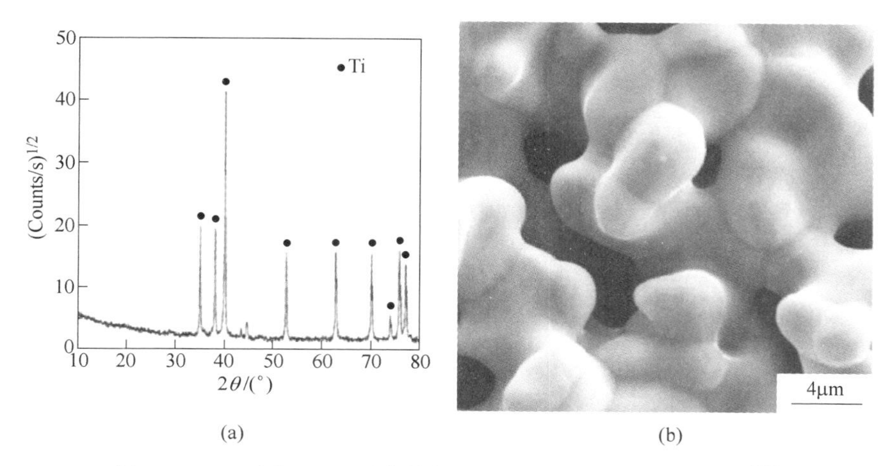

图 3-7 TiO_2 电解 120h 后产物的 XRD（a）和 SEM 图谱（b）[18]

3.3.2 三相线模型

二氧化钛是不导电的绝缘体，如何实现绝缘体氧化物钛的电化学还原是需要明确的问题。针对 FFC 工艺 TiO_2 阴极还原过程，研究者建立了三相界线反应模型，如图 3-8 所示。该模型认为阴极电化学还原反应首先发生在导电集流体/固体氧化物/熔盐三相接触界线，随着固体氧化物被还原为金属或导电的中间相，将形成新的金属/固相氧化物/熔盐三相反应界线，并不断扩展，从而使氧化物由外至内逐渐还原为金属。

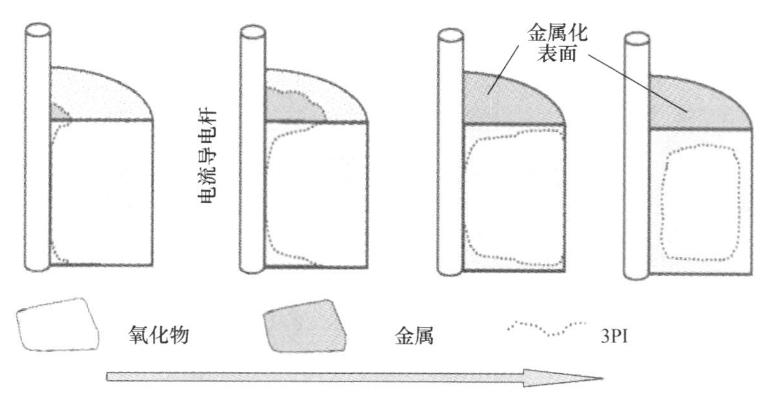

图 3-8 圆柱形固态氧化物电化学还原反应三相界线发展过程[13]

绝缘体氧化物固相还原过程，还原厚度较大时，必然受到固相离子扩散和欧姆极化等的影响。武汉大学研究团队[20]建立了一种绝缘性固态化合物 MX 随 M/

MX/电解质三相界线（3PIs）电化学还原示意图，如图 3-9 所示。该模型定量描述了绝缘固态化合物直接电化学还原时产生的多孔层中阴离子浓度极化、欧姆极化以及电化学极化对还原反应的影响。在恒电位电解的条件下，随着还原不断向深度（纵向）方向扩展，欧姆极化和浓差极化不断增大，导致深度方向的还原速度不断减小，因此深度方向的还原是绝缘化合物还原的速控步骤。根据 B-V 方程推导，还原电流 i 和反应深度 L 的乘积等于过电位 η 与电阻率 ρ 的比值（即 $iL=\eta/\rho$）。然而随着还原时间 t 延长或还原深度 L 的增加，还原电流 i 逐渐减小。因此，当过电位 η 最大时，$(iL)_E^*$ 达到最大值。过电位越大，还原速度越大，而 $(iL)_E^*$ 的数值也越大。

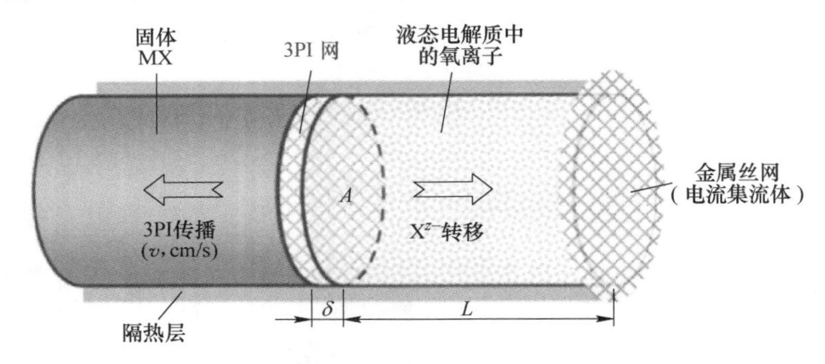

图 3-9　基于 M/MX/电解质三相界线（3PIs）的绝缘性固态化合物 MX 电化学还原示意图[20]

固态化合物阴极电化学还原，从物质平衡的角度可描述为：O^{2-} 脱离多孔固态阴极，然后经过熔盐迁移至阳极，并在阳极放电转变为气体逸出。因此，在接触处最先形成由导体、熔盐和反应物组成的 3PIs，并发生固态电脱氧反应。随着电解的持续进行，导体层逐渐向固态阴极内部进行，而熔盐也通过固态阴极的孔隙不断向内部扩散，两者共同推动着 3PIs 向固态阴极内部推进。与电子传递过程要求阴极具有致密结构相反，熔盐的扩散要求固态阴极具有足够的孔隙，以促进熔盐在阴极内部的扩散。依据三相界线模型，对大多数电导率很低的半导体或绝缘性氧化物，电化学反应首先发生在三相界线处，产物大多是以多孔的形式生成，当熔盐进入多孔层后，将产生新的三相界线区域。产生的多孔金属可作为电子传输媒介，同时多孔层又为 O^{2-} 的扩散传输提供三维通道，如图 3-10 所示。

由于氧在阴极的传输只需要考虑 O^{2-} 在新生多孔金属内熔盐中的液相传输，而且 O^{2-} 在液相中的扩散系数比 O^{2-} 在自身氧化物和金属中的扩散系数要大 $10^{6\sim8}$ 倍。因此，要想实现固态阴极的快速还原，首先需要保证固态阴极内部的 O^{2-} 有良好的传输通道。基于此，陈华林等[21]研究者建立了氧离子扩散模型（PRS 模型），可预测固态氧化物阴极在氯化物熔盐中的电化学还原速度，同时还可预测

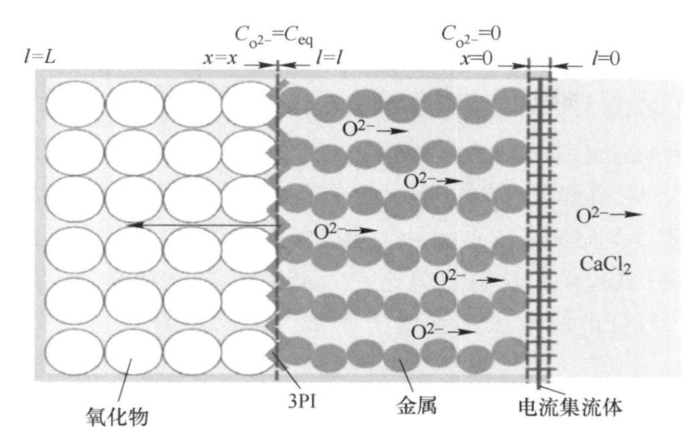

图 3-10 O^{2-}离子在固态阴极电解产生的多孔金属中的液相扩散示意图[21]

（L 为反应深度；x 为电解生成的多孔金属层厚度，即扩散层的厚度）

某个氧化物达到最快电解所要求的最优孔隙率。该模型所涉及的主要参数包括[27]：（1）氧化物的表观孔隙率 P_o，即颗粒材料在堆积状态下空隙体积占堆积体积的百分比；（2）还原后的多孔金属层的表观孔隙率 P_m；（3）体积收缩率 $S(0<S<1)$，表示还原金属因烧结而发生的体积收缩率；（4）氧化物与还原后金属的摩尔体积比 R，金属的摩尔体积：$V_m=M_m/\rho_m$，氧化物当量摩尔体积：$V_o=M_o/n\rho_o$，n 为氧化物分子式中金属原子的数量；（5）熔盐中 O^{2-}的饱和浓度 C_{sat}；电解质中 O^{2-}的扩散系数 $D_{O^{2-}}$；（6）曲折因子 f。

3.4 FFC 法电解关键控制因素

FFC 法采用绝缘或导电性差的固态 TiO_2 为阴极，电化学还原反应仅能在三相界线处进行，电化学极化和离子-电子传输的有效控制对 FFC 工艺极为关键。除了电解技术常规的电压、温度、时间等因素，固态 TiO_2 阴极的孔隙结构也显著影响电化学还原效果。

（1）电解温度。对于电解技术，通常增加温度，电化学极化降低，反应速度加快。同时，电解质黏度降低，导电性增大，离子传输加快，有利于降低电耗，提高电解电流效率。另一方面，电解温度的选取还需要考虑熔盐电解质熔点及其稳定性。目前，FFC 钛冶炼工艺基本采用 $CaCl_2$ 作为熔盐电解质，无水 $CaCl_2$ 熔点为 772℃。为了使熔盐具有良好的导电性、低的黏度和快速的离子传输，通常需要在高于熔点数十度的温度下进行电解。FFC 工艺的电解温度范围一般为 800~950℃[11~14]。尽管该温度远低于 $CaCl_2$ 的沸点，但由于 $CaCl_2$ 具有高的蒸气压，随温度升高，$CaCl_2$ 熔盐将发生明显的挥发，从而堵塞反应器气体出口，腐蚀电解设备。同时，FFC 电解过程不能在空气或真空条件下进行，主要是为了避免带入的氧污染金属钛产物或加速熔盐挥发。

(2) 电压。对于 FFC 法制备金属钛，通常是采用两电极恒电压电解。电压必须达到某一临界值才能将金属氧化物电化学还原为金属钛，并且电压越高，电解速率越快，金属钛还原度越大。然而，电压过高又会造成熔盐电解质分解。也就是说，FFC 法电解钛的电压必须低于采用的熔盐电解质的理论分解电压[11~14,16~18]。表 3-1 为 900℃时，$CaCl_2$ 熔盐中可能的电化学反应平衡电极电位。可以看出，熔盐 $CaCl_2$ 的理论分解电压为 3.459V。也就是说，不管采用石墨阳极还是惰性阳极，FFC 电解电压必须低于 3.459V，以避免氯气的析出。然而，若熔盐中存在 CaO，或者 $CaCl_2$ 吸水水解产生 CaO，其分解电压显著降低。当采用惰性阳极时，阳极产生氧气，CaO 理论分解电压为 2.52V；当采用目前普遍使用的石墨阳极时，阳极产生 CO 或 CO_2，CaO 分解电压分别为 1.404V 和 1.494V，此时 TiO_2 的电解电压分别为 0.781V 和 0.871V。可见，在 $CaCl_2$ 熔盐中，即使存在 CaO，TiO_2 直接电解金属钛也具有理论可行性。然而，在实际电解时，由于电化学反应过电位的存在，真实电解电压需要明显高于理论电压。为了避免熔盐组分分解，而降低 TiO_2 电解效率，一方面需要尽量采用纯净的 $CaCl_2$，并避免水分的引入；另一方面，正式电解前，可在低压下进行预电解，以除去熔盐中可能存在的杂质、CaO 和水分。

表 3-1　900℃时，$CaCl_2$ 熔盐中 FFC 工艺可能反应的电极电位

反应	电极	电位/V(*vs.* Ca/Ca^{2+})
$Ca^{2+}+2e \rightleftharpoons Ca(l)$	阴极	0
$Ti_{1.5}O \rightleftharpoons 1.5Ti+O^{2-}$	阴极	0.283
$CaTiO_3+4e \rightleftharpoons Ti+CaO+2O^{2-}$	阴极	0.396
$TiO_2+4e \rightleftharpoons Ti+2O^{2-}$	阴极	0.623
$O^{2-}+C \rightleftharpoons CO(g)+2e$	阳极(石墨)	1.404
$2O^{2-}+C \rightleftharpoons CO_2(g)+2e$	阳极(石墨)	1.494
$2O^{2-} \rightleftharpoons O_2(g)+4e$	阳极(惰性)	2.520
$2Cl^- \rightleftharpoons Cl_2(g)+2e$	阳极(惰性)	3.459

(3) 时间。电解时间是一个重要的参数，特别是对电解产物氧含量有显著影响。例如：对于活泼性较低的 Cr 和 Fe，1~3g 的金属氧化物，电解时间通常低于 10h。然而，对于活泼性较高的钛，电解时间需要明显延长。由于存在较高的背景电流，长时间电解将降低电流效率。例如：对于 1~2g 的固态 Cr_2O_3，950℃和 2.8V 下，电解 6h，氧含量可降低至 2000ppm，并且电流效率高于 75%。然而，对于相似的 TiO_2 固态阴极，长时间电解时电流效率降到 15%以下。因此，为了提高电解速率，缩短电解时间，提高金属化率，调节金属/氧化物摩尔体积

比和阴极结构十分关键。

(4) 孔隙率。固态 TiO_2 电脱氧过程，氧离子在固态阴极中的扩散速度是控制步骤，因此提高氧化物的孔隙率可以增大三相界线，从而加速氧离子扩散，提高氧化物还原速度。在 TiO_2 成型过程中，添加造孔剂（如炭粉、CaO、NH_4HVO_3 等）、减小成型压力或者降低烧结温度均可使固态阴极孔隙率提高。如以 NH_4HVO_3 为造孔剂，可达到最佳的孔隙率范围（60%~70%），通过两步槽压电解法，可以电解获得氧含量低于 0.2wt%的金属钛。另一方面，减小 TiO_2 固体片厚度，可以缩短氧离子扩散距离，也是提高电解速率和效率的有效手段。然而，厚度降低或孔隙率过大，TiO_2 的真实质量减小，生产效率降低。

3.5 惰性阳极

在早期的 FFC 法研究中，通常采用碳质材料作为阳极。电解过程中，由阴极迁移而来的氧离子，将与碳发生反应生成 CO 或 CO_2。然而，在电解过程中将造成碳质阳极消耗，并排放温室气体，反应方程如式（3-17）所示。

$$2O^{2-} + C = CO_2 + 4e \tag{3-17}$$

另外，在长时间电解时，碳质阳极腐蚀和不均匀氧化，将导致碳颗粒产生并从阳极脱落，在电解质表面漂浮至阴极，极易造成阴、阳极短路，从而降低电流效率。与此同时，阳极产生的 CO_2 会与熔盐中的氧离子生成 CO_3^{2-}，并迁移至阴极电化学还原为固态碳材料[23~25]，如反应（3-18）所示，一方面导致电解钛中碳含量增高，降低金属钛纯度；另一方面，碳酸根的电化学还原反应将降低电流效率。

$$CO_3^{2-} + 4e = C + 3O^{2-} \qquad E(900℃) = 1.626V(vs.\ Ca^{2+}/Ca) \tag{3-18}$$

若采用惰性阳极，阳极析出氧气，可避免温室气体 CO_2 的产生。同时，不存在碳颗粒在熔盐表面漂浮导致的短路问题，也不存在碳酸根在阴极的电化学还原反应，整个熔盐电解过程只是钛氧化物分解为钛和氧气的反应，因此可以提高电流效率和产物纯度。

然而，高温熔盐通常具有强烈的腐蚀性，探索一种稳定的惰性阳极材料是严峻挑战。FFC 工艺通常在氯化钙体系中进行，惰性阳极材料需要在高温熔盐中具有良好稳定性、高导电性、强耐蚀性、低成本等特点[26]。

虽然金属材料易加工，具有高导电性和机械稳定性，但是大多数金属在高温下易氧化，形成的氧化物层极不稳定。例如金属银，氧化产生的 Ag_2O，易与氯化钙发生化学反应形成氧化钙和氯化银[13]，如反应（3-19）所示：

$$Ag_2O + CaCl_2 = CaO + 2AgCl \qquad \Delta G(900℃) = -82.678kJ/mol \tag{3-19}$$

众所周知，陶瓷材料具有熔点高、抗氧化性强和极端环境稳定性好等优点。

然而大多数陶瓷材料尽管在高温下表现出半导体特性，但导电性仍较差。如：在氯化钙体系中常用的二氧化锡阳极时，会在氧化锡表面形成一层锡酸钙绝缘层，该锡酸钙将造成电解电阻明显增大甚至断路[26,27]。金属陶瓷是一类兼具金属和陶瓷特点的材料，具有高的导电性和熔点。研究表明，金属陶瓷作为惰性阳极具有一定的潜力，但是在熔盐中的电子导电性和化学稳定性需要进一步提高。

钛酸钙被认为是一种有潜力的惰性阳极材料，但导电率较低。因此，需要寻找一种类似钛酸钙稳定结构、又具有高导电性和稳定性的化合物，是惰性阳极的发展方向之一。北京科技大学电化学团队[28]提出了一种 $CaRuO_3$ 惰性阳极材料，发现在 $CaCl_2$-CaO 电解质体系中，持续电解 150h 并没有出现明显的消耗和侵蚀，表现出优异的抗腐蚀性能。电解前后阳极的表观形貌照片如图 3-11 所示。然而，金属钌是一种贵金属，成本较高，工业应用受限。采用掺杂的办法降低钌的使用量是一种有效方法。$TiO_2 \cdot RuO_2$ 阳极在电解后表面会形成一层 $CaRu_xTi_{1-x}O_3$，表现出良好的抗腐蚀性能，有望在 FFC 工艺中作为惰性阳极使用[23]。

图 3-11　$CaRuO_3$ 阳极在 900℃、3V 电压下电解 20h 前（a）后（b）的光学照片[28]

3.6　FFC 法电解钛应用拓展

FFC 钛冶炼工艺主要采用单一 TiO_2 为固态阴极原料，这主要是由于含钛矿物中钛主要以氧化物形式存在。随着 FFC 工艺的不断发展，科学家也尝试采用硫化物、多种金属氧化物等为固态阴极，电解制备金属钛或钛合金。相关研究的具体意义体现在：

（1）扩展 FFC 工艺的应用领域。虽然 TiO_2 是最广泛和最稳定的钛存在形式，但是从降低产物氧含量和缩短矿物到 TiO_2 的分离流程等角度考虑，采用硫化钛、含钛复合矿等为原料电解金属钛，同样具有重要的科学价值和现实意义。

（2）完善熔盐固态电还原技术机理。通过总结分析不同物相材料电化学还原过程相似和差异性的现象和结果，有助于更深入地了解 FFC 工艺的还原机理。

（3）丰富电解产品种类。通过改变固态阴极含钛物相的组成，可以电解不同种类含钛产品。如以含钛多金属氧化物为原料，可直接电解钛合金粉末，实现钛资源到钛材的短流程转化，提高产品附加值。

本节将以硫化钛和多金属氧化物为典型代表，介绍 FFC 工艺电解制备金属钛及合金的应用扩展。

3.6.1 硫化钛电脱硫制钛

由于金属 Ti 与 O 在高温下都有很强的结合能力，以 TiO_2 为原料电解制取高纯度的低氧钛非常困难，必须进行较长时间的电解脱氧，效率低，能耗高。从图 3-12 的 Ti-O 相图[29]可知，从 TiO_2 还原为金属 Ti 过程中，伴随有许多钛氧化物的物相变化。钛和氧会形成固溶体，在 400℃ 的低温下，氧在 α-Ti 中的溶解度可达 10at%，造成进一步脱氧困难。而根据图 3-13 的 Ti-S 相图[30]可知，Ti 与 S 不会形成固溶体，而且 S 在 α-Ti 中的最高溶解度仅为 0.02at%。采用 FFC 工艺，直接电解还原硫化钛，将可以最大限度地降低金属钛产品中的氧和硫含量[32]。

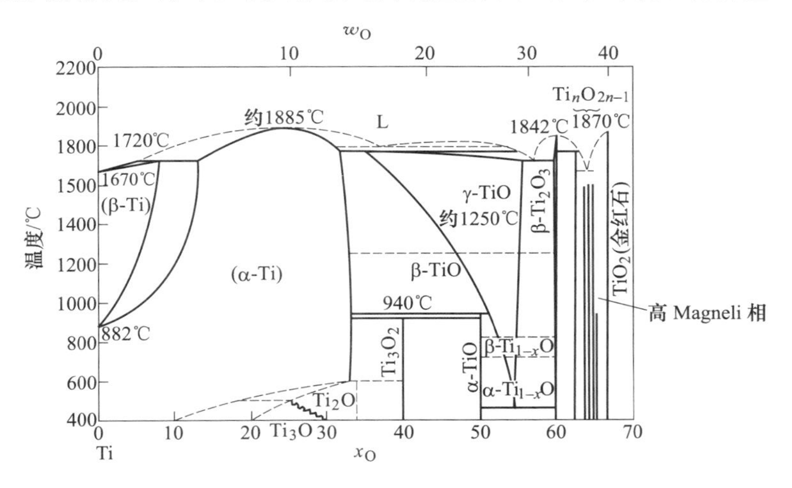

图 3-12 Ti-O 相图[29]

钛的硫化物主要包括具有金属导电性的 Ti_2S、TiS 和 Ti_2S_3 及半导体性质的 TiS_2 和 TiS_3，这些化合物都可通过金属钛粉与硫高温反应直接制备，低价的硫化钛还可由高价的硫化钛还原制备。若用于大规模生产，考虑到目前 $TiCl_4$ 和 H_2S 成熟的工业生产技术，从气相合成出发进行批量制备是一种可行路径；另一种方法是寻求新的制备工艺，如直接以氧化钛为原料，大规模合成硫化钛。由于 S 在 α-Ti 中只有很低的溶解度，因此以硫化钛为原料提取金属钛，可有效避免氧化钛还原时形成的固溶氧。

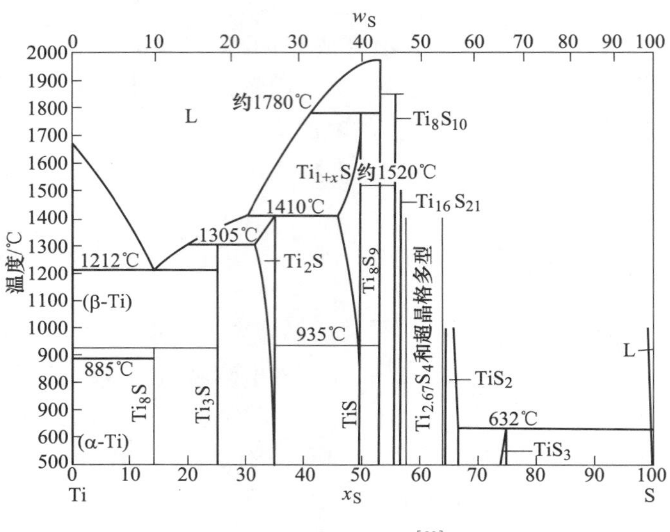

图 3-13　Ti-S 相图[30]

武汉大学提出采用 C 和 S 高温还原的方法制备硫化钛，如反应（3-20）所示。图 3-14 为该方法的合成示意图。由于 S 具有较低的蒸气压，在 1000℃时还原产物为 Ti_5S_8，且电解过程部分 S 可从阳极实现回收再利用。

$$TiO_2 + 2C + xS = TiS_x + 2CO \qquad (3\text{-}20)$$

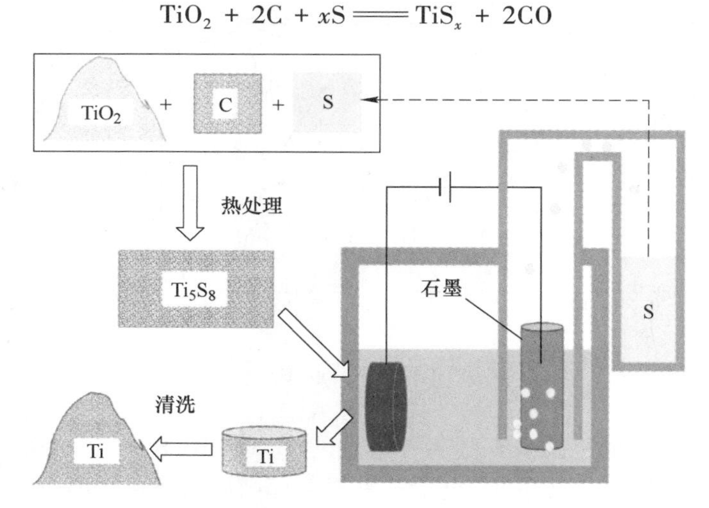

图 3-14　硫化钛合成与电解示意图[31]

采用“钼腔微孔”电极对 Ti_5S_8 的还原机理进行了研究，采用 Ag/AgCl 为参比电极，石墨为对电极，在 700℃下，LiCl 熔盐中获得循环伏安曲线如图 3-15 所示[31]。填充有 Ti_5S_8 的工作电极在扫描过程中出现明显的还原氧化峰，而空白钼电极无氧化还原峰，表明负向扫描时 Ti_5S_8 中的钛发生了明显的还原反应，释放的硫则以 S^{2-} 的形式迁移至阳极表面，以硫蒸气的形式挥发而进行回收。对还原后阴极产物进行清洗，经 XRD 检测为物相单一的金属钛，如图 3-16（a）所示，产物为颗粒状金属钛，如图 3-16（b）所示。

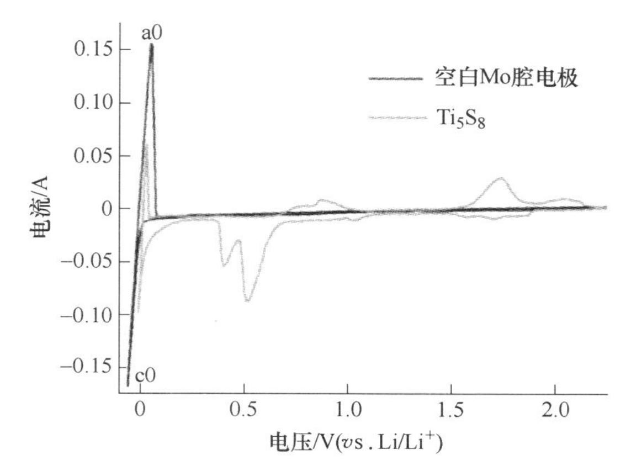

图 3-15 700℃下，Ti_5S_8 在氯化锂熔盐中的循环伏安曲线[31]

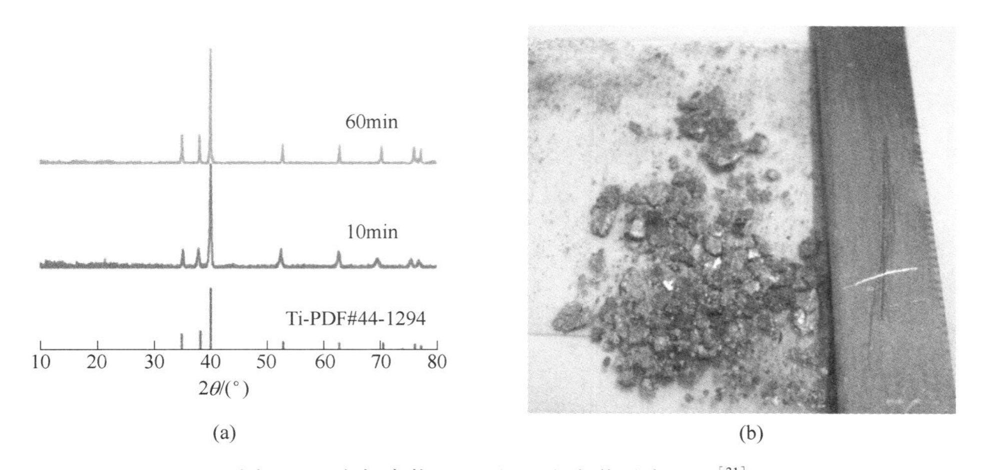

图 3-16 电解产物 XRD（a）和光学照片（b）[31]

为了明确 Ti_5S_8 阴极脱硫过程中的电化学机理，根据图 3-15 的循环伏安曲线图，在不同恒电位（*vs*. Li/Li^+）下进行 Ti_5S_8 的电化学还原。图 3-17 为产物 XRD 图。可以发现，当电位为 1.65V 和 1.45V 时，产物主要为 Ti_3S_4；当电位负移至 1.15V 时，Ti_5S_8 还原为 TiS（JCPDS No. 12-0534）；当电位为 0.75V 时，进一步还原为 Ti_2S。当电位控制在 0.15V 时，可实现完全还原，制备出物相单一的金属钛（JCPDS No. 44-1294）。因此，Ti_5S_8 在 LiCl 熔盐中的还原历程可推测为：

$$Ti_5S_8 + 5xLi^+ + (5x + 10z - 16)e = 5Li_xTiS_z + (8 - 5z)S^{2-} \tag{3-21}$$

$$3Li_xTiS_z + (8 - 6z - 3x)e = Ti_3S_4 + (3z - 4)S^{2-} + 3xLi^+ \tag{3-22}$$

$$Ti_3S_4 + 2e = 3TiS + S^{2-} \tag{3-23}$$

$$2TiS + 2e = Ti_2S + S^{2-} \tag{3-24}$$

$$Ti_2S + 2e = 2Ti + S^{2-} \tag{3-25}$$

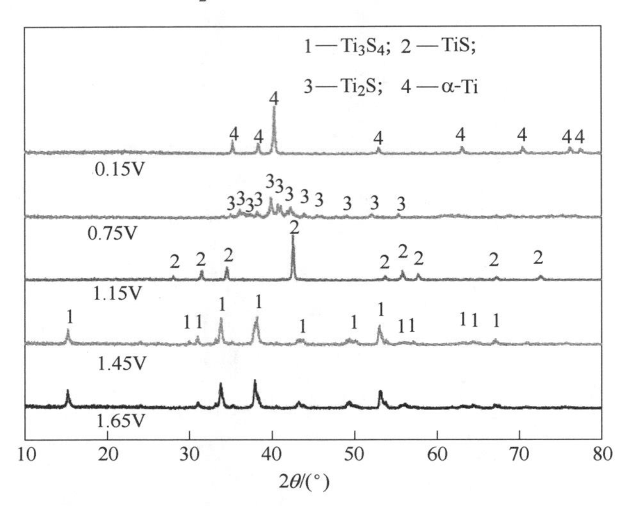

图 3-17　700℃时，LiCl 熔盐中不同恒电位下电解 Ti_5S_8所得产物 XRD 图谱[31]

硫化钛电脱氧过程中，脱除的 S^{2-}迁移至阳极发生氧化反应形成单质硫，可挥发回收，或与石墨碳阳极形成 CS_2 气体挥发收集。发生的反应可表述为：

$$S^{2-} = S_2 + 2e \tag{3-26}$$

$$S_2 + C = CS_2 \qquad \Delta G(900℃) = -18.5kJ/mol \tag{3-27}$$

对于电解脱氧反应，氧离子迁移至阳极，并与碳发生反应，如反应（3-28）所示；对比氧离子和硫离子与石墨阳极的反应吉布斯自由能，可以发现，硫离子与碳的反应具有更正的吉布斯自由能，说明硫与碳的反应能力较弱。因此，对于硫化物电脱硫可以使用碳为阳极，主要生成单质硫，电解中碳阳极消耗较少。

$$C + O_2 = CO_2 \qquad \Delta G(900℃) = -396kJ/mol \tag{3-28}$$

综上所述，利用 Ti_5S_8为固态阴极进行 FFC 电解，具有相对较低的电解电压，且硫对石墨阳极的损耗较低，从而可以降低生产成本并且可以获得氧含量较低的金属钛。该方法同样适用于以 MoS_2[33]、WS_2[34]、Cu_2S[35]、$CuFeS_2$[36]等为原料，电解制取金属。对于硫化物类的金属矿物，也可采用 FFC 工艺，电解制取金属或合金。

3.6.2　多金属氧化物电脱氧制钛合金

钛是一种重要的结构金属，大多情况下以钛合金的形式使用，具有强度高、耐腐蚀性好、耐热性高等优点。钛合金中使用最普遍的是 Ti-6Al-4V 合金。目前钛合金的制备首先是采用长流程的冶金工艺制取金属单质，然后再高温熔兑制备，生产成本较高。FFC 法作为一种电脱氧制备金属的工艺，若以多金属氧化物为固态阴极进行电脱氧，理论上可实现金属合金的短流程制备[13]。研究表明，阴极采用预定比例的 TiO_2-Al_2O_3-V_2O_3 粉末压制烧结，在 950℃下的氯化钙熔盐中，3.1V 恒电压电解 12h，可以成功制备钛合金粉末。经分析发现，混合金属氧化物电脱氧制备钛合金的还原速度，要比单独氧化物制备金属的还原速度快，这可能是由于混合氧化物之间发生了额外的化学反应，且还原金属间的合金化反应可自发进行，有可能也起到去极化的作用。

相比目前工业化生产工艺制备的 Ti-6Al-4V 合金，FFC 工艺是直接脱氧获得金属而并没有发生金属的熔化和凝固过程，FFC 工艺发生电脱氧的相变是从 α 相直接转变为 α+β 相，并不是商业化的从 β 相直接转变为 α+β 相。从图 3-18 可知，相变形成顺序的差异理论上可以改变合金相结构和性能。

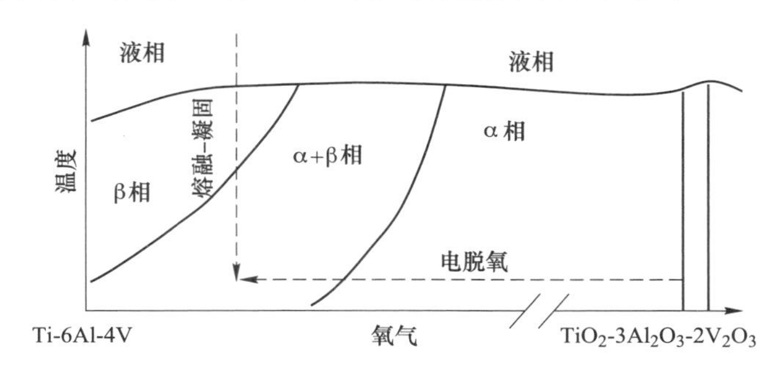

图 3-18　Ti-6Al-4V 熔融-凝固过程和电脱氧过程相变转化示意图[13]

除了 Ti-6Al-4V，采用 FFC 工艺也可制备其他钛基合金，如 Ti-Ni[37]、Ti-W[38]、Ti-Ta 等。相比于传统熔炼方法的高温操作，FFC 法属于低温制备技术，对设备要求较低。同样，多金属高熵合金 Ti-Nb-Ta-Zr 和 Ti-Nb-Ta-Zr-Hf 也可通过 FFC 工艺制备[39]。

MAX 相材料是近年来备受关注的新型三元层状化合物，这种材料包含几十种三元碳化物或氮化物。由 M、A 和 X 三种元素组成，其中 M 代表过渡金属元素；A 代表主族元素；X 代表碳或氮。其中，Ti_2AlC 材料最为广泛。由于独特的纳米层状晶体结构，MAX 材料具有自润滑、高韧性、可导电等性能，被广泛用作高温结构材料、电极电刷材料、化学腐蚀材料和高温发热材料[40~44]。

武汉大学采用电脱氧的方法，在 950℃的氯化钙熔盐中，3.0V 恒电压电解 TiO_2-Al_2O_3-C 制备了层状结构的 Ti_2AlC 和 Ti_3AlC_2 化合物[44]。图 3-19 为电解 Ti_2AlC 的 XRD 和 SEM 图。电解过程中，首先通过 TiO_2/$CaTiO_3$、Al_2O_3/Ca-Al-O 和碳形成了 TiC_xO_y 固溶体，随着电解的进行，TiC_xO_y 进一步脱除氧离子，同时铝

原子与 TiC_xO_y反应形成 Ti_3AlC_2。

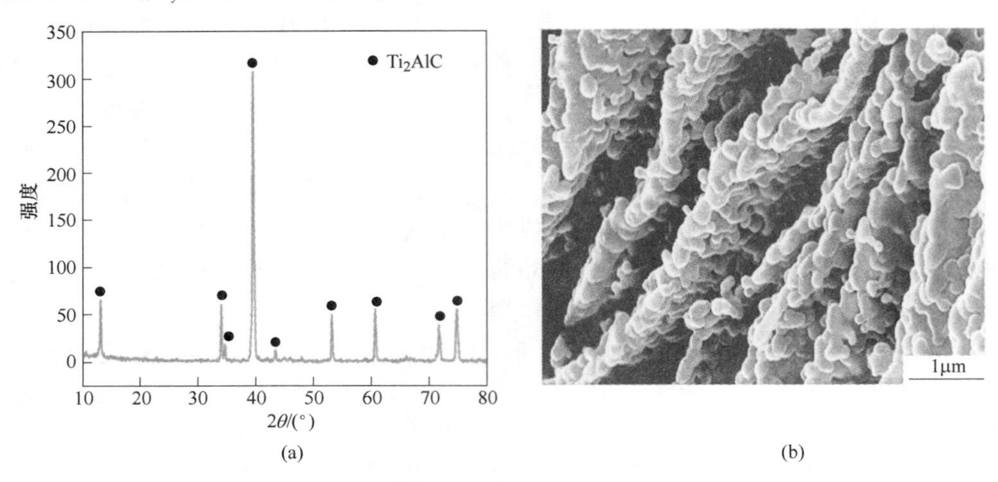

图 3-19　950℃下，氯化钙熔盐中，3.0V 电解 TiO_2-Al_2O_3-C 制备 Ti_2AlC 的 XRD（a）和 SEM 图（b）[44]

另一方面，作为提钛原料的 TiO_2，通常是从含钛渣中分离制取。钛渣实质上也是一种多金属氧化物，上海大学直接以钛渣为原料，通过电脱氧工艺制备了 Ti_3SiC_2[45]。图 3-20 为含钛高炉矿渣与 C 的混合前驱体，在熔融 $CaCl_2$ 中的电还原过程示意图。Ti_3SiC_2 的形成是由于电解过程中先产生 Ti_5Si_3 和 TiC，然后进一步反应生成 Ti_5Si_3/Ti_3SiC_2。

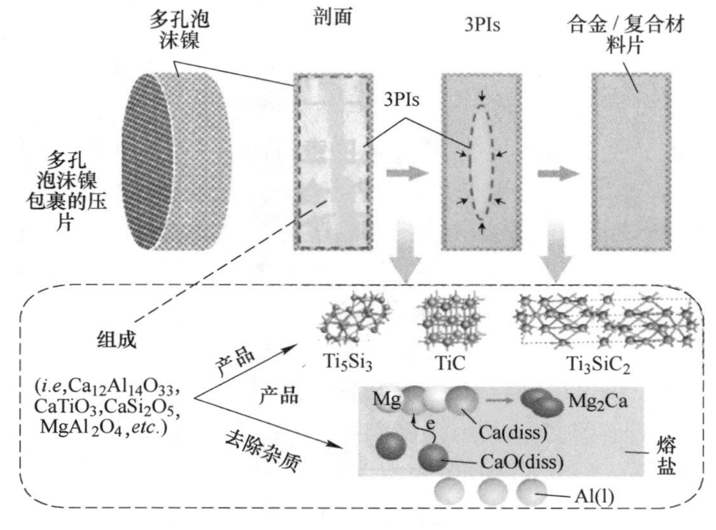

图 3-20　含钛高炉矿渣与 C 的混合前驱体在熔融 $CaCl_2$ 中的电还原示意图[45]

FFC 电化学脱氧工艺在金属钛提取和合金材料制备方面已经取得了重要的研究成果。同时，FFC 工艺也可拓展性应用到合金、电子材料、陶瓷材料、矿渣回收利用等领域。近年来，随着月球探索的快速发展，科学家提出了月球原位资源利用的思路，而月球岩石和月壤也是一类多金属氧化物资源，通过 FFC 电脱氧技术，有望在月球上原位制取氧气和金属材料[46,47]。

参 考 文 献

[1] 莫畏 . 钛 [M]. 北京：冶金工业出版社，2008.

[2] 莫畏，董鸿超，吴享南 . 钛冶炼 [M]. 北京：冶金工业出版社，2011.

[3] 王桂生，田荣璋 . 钛的应用技术 [M]. 长沙：中南大学出版社，2007.

[4] 朱小芳，李庆，张盈，房志刚，郑诗礼，孙沛，夏阳 . 热化学还原法制备金属钛的技术研究进展 [J]. 过程工程学报，2019，19：456-464.

[5] Lutjering G，Williams J C. Titanium [M]. Engineering Materials and Processess，Springer，2007.

[6] Zhang W，Zhu Z，Cheng C Y. A literature review of titanium metallurgical processes [J]. Hydrometallurgy，2011，108：177-188.

[7] Fang Z Z，Middlemas S，Guo J，Fan P. A new，energy-efficient chemical pathway for extracting Ti metal from Ti minerals [J]. Journal of the American Chemical Society，2013，135：18248-18251.

[8] 何蕾，王运锋 . 世界钛工业现状及发展趋势 [J]. 新材料产业，2018：29-34.

[9] 冯中学，易健宏，史庆南，谭军，史亚鸣，徐勇智，刘昆 . 中国钛产业可持续发展研究 [J]. 昆明理工大学学报（自然科学版），2016，41：16-21.

[10] 和平志，黄淑梅，郭薇，王运锋，何蕾 . 世界海绵钛工业的现状及对我国未来发展的思考 [J]. 钛工业进展，2017，34：1-4.

[11] Chen G Z，Gordo E，Fray D J. Direct electrolytic preparation of chromium powder [J]. Metallurgical and Materials Transactions B，2004，35：223-233.

[12] Fray D J. Investigations of an electrolytic method for the removal of dissolved oxygen from group Ⅳ metals [J]. Research Grant of the Engineering and Physical Science Research Council，1994.

[13] Chen G Z，Fray D J. Chapter 11- Invention and fundamentals of the FFC Cambridge Process. In：Fang Z Z，Froes F H，Zhang Y，editors. Extractive Metallurgy of Titanium [M]. Elsevier，2020：227-286.

[14] Chen G Z，Fray D J，Farthing T W. Direct electrochemical reduction of titanium dioxide to titanium in molten calcium chloride [J]. Nature，2000，407：361-364.

[15] Otake K, Kinoshita H, Kikuchi T, Suzuki R O. CO_2 gas decomposition to carbon by electro-reduction in molten salts [J]. Electrochimica Acta, 2013, 100: 293-299.

[16] 李伟. 新型固态氧化物熔盐电解模式与机理研究 [D]. 武汉：武汉大学，2010.

[17] Chen G Z, Fray D J. Understanding the electro-reduction of metal oxides in molten salts [M]. TMS, 2004: 881-886.

[18] Schwandt C, Fray D J. Determination of the kinetic pathway in the electrochemical reduction of titanium dioxide in molten calcium chloride [J]. Electrochimica Acta, 2005, 51: 66-76.

[19] Bhagat R, Dye D, Raghunathan S L, Talling R J, Inman D, Jackson B K, Rao K K, Dashwood R J. In situ synchrotron diffraction of the electrochemical reduction pathway of TiO_2 [J]. Acta Materialia, 2010, 58: 5057-5062.

[20] Xiao W, Jin X B, Deng Y, Wang D H, Chen G Z. Three-phase interlines electrochemically driven into insulator compounds: A penetration model and its verification by electroreduction of solid AgCl [J]. Chemistry-a European Journal, 2007, 13: 604-612.

[21] Chen H L, Zeng Y, Li W, Peng J, Jin X, Chen G Z. A PRS model for accurate prediction of the optimal solid oxide cathode structure for the preparation of metals in molten chlorides [J]. Electrochemistry Communications, 2013, 26: 33-36.

[22] 陈华林. 氯化物熔盐电解固态 Ta_2O_5 制备超细钽粉的基础研究 [D]. 武汉：武汉大学，2012.

[23] Hu L, Song Y, Ge J, Jiao S, Cheng J. Electrochemical metallurgy in $CaCl_2$-CaO melts on the basis of TiO_2 · RuO_2 inert anode [J]. Journal of The Electrochemical Society, 2015, 163: E33-E38.

[24] Hu L, Song Y, Ge J, Zhu J, Han Z, Jiao S. Electrochemical deposition of carbon nanotubes from CO_2 in $CaCl_2$-NaCl-based melts [J]. Journal of Materials Chemistry A, 2017 (5): 6219-6225.

[25] Deng B, Tang J J, Gao M X, Mao X H, Zhu H, Xiao W, Wang D H. Electrolytic synthesis of carbon from the captured CO_2 in molten LiCl-KCl-$CaCO_3$: Critical roles of electrode potential and temperature for hollow structure and lithium storage performance [J]. Electrochimica Acta, 2018, 259: 975-985.

[26] Barnett R, Kilby K T, Fray D J. Reduction of tantalum pentoxide using graphite and tin-oxide-based anodes via the FFC-cambridge process [J]. Metallurgical and Materials Transactions B, 2009, 40: 150-157.

[27] Kaplan V, Wachtel E, Lubomirsky I. Titanium carbide coating of titanium by cathodic deposition from a carbonate melt [J]. Journal of the Electrochemical Society, 2012, 159: E159-E161.

[28] Jiao S Q, Fray D J. Development of an inert anode for electrowinning in calcium chloride-calcium oxide melts [J]. Metallurgical and Materials Transactions B, 2009, 41: 74-79.

[29] Murray J L, Wriedt H A. The O-Ti (Oxygen-Titanium) System [J]. Bulletin of Alloy Phase

Diagrams, 1987 (8): 148-165.

[30] Predel B. S-Ti (Sulfur-Titanium). In: Madelung O, editor. Pu-Re-Zn-Zr [M]. Berlin, Heidelberg: Springer; 1998: 1-4.

[31] Wu C, Tan M S, Ye G, Fray D J, Jin X. High-efficiency preparation of titanium through electrolysis of carbon-sulfurized titanium dioxide [J]. ACS Sustainable Chemistry & Engineering, 2019 (7): 8340-8346.

[32] 谭明胜．熔盐电解金属硫化物绿色冶金过程及机理研究 [D]. 武汉：武汉大学，2016.

[33] Gao H P, Tan M S, Rong L B, Wang Z Y, Peng J J, Jin X B, Chen G Z. Preparation of Mo nanopowders through electroreduction of solid MoS_2 in molten KCl-NaCl [J]. Physical Chemistry Chemical Physics, 2014, 16: 19514-19521.

[34] Wang T, Gao H, Jin X, Chen H, Peng J, Chen G Z. Electrolysis of solid metal sulfide to metal and sulfur in molten NaCl-KCl [J]. Electrochemistry Communications, 2011, 13: 1492-1495.

[35] Kartal L, Timur S. Direct electrochemical reduction of copper sulfide in molten borax [J]. International Jouranl of Minerals, Metallurgy and Materials, 2019, 26: 992.

[36] Tan M, He R, Yuan Y, Wang Z, Jin X. Electrochemical sulfur removal from chalcopyrite in molten NaCl-KCl [J]. Electrochimica Acta, 2016, 213: 148-154.

[37] Zhu Y, Ma M A, Wang D H, Jiang K, Hu X, Jin X, Chen G Z. Electrolytic reduction of mixed solid oxides in molten salts for energy efficient production of the TiNi alloy [J]. Chinese Science Bulletin, 2006, 51: 2535-2540.

[38] Bhagat R, Jackson M, Inman D, Dashwood R. Production of Ti-W alloys from mixed oxide precursors via the FFC cambridge process [J]. Journal of the Electrochemical Society, 2009, 156: E1-E7.

[39] Sure J, Vishnu D S M, Schwandt C. Direct electrochemical synthesis of high-entropy alloys from metal oxides [J]. Applied Materials Today, 2017 (9): 111-121.

[40] Guo Z L, Zhou J, Zhu L G, Sun Z M. MXene: a promising photocatalyst for water splitting [J]. Journal of Materials Chemistry A, 2016 (4): 11446-11452.

[41] Li S S, Zou X L, Xiong X L, Zheng K, Lu X, Zhou Z, Xie X, Xu Q. Electrosynthesis of Ti_3AlC_2 from oxides/carbon precursor in molten calcium chloride [J]. Journal of Alloys and Compounds, 2018, 735: 1901-1907.

[42] Michael Naguib M K, Volker Presser, Lu Jun, Niu Junjie, Min Heon, Lars Hultman, Yury Gogotsi, Michel W Barsoum. Two-dimensional nanocrystals produced by exfoliation of Ti_3AlC_2 [J]. Advanced Materials, 2011, 37: 4248-4253.

[43] Urbankowski P, Anasori B, Makaryan T, Er D Q, Kota S, Walsh P L, Zhao M Q, Shenoy V B, Barsoum M W, Gogotsi Y. Synthesis of two-dimensional titanium nitride Ti_4N_3 (MXene) [J]. Nanoscale, 2016 (8): 11385-11391.

[44] Fan J H, Tang D D, Mao X H, Zhu H, Xiao W, Wang D H. An efficient electrolytic prepa-

ration of MAX-phased Ti-Al-C [J]. Metallurgical and Materials Transactions B, 2018, 49: 2770-2778.

[45] Li S S, Zou X L, Zheng K, Lu X, Chen C, Li X, Xu Q, Zhou Z F. Electrosynthesis of Ti_5Si_3, Ti_5Si_3/TiC, and Ti_5Si_3/Ti_3SiC_2 from Ti-bearing blast furnace slag in molten $CaCl_2$ [J]. Metallurgical & Materials Transaction B, 2018, 49: 790-802.

[46] Colson R, Haskin L. Oxygen from the lunar soil by molten silicate electrolysis [J]. Space Resources, 1992 (3): 195-209.

[47] Schwandt C, Hamilton J A, Fray D J, Crawford I A. The production of oxygen and metal from lunar regolith [J]. Planetary and Space Science, 2012, 74: 49-56.

4 OS 法电解提取钛

日本 Kyoto 大学的 Ono 和 Suzuki 在 2002 年钛协会年会上，提出在熔盐中加入钙单质作为引发剂的熔盐电解-钙热还原制备金属钛方法，即 OS 法[1,2]。Suzuki 在 2004 年对 OS 法进行了改进，将电解池分成了电解区和还原区[3]。OS 法实质是一种在氯化钙熔盐中钙热还原二氧化钛的工艺[4~8]。OS 法具体工艺过程为：以石墨或石墨坩埚为阳极，钛篮筐或器壁为阴极，加入少量钙单质作为电解引发剂的氯化钙熔盐为电解质，在 800~1000℃下进行电解。槽电压选择要求是高于氧化钙的分解压（1.66V），低于氯化钙的分解压（3.2V）。在满足该条件下，槽电压要尽可能高，通常选择的槽电压为 3V。电解过程，二氧化钛颗粒从反应槽顶部加入，在反应槽底部被源源不断生成的钙单质还原成海绵钛，并沉积在反应槽底部。OS 法的主要优点是：少量的钙单质作为电解开始的引发剂，与二氧化钛反应生成海绵钛产品和副产物氧化钙，而氧化钙在阴极又被重新还原为钙单质，从而实现钙的循环利用，使还原和电解在同一设备中完成；反应容器不需要密闭，只需定期取出海绵钛产物，为连续化生产提供了可能；原料是二氧化钛颗粒，实现了短流程脱氧和还原，而且可以通过控制二氧化钛的加入量，控制反应的平衡，提高了电解效率。理论计算表明，OS 法电解所需综合能耗仅为 Kroll 法的一半，可大幅降低钛生产成本[9]。然而，要实现真正的连续运行尚有难度，且该工艺生产的金属钛氧含量仍较高。本章重点介绍 OS 法熔盐体系和阳极材料的选择原则，讨论 OS 工艺理论基础和恒压电解过程，介绍典型工艺装置，并对 OS 和 Kroll 工艺进行初步比较。

4.1 熔盐的选择

熔盐是由金属阳离子（如碱/碱土金属）和非金属阴离子（如卤素离子、硝酸根、碳酸根等）所组成的熔融体。通常说的熔盐是指无机盐的熔融体，即无机盐在高温下熔融后形成离子熔体。相比而言，水溶液在常温下是稳定的液体，而熔盐往往存在于较高温度下。熔盐具有很高的导电性，它与水溶液电解质一样是离子导体而不是电子导体，但是其导电性远远大于水溶液电解质。熔盐在高温下具有热稳定性，且在较宽温度范围内具有高热容量、低蒸气压、低黏度、较高离子迁移和扩散速度等诸多不同于水溶液的性质，并具备溶解各种不同材料的能力。由于熔盐的优良性质，常作为电解法制备金属的电解质。目前采用熔盐电解法生产的金属包括铝、稀土、碱/碱土金属和高熔点金属等。高温下，熔盐腐蚀性强，与水接触易引起喷溅甚至爆炸。部分熔盐对人体有害，应避免人体与熔盐直接接触。高温下使用应注意与可燃物质隔离。因此，熔盐的安全性也是一个重要问题。

对于熔盐电解，通常而言熔盐的选择应综合考虑各种因素，如导电性、理论分解电压、熔点、黏度、蒸气压、对反应物的溶解能力、对设备的腐蚀性、成本、资源储量等。其中，导电性好、理论分解电压高、熔点低、黏度小、蒸气压低的熔盐体系，有利于电解。另外，熔盐腐蚀性弱、资源丰富则有利于降低生产成本[10~12]。基于此，一般选择碱/碱土金属卤化物作为熔盐。OS 工艺由于包括熔盐电解和钙热还原两个反应过程，作为电解质的熔盐除了满足熔盐电解的基本要求外，还需要对氧化钙和钙均具有高的溶解能力。因此，通常选择氯化钙作为 OS 工艺的熔盐电解质。

4.2　阳极材料的选择

石墨电极是熔盐电解工业中应用最广泛的电极材料。通常是石油焦、沥青焦、无烟煤等碳质原料经过配料、混捏、压型、焙烧（1000~1250℃）、高温石墨化（2500~3000℃）等过程制得，使碳质原料含有的不定形碳转化为三维有序的石墨。按照国家分类标准，包括普通石墨电极（代号 SDP）、特制石墨电极（代号 SDT）、高功率石墨电极（代号 SDG）和抗氧化涂层石墨电极（代号 SDC）等四种，后两种石墨电极目前正在研制、试生产阶段。普通石墨电极以石油焦、沥青焦、煤沥青为原料制成，供普通功率电弧炉做导电电极，分为优级和一级两个品级。特制石墨电极以优质石油焦为主要原料制成，供较高功率电弧炉做导电电极。作为熔盐电解用的石墨电极，需要在极其严酷的操作条件下运行，必须满足如下性能要求：(1) 良好的导电性。温度越高，石墨导电性越高。而熔盐电解温度一般较高，因此石墨电极导电性好。(2) 良好的耐高温性能。随着温度的升高，石墨强度不降反升，在 800~1300℃ 温度范围内，石墨能满足电极强度的需要。同时，高温下石墨的导热性能下降，有利于提高保温性能。(3) 良好的抗腐蚀性能。石墨是碳最稳定的一种变体，在熔盐电解工作温度范围为 500~1300℃，石墨抗熔盐腐蚀能力强，因此石墨电极耐用，寿命长。(4) 特殊的热稳定性。在电解槽频繁启动与停炉下，石墨不易因产生裂纹而断裂。目前，OS 工艺研究过程，通常采用石墨作为阳极材料[13,14]。电解过程，O^{2-} 迁移至阳极表面，与碳反应生成一氧化碳或二氧化碳并从电解系统中自发分离。此外，二氧化锆也可以作为石墨阳极的替代品[4]，但由于其低温下电导率低，并未被广泛采用。

4.3 OS 工艺理论基础

4.3.1 还原剂的基本要求

$$TiO_2 + 2R = Ti + 2RO \quad (4\text{-}1)$$

要想采用热还原反应（如式（4-1）所示），将二氧化钛还原为金属钛，第一需要还原剂的氧化物（RO）必须比钛的低价氧化物稳定；第二，还原剂在金属钛中不能有太高的溶解度，同时也不能与钛形成复合物。例如，α-Ti 中可以溶解 44.8mol%的金属铝，并且多余的铝可以和钛形成钛铝合金，因此铝不适合作为制备金属钛的还原剂。碳是一种常见的还原剂，但是由于在还原过程中易形成碳化钛，也不能用于二氧化钛的还原。表 4-1 列出了所有可以还原二氧化钛的元素，它们在钛中的溶解度不超过 5mol%，并且不会与钛形成任何化合物[15~18]。

表 4-1 二氧化钛的潜在还原剂

类 别	可能的还原剂
ⅠA	Li
ⅡA	Be, Mg, Ca, Sr, Ba
ⅢB	Sc, Y, La, Ce, Pr, Nd, (Pm), Sm, Eu, Gd, Tb, Dy, Ho, Er, Tm, Yb, Lu, Ac, Th

第三个要求是强的脱氧能力。因此，可以选择碱土金属，或者稀土元素作为二氧化钛的还原剂，因为它们的氧化物更具热力学稳定性。例如，以金属镁作还原剂，然而当反应达热力学平衡时，生成的钛中仍含有约 2wt% ~ 3wt% 的氧[19~21]，随后的脱氧过程需要将反应生成的氧化镁还原成金属镁，才能进一步降低钛中的氧含量。然而，对氧化镁而言，这一过程并不容易实现。也就是说，二氧化钛的镁热还原具有脱氧极限[22]。另外，钛中残余的氧化镁需要通过酸浸除去，但氧化镁的酸浸工艺在实际批量生产时溶出速度太慢[23]。对于稀土元素，由于不易在系统中循环，不适合作为还原剂。放射性或有毒元素也不能作为还原二氧化钛的还原剂。

可见，钙是直接还原二氧化钛和实现金属钛深度脱氧的合适还原剂[24,25]。在温度为 1173~1373K，钙和氧化钙共存平衡时，钛中的残余氧可降低至 300~730ppm，这种氧含量的金属钛适合于工业应用[26~28]。在温度为 1155~1600K 时，钙在 β-Ti 中的溶解度也仅约 50~200ppm。

1936 年，亚历山大首次发明了用钙还原二氧化钛生产金属钛的方法并申请了专利。然而，钛无法利用钙还原二氧化钛进行连续化生产，主要是由于生成的副产物氧化钙附着在钛颗粒表面，妨碍进一步脱氧。由于钙热还原反应是放热反应，产生的钛颗粒易于烧结紧密，氧化钙容易残留在烧结钛的晶粒边界。虽然氧化钙可以通过酸浸除去，但氧含量仍较高。加之二氧化钛还原反应是逐步完成的，通常钙热还原都在 1273K 下进行，而这时易生成 Ti_3O、Ti_6O 等低价钛氧化物[19]。在实验室规模，钙热还原得到的钛粉末中，通常仍有几千 ppm 的氧，这归因于副产物氧化钙残留和附着于钛颗粒表面，阻碍了进一步的脱氧[26~28]。

4.3.2　氯化钙熔盐中的钙热还原

氯化钙是一种储量丰富并且非常廉价的离子盐，熔点为 1045K。在熔融氯化钙熔盐中，氧化钙与钙具有良好的稳定性。氧化钙在氯化钙中的溶解度达到 20mol%[26~28]，1173K 温度下，在熔融氯化钙中利用钙热还原二氧化钛，生成的氧化钙副产物可实时溶解进入氯化钙熔盐中，避免了在钛颗粒表面的包覆，可有效提高还原反应速度[29,30]。氯化钙熔盐中钙热还原反应机理如图 4-1 所示，氧化钙电解产生的金属钙溶解于熔盐中，并扩散至二氧化钛表面，发生还原反应生成金属钛；反应生成的副产物氧化钙则溶解进入熔盐；反应释放的热量被熔盐吸收，以维持熔盐温度。反应式如下：

$$TiO_2 + 2[Ca] \xlongequal{} Ti + 2[CaO] \tag{4-2}$$

其中，[Ca]、[CaO] 分别表示溶解于熔融氯化钙中的金属钙和氧化钙。相比于氧化钙需要用酸浸脱除，而氯化钙只需用水就能很容易地与钛粉分离。值得注意的是，附着在钛颗粒上的氯化钙容易溶于水，在热水中溶解速度更快[31]。在室温条件下，氯化钙的溶解速度比其他卤化物如氯化钠、氯化钾和氯化镁快得多。因此，在实际应用中，氯化钙作为熔盐具有明显的优势。

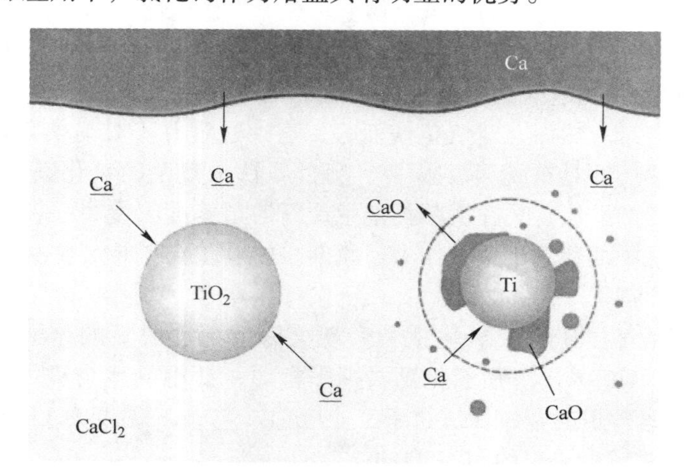

图 4-1　二氧化钛钙热还原机理图[3]

液态金属钙和氯化钙在 1173K 时，密度分别为 $1.357g/cm^3$ 和 $2.017g/cm^3$，由于密度差异会分成两层。金红石型二氧化钛和 β-Ti 在 1073K 的密度分别为

$4.40g/cm^3$ 和 $4.15g/cm^3$，因此二氧化钛和产物钛不会直接接触到金属钙。上层金属钙将溶解在熔融氯化钙中（钙的溶解度为 2mol%~4mol%），溶解状态的钙原子将二氧化钛还原为钛粉末。然而，液态金属钙很难将二氧化钛还原成金属钛，因为生成的大量副产物氧化钙会附着在二氧化钛颗粒的表面，妨碍反应进一步发生。

4.3.3　氯化钙熔盐中的氧化钙电解

根据 OS 工艺原理，要想连续制备高纯度的金属钛，反应副产物氧化钙必须能快速溶解于氯化钙熔盐中，同时又要被熔盐电解再生为金属钙单质，以保证反应过程连续进行。在氯化钙熔盐中，氧化钙以离子存在：

$$CaO = Ca^{2+} + O^{2-} \tag{4-3}$$

氯化钙熔盐中，氧化钙和氯化钙的理论分解电压如图 4-2 所示。如果采用能够抵抗氧气腐蚀的惰性阳极，则阳极产生氧气。1173K 时，氧化钙分解为钙和氧气的理论分解电压为 2.71V。当以石墨为阳极，二氧化碳或一氧化碳为阳极产物时，分解电压降低至 2V 以下。可见，氧化钙的分解电压明显低于氯化钙的理论分解电压 3.21V。

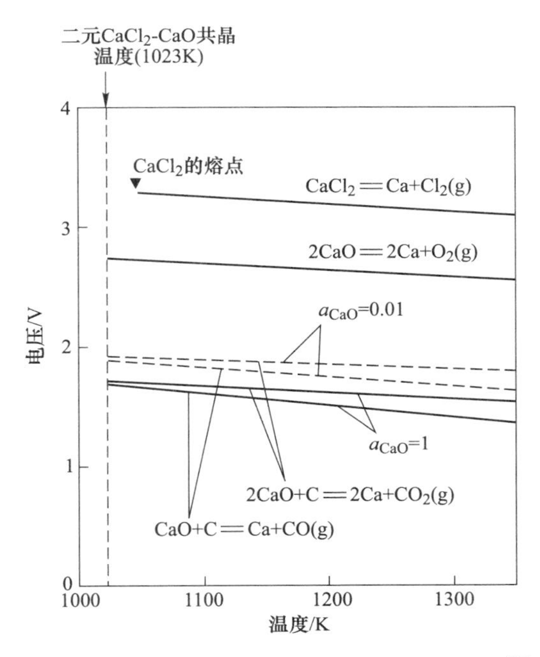

图 4-2　氯化钙及氧化钙在氯化钙中的分解电压[3]

阳极：$C + 2O^{2-} = CO_2(g) + 4e$　或　$C + O^{2-} = CO(g) + 2e$　(4-4)

阴极：$$Ca^{2+} + 2e = Ca \tag{4-5}$$

即使氧化钙的活度在一个很低的水平，氧化钙的分解电压仍然低于氯化钙的分解电压。因此，钙可以通过电解氧化钙得到。然而，如果电解电压过高，氯化钙也将分解，此时阳极将有氯气逸出。因此，OS 工艺中需要严格控制电解电压低于 3.21V。

此前，学者曾尝试电解氧化钙或者氯化钙，然而，以较高的电流效率电沉积液态金属钙或者钙合金比较困难。在电解温度下，产生的金属钙极易溶解进入熔盐中，形成“金属雾”并且发生副反应，这种钙形成的“金属雾”在阴极附近已经被观察到。“金属雾”会引发副反应，降低电流效率。更早的报道曾指出“金属雾”为 Ca^{2+}，后来的研究显示为 Ca^{+}，其通过反应（4-6）的歧化反应产生[32,33]：

阴极附近：

$$Ca^{2+} + Ca \longrightarrow 2Ca^{+} \qquad (4\text{-}6)$$

Ca^{+}同样具有强烈的还原能力，Ca^{+}离子离开阴极迁移至熔体中，将发生如下副反应：

熔盐中：

$$4Ca^{+} + CO_2(g) \longrightarrow 4Ca^{2+} + 2O^{2-} + C$$

或者

$$2Ca^{+} + CO(g) \longrightarrow 2Ca^{2+} + O^{2-} + C \qquad (4\text{-}7)$$

可见，在阴极附近形成的“金属雾” Ca^{+}（或者 Ca^{2+}），具有与溶解在熔盐中的金属钙等同的钙热还原能力。此时，在阴极附近加入二氧化钛粉末（见图 4-3），将与“金属雾”发生类似式（4-2）一样的反应，来代替副反应（4-7）的发生[34,35]。

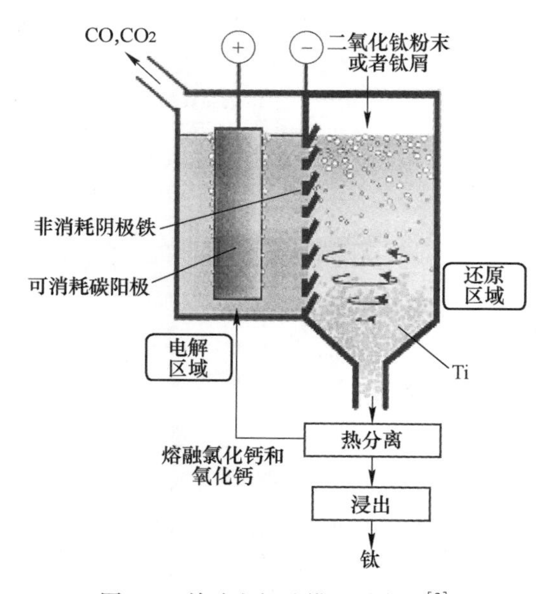

图 4-3　单独电解池模型示意图[3]

4.3.4 钙热还原和氧化钙电解的结合

OS 工艺的核心是将二氧化钛钙热还原金属钛和氧化钙电解金属钙两个反应过程结合在一起。图 4-4 为还原和电解分离式的 OS 工艺反应器概念设计图。电解反应器中，在阴极生成的钙随氯化钙熔盐被输送到还原反应器内，并被用于还原二氧化钛粉末；还原副产物氧化钙和氯化钙熔盐又重新返回到电解反应器中，实现物料循环。这一概念被日本钛协会称为 JTS 方法，但是在反应过程中阴极产生的富 Ca 的 $CaCl_2$ 熔盐寿命很短，钙会在短时间内大量扩散而降低还原能力。

图 4-5 提供了另一种理想的概念设计，它将电解和还原整合为单个的单元操作。在这种设计中，消耗性碳阳极位于电解槽的中心，并以铁制容器作为阴极；二氧化钛原料送入阴极附近，并在阴极盐面以下位置发生还原反应，以避免生成的钙和钛与阳极二氧化碳气体反应；同时用分离器（如细网），分隔阴阳极，以防止阳极二氧化碳气体渗透到阴极还原区；生成的钛产物颗粒积聚在电解槽底部，并定期取出。该反应器类似于连续操作的铝电解槽，铝电解过程所生成的液态铝也是周期性地从电解槽底部抽上来。区别在于，钛产物呈固态颗粒状，且有很宽的尺寸分布范围，如图 4-6 所示。钛产物的取出方法之一是从反应器底部连续提取；另一种方法是使用多孔篮过滤析出物。

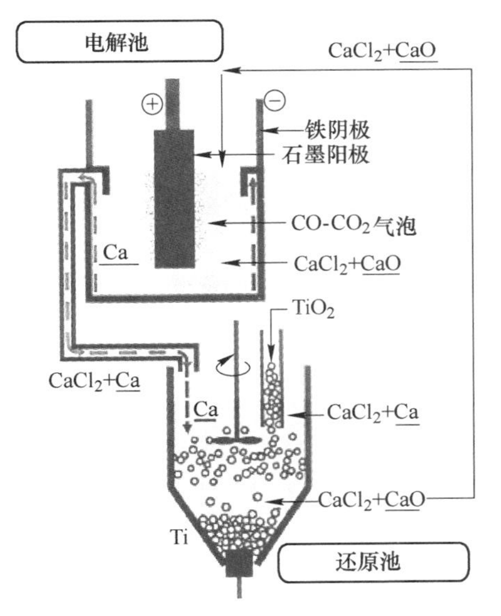

图 4-4 分离式 OS 工艺反应器模型示意图[3]

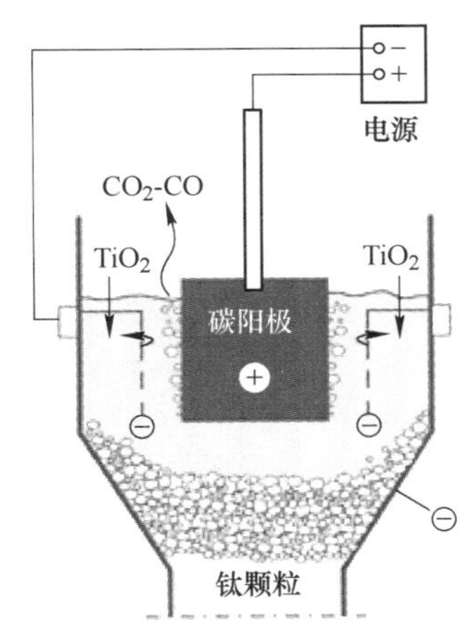

图 4-5 一种理想的 OS 工艺反应器设计[1]

图 4-5 的反应器概念设计，取消了图 4-4 中两个反应器之间的连接路径，电解出来的钙会立即用于二氧化钛的还原。考虑到钙的熔点与电解温度需求，还原反应的操作温度范围通常为 1120~1350K。由于钙热还原是放热过程，而电解过

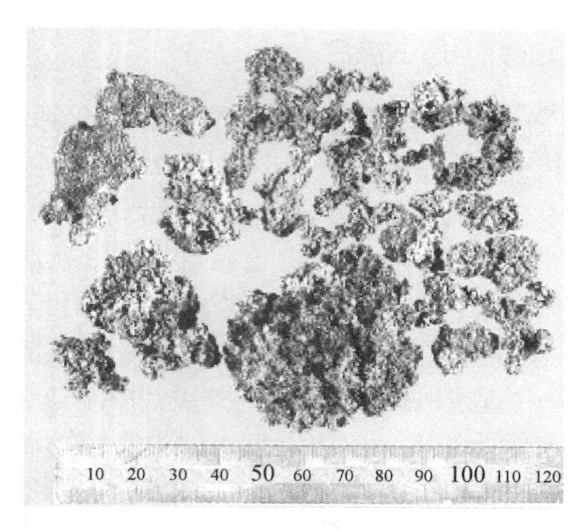

图 4-6　OS 工艺颗粒状钛产物[1]

程需要吸收热量以维持电解温度，因此将电解和还原整合在一起的紧密空间布置方式（见图 4-3 和图 4-5）可以更好地利用热能，降低能耗。

为了证实钙热还原机理，将二氧化钛粉末放入氧化钇坩埚中，然后放置在阴极钛网料篮中。由于氧化钇不导电，并且热力学上比氧化钙更加稳定，这样二氧化钛粉末与阴极隔绝。1173K 温度下电解 3h 后，分析发现氧化钇坩埚中产物从上到下依次是：α-Ti、TiO、Ti_2O_3 和 $CaTiO_3$。尽管在坩埚底部的二氧化钛并没有被还原，但也充分证明通过钙热反应可以将二氧化钛还原为金属钛或低价钛氧化物。

4.3.5　钙深度脱氧

通常二氧化钛钙热还原产生的钛粉中仍含有一定含量的氧。在 OS 工艺长期反应过程中，金属钙能有效对反应器底部钛中的残余氧进行深度脱除：

$$[O]_{Ti} + Ca = Ca^{2+} + O^{2-} \tag{4-8}$$

式中，$[O]_{Ti}$表示钛中的残余氧。当通过反应（4-2）把二氧化钛还原成钛粉后，获得的钛粉中的氧可通过反应（4-8）进一步深度脱除。前期报道已经指出钛粉中的含氧量与脱氧时间有关，当脱氧 1h 时，钛粉中氧含量为 1000ppm；当脱氧 1 天时，钛粉中氧含量为 420ppm。熔盐中氧化钙的浓度越低脱氧效率越高，当熔盐中氧化钙含量超过了最为合适的脱氧浓度时，即当氧化钙在熔盐中的浓度超过 5mol%时，钙和氧化钙的溶解速率将会变得很慢，脱氧效率急剧下降。

电解氧化钙可降低熔盐中氧化钙浓度，因此将还原和电解结合起来可以较好地降低钛中含氧量。有报道称采用这种方式已经将钛中含氧量由 1000ppm 降低到了 30ppm 水平。虽然在这个过程中氧离子的扩散成为控制环节，但仍然可以期待二氧化钛还原和深度脱氧可以得到更高纯度的钛粉。也就是说，如图 4-3 和图 4-5 中提出的单反应器设想，在二氧化钛还原制备钛粉的同时，有望实现钛粉的深度脱氧。

4.3.6 OS 工艺化学-电化学反应

在熔融状态下，氯化钙将电离出 Ca^{2+}，然而当一定量的金属钙溶解在熔融氯化钙中，这种状态下的钙离子不再是化学计量的，而是存在 Ca^{2+}、Ca^{+}和自由电子的化学动态平衡；当金属钙的量超过其在氯化钙中的溶解度极限时，钙离子只以 Ca^{+}形式存在。由于纯液态钙和 Ca^{+}的活度几乎是一样的，因此，钙饱和的熔融氯化钙和纯液态钙一样具有较强的还原能力，虽然其基本结构仍是熔融盐结构。此外，氧化钙在熔融氯化钙中也有较大的溶解度。图 4-7 给出了 $CaCl_2$-CaO-Ca 三元体系的均匀液相区图[36,37]。

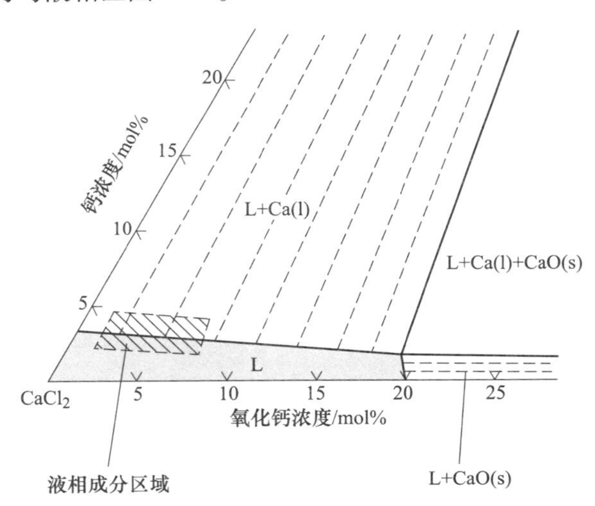

图 4-7 1200K 时，$CaCl_2$-CaO-Ca 体系的等温截面图[2]

二氧化钛粉末被钙的平衡混合物 Ca^{2+}、Ca^{+}和自由电子还原，生成金属钛和副产品氧化钙。熔盐中的钛还原反应为：

$$TiO_2 + 4Ca^{+} = Ti + 4Ca^{2+} + 2O^{2-} \tag{4-9}$$

同样，如果二氧化钛粉末与钙反应也会被还原成金属钛：

$$TiO_2 + 2Ca(l) = Ti + 2CaO(l) \tag{4-10}$$

反应式（4-9）和式（4-10）中，氧化钙均作为反应产物溶解进入熔盐，并且可以通过电解被重新转换成钙。电解采用碳消耗阳极，电解电压一般控制在 3.0V，该电压高于氧化钙的分解电压，但低于氯化钙的分解电压。在该条件下，二氧化碳气体从碳阳极逸出而无氯气逸出，电解反应为：

阳极：　　$$C + 2O^{2-} = CO_2\uparrow + 4e \quad (4\text{-}11)$$

阴极：　　$$Ca^{2+} + 2e = Ca \quad (4\text{-}12)$$

产物钛中的氧含量依赖于 OS 工艺中熔盐达到平衡时氧化钙和钙的比例，即 a_{CaO}/a_{Ca}，其中 a_{CaO}和 a_{Ca}分别表示相同标准态下氧化钙的活度和钙的活度。在 1200K 时，钛的最终氧含量（即热力学平衡值）为 347ppm。

综上，Ono 和 Suzuki 教授所提出的 OS 工艺从二氧化钛的还原开始，首先通过钙热还原生成金属钛粉和副产物氧化钙，然后电解氧化钙生成金属钙，并返回钙热还原循环使用。OS 工艺的总反应相当于二氧化钛被碳还原，即：

$$TiO_2 + C = Ti + CO_2 \quad 和 \quad TiO_2 + 2C = Ti + 2CO \quad (4\text{-}13)$$

从总反应来看，OS 流程和现有 Kroll 流程相似，不同之处在于，Kroll 流程中，镁是还原剂，四氯化钛是中间产物，氯化镁在整个封闭的系统中循环。

4.4　OS 工艺恒压电解

4.4.1　高于氯化钙分解电压的 OS 工艺

1173K 时，在高于 3.3V 下恒压电解，阳极主要是氯气析出反应，只检测到微弱二氧化碳，并没有检测到一氧化碳和氧气。电解后，凝固熔盐置于水中时，有少量的气体产生，这是由于熔盐中残存的金属钙与水反应生成氢气造成的。

当产物中含有 α-Ti 时，获得的钛产物为黑色，并且是略带烧结状。图 4-8 为粉末钛产物的电镜图，其中仅包含单纯的 α-Ti 产物。α 相孪生结构的形成是由于钛颗粒表面氧含量高。电解一段时间后，产物为氧含量较低的钛氧化物 $TiO_{0.325}$。

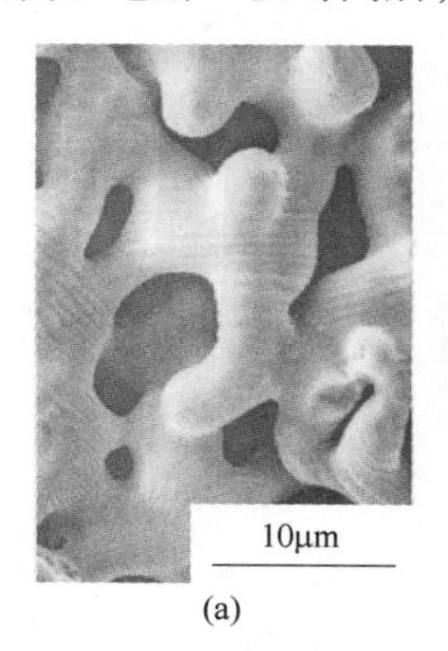

(a)

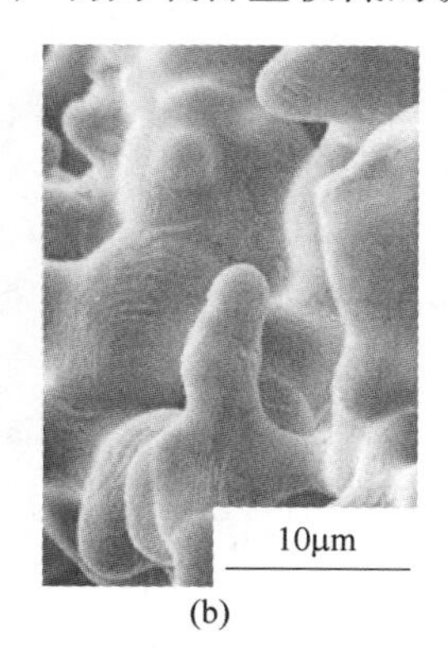

(b)

图 4-8　氯化钙熔盐中电解钛产物扫描电镜图[3]

（a）电压：3.5~3.8V，电解时间：3h，氧含量：6860ppm；

（b）电压：3.4~3.7V，电解时间：1h，氧含量：38000ppm

此前的钙热还原表明，在相同温度下有足够量钙存在的条件下，可以在 1h 内通过钙热还原生产出氧含量为 1000ppm 的 α-Ti。产物中氧含量高，则说明钙含量不足，这意味着电解还原时，钙的产生速率比钙热还原速率慢，电解还原过程的控速环节为金属钙的形成。电流效率定义为得到指定氧含量产物所需要的理论电荷量/实际电解过程中施加的电荷量，电解 3h 和 1h 时的电流效率分别仅为 8.8%和 25.5%。部分电量用于欧姆压降产生的热量，其余电量则被消耗在过量的钙重新与氯气或者二氧化碳反应[3]。

4.4.2 低于氯化钙分解电压的 OS 工艺

当在低于氯化钙分解电压，而高于氧化钙的分解电压范围（如 2.0~3.0V）电解时，阳极只检测到二氧化碳气体。图 4-9 为 1173K 时的电流与时间关系曲线。在电解初期电流迅速下降，然后逐渐增加。氧化钙的浓度越高，电流越大。在相同的电压条件下，具有相似的电解曲线轮廓。氧化钙浓度高时，大量金属钙的生成，将会更高效地还原二氧化钛。

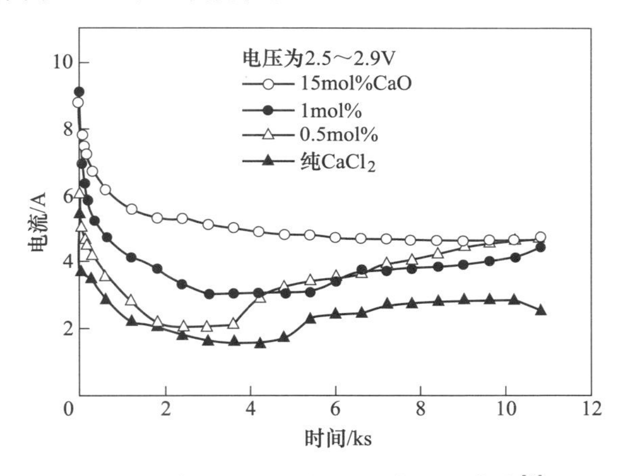

图 4-9 低于 3.0V 时，电流与时间曲线[3]

图 4-10（a）为 α-Ti 单相产物的形貌，可发现晶粒尺寸与高于氯化钙分解电压条件下电解产物相似（见图 4-8）。当氧含量仅为 2000ppm 时，没有观察到孪生结构，如图 4-10（b）所示。在短时间电解的情况下，钛低价氧化物会独立于 α-Ti 相独立存在。如：图 4-11（a）所展示的是 α-Ti 单相，而图 4-11（b）所展示的是钛低价氧化物 $TiO_{0.325}$单相。上述两相的识别是根据前者比后者更为粗糙，并且以烧结的形式存在，而 $TiO_{0.325}$或者 Ti_6O 所有的粒子都是孤立的小颗粒。这种现象反映了氧化钙和钙在阴极篮筐中的不均匀分布[3]。

前期曾经报道，在 $CaCl_2$ 熔盐中，氧化钙浓度大于 5mol%时，钙在氯化钙熔盐中的溶解度随着氧化钙的增加而减少。当氧化钙的浓度较高时，钙的供应将会由于在熔盐中的溶解度降低而变慢。过量的氧化钙和钙缓慢的溶解速度将导致钛粉中氧含量增加，并且氧含量分布不均。

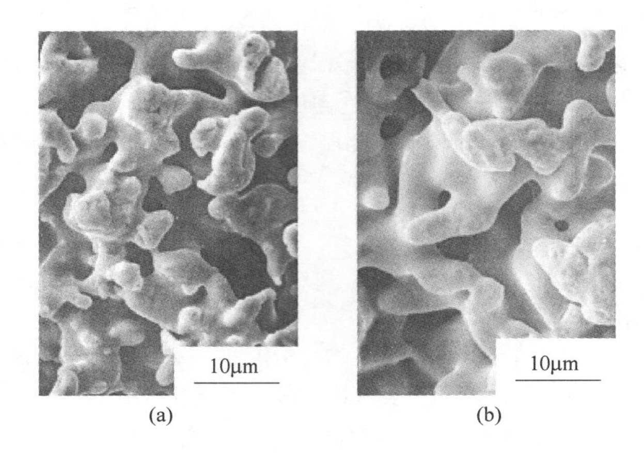

(a)　　(b)

图 4-10　$CaCl_2$-CaO 熔盐中电解钛产物扫描电镜图[3]

（a）电压：2.5~2.8V，电解时间：3h，氧含量：6190ppm；
（b）电压：2.6~2.9V，电解时间：3h，氧含量：2000ppm

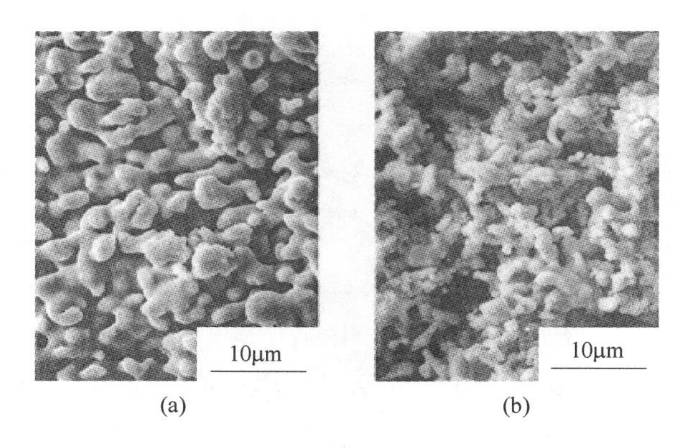

(a)　　(b)

图 4-11　$CaCl_2$-1wt%CaO 熔盐中，2.7V 恒压电解 1h 产物的扫描电镜图[3]

（a）α-Ti；（b）$TiO_{0.325}$

在纯氯化钙体系中，电解 1h，二氧化钛被还原为钛低价氧化物如 $TiO_{0.325}$，而没有被还原为 α-Ti，这是因为在该条件下，虽然钙可以被电解产生，并进一步还原二氧化钛。然而，由于熔盐中氧化钙浓度不足，只有很少量氧化钙发生电解，电解产生的钙含量较低，不足以将二氧化钛还原为 α-Ti。在氧化钙浓度过高的区域，不利于生成氧化钙的连续溶解以及二氧化钛颗粒的还原，导致不均匀脱氧；而氧化钙浓度较低的地方，不能生成足够的钙，二氧化钛还原速率慢。因此，OS 工艺过程，熔盐中的三个步骤，即二氧化钛的钙热还原、氧化钙的溶解和氧化钙的电化学分解，保持良好的平衡至关重要[3]。

4.4.3 不锈钢阴极电解

采用不锈钢阴极时，电解电流的变化趋势与钛网阴极类似。采用不锈钢网料篮作为阴极，电解获得黑色粉末产物，XRD 分析其为 α-Ti 与碳化钛的混合物，并夹杂少量的 α-Fe、TiO 和 TiN，可以证实产物中确有碳化钛存在，但一氧化钛、氮化钛与碳化钛具有相同的晶体结构和相似的晶格参数，因 EDS 无法分析氧和氮，一氧化钛和氮化钛的存在尚需进一步证实。

EDS 分析表明，α-Ti 产物中存在少量铁和镍，这是由于形成的钛和不锈钢网之间接触导致的。通过将纯钛丝浸在不锈钢篮子 3h 后，部分钛丝也被污染，这一事实证明了上述结论。此外不锈钢网浸泡在氯化钙熔盐中，易发生腐蚀而造成铁进入熔盐，并进一步污染钛产物。因此，阴极建议采用金属钛。

4.4.4 碳的生成

在氧化钙电解过程中碳沉积是主要问题之一。电解后，甚至会再在熔盐上方凝结一层厚约 5mm 的硬壳，这层硬壳主要由无定形碳和盐组成。另外，还有少量氢氧化钙和碳酸钙存在，原因可能是氧化钙与空气中的水和二氧化碳反应生成。但硬壳中未发现碳化钙。然而，与氯化钙熔盐体系相比，$CaCl_2$-CaO 熔盐中电解时，更易发生碳沉积反应，并且与电解时间和电量都无关，而与电解结构有关。如：阴、阳极间距强烈影响碳沉积。在图 4-9 中，电解后期电流逐步增长可能就是由于碳生成所导致的。沉积碳将会扩散到阴极料篮中污染钛粉，当料篮是钛网而不是不锈钢网时，在阴极钛网表面形成的碳化钛可保护钛粉不会被污染。

碳主要来源于石墨阳极，电解过程阳极产生的二氧化碳将与熔盐中的 O^{2-} 通过反应（4-14）生成 CO_3^{2-}。熔盐中氧化钙浓度越高，产生的 CO_3^{2-} 浓度也越高。在熔盐中，CO_3^{2-} 被熔盐中溶解的钙还原为碳单质；另一方面，CO_3^{2-} 扩散至阴极表面，也会被进一步电化学还原为碳单质。

$$O^{2-} + CO_2(g) = CO_3^{2-} \quad (4\text{-}14)$$

$$2Ca + CO_3^{2-} = C + 2Ca^{2+} + 3O^{2-} \quad (4\text{-}15)$$

同时，反应（4-15）的发生也会消耗大量的还原剂钙，降低 OS 工艺钛制备效率。通过设计一种多孔氧化镁隔膜，来分开 CO/CO_2 和还原剂钙，同时辅以气体鼓泡可以有效解决碳生成问题，这其中电解池的设计是解决问题的关键。在图 4-3 中，阴极钛网就担任着隔开阴、阳极的功能，而气体鼓泡应该被精确地控制以避免副反应的发生。另一个解决方案是降低氧化钙的浓度，然而该方法又可能降低二氧化钛的制备速率和效率。

4.5 OS 工艺装置与操作过程

图 4-12 为 OS 工艺实验装置。在该装置中，二氧化钛的还原和 $CaCl_2$-CaO 原

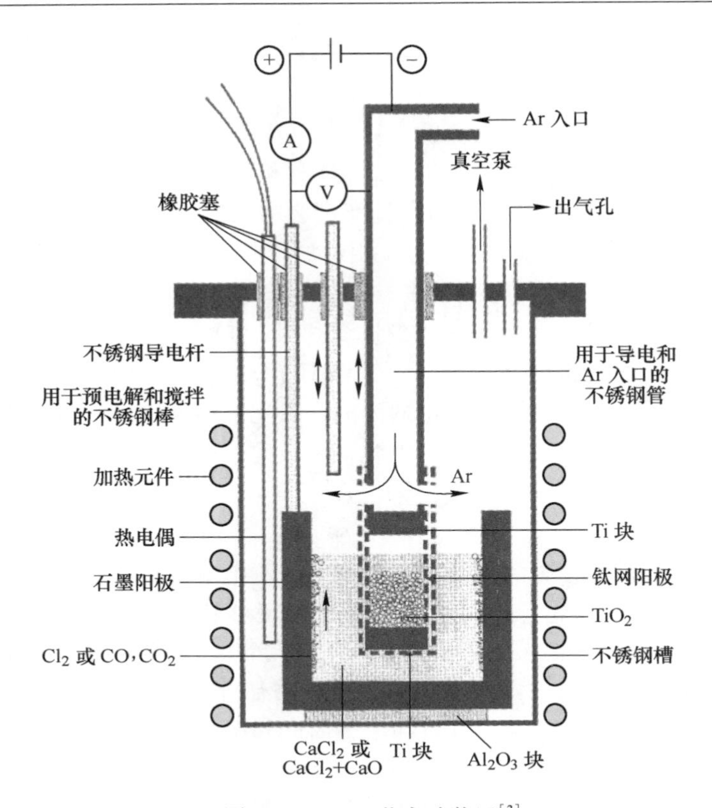

图 4-12　OS 工艺实验装置[3]

位电解同时进行。采用石墨坩埚作阳极，通过一个不锈钢棒与直流电源相连。无水氯化钙（纯度大于 99%）和 1473K 空气中煅烧氧化钙（99%）混合物放入坩埚，并在 623~773K 的温度下抽真空 12h 以上，然后在氩气搅动的条件下熔融。为了脱除金属杂质和水，在 1173K 下，用不锈钢或钛作为阴极，在 1.0~1.3V 的恒压条件下进行预电解。采用纯钛网或者优质 304 不锈钢网作为阴极，外观是一种用钛丝双重缠绕的圆筒状，底部用钛板覆盖。阴极中装入二氧化钛（纯度大于 99%，分析纯），粒度约为 200~800μm。篮筐式阴极通过不锈钢管连接到直流电源。

1173K 氩气气氛下预电解后，将阴极料筐浸入熔盐以下约 30~50mm，并且保持距离底部 30mm。在设定恒压条件下进行电解。电解过程中，通过阴极导管向熔盐液面吹氩；同时，通过氢氧化钙水溶液和硝酸银水溶液来检测尾气中的二氧化碳和氯气。电解结束后，将阴极料筐提离熔盐液面，并在氩气条件下冷却。当炉温降到室温时，取出阴极料筐用纯净水浸泡清洗，其中的黑色粉末依次用盐酸、蒸馏水、酒精润洗，然后在真空条件下干燥，即获得金属钛产品[3]。

参 考 文 献

[1] Ono K, Suzuki R O. A new concept for producing Ti sponge: Calciothermic reduction [J]. JOM, 2002, 54: 59-61.

[2] Suzuki R O, Inoue H. Calciothermic reduction of titanium oxide in molten $CaCl_2$ [J]. Metall. Mater. Trans. B, 2003, 34B: 277-285.

[3] Suzuki R O, Teranuma K, Ono K. Calciothermic reduction of titanium oxide and in-situ electrolysis in molten $CaCl_2$ [J]. Metall. Mater. Trans. B, 2003, 34B: 287-295.

[4] Oki T. Reduction of titanium dioxide by calcium in hot cathode spot [J]. Mem. Fac. Eng. Nagoya Univ., 1967, 19: 164-166.

[5] Okabe T H, Nakamura M, Oishi T, et al. Electrochemical deoxidation of titanium [J]. Metall. Mater. Trans. B, 1993, 24: 449-455.

[6] Okabe T H, Nakamura M, Ueki T, et al. Preparation of extra-low-oxygen titanium by the calcium-halide flux deoxidation process [J]. Bull. Jpn. Inst. Met., 1992, 31: 315-317.

[7] Ohno Y, Suzuki H, Yamakawa H, et al. Impaired insulin sensitivity in young, lean normotensive offspring of essential hypertensives: possible role of disturbed calcium metabolism [J]. J. Hypertens, 1993, 11 (4): 421-426.

[8] Okabe T H, Suzuki R O, Oishi T, et al. Thermodynamic properties of dilute titanium-oxygen solid Ssolution in beta phase [J]. Mater. Trans., JIM, 1991, 32 (5): 485-488.

[9] Kroll W. The production of ductile titanium [J]. Trans. Electrochem. Soc., 1940, 78: 35-47.

[10] 陈志远，刘俊昊，周国治. 钛氧化物熔盐电脱氧工艺用氯化物熔盐的选择 [J]. 中国材料进展，2012，31 (1): 44-49.

[11] 龙翔，李保金，汪云华，等. 熔盐电解 TiO_2 制取钛金属工艺研究进展 [J]. 材料导报，2013，27 (S2): 78-82.

[12] 郭胜惠，彭金辉，张世敏，等. $CaCl_2$ 体系中电解还原 TiO_2 制取钛的研究 [J]. 稀有金属，2004 (6): 1091-1094.

[13] 杨宇，梁精龙，李慧，等. 钛金属冶炼工艺新进展 [J]. 热加工工艺，2017，46 (7): 5-7.

[14] 曾桂生，谢刚，杨大锦，等. 钙熔盐电解中石墨阳极氧化及防护 [J]. 有色金属，2005，57 (1): 60-63.

[15] 王桂生，田荣璋. 钛的应用技术 [M]. 长沙：中南大学出版社，2007.

[16] 唐长斌，薛娟琴. 冶金电化学原理 [M]. 北京：冶金工业出版社，2013.

[17] 莫畏，董鸿超，吴享南. 钛冶炼 [M]. 北京：冶金工业出版社，2011.

[18] 李大成，刘恒，周大利. 钛冶炼工艺 [M]. 北京：化学工业出版社，2009.

[19] Okamoco H. Desk Handbook Phase Diagrams for Binary Alloys [M]. USA: ASM International, 2000.

[20] Kubaschewski O, Dench W A. The free-energy diagram of the system titanium-oxygen [J]. J. Inst. Metals, 1953, 82: 87-91.

[21] Ono K, Okabe T H, Ogawa M, et al. Production of titanium powders by the calciothermic re-

duction of TiO_2 [J]. Trans. Iron Steel Inst. Jpn., 1990, 76 (4): 568-575.

[22] 宋建勋，徐宝强，杨斌，等．镁热还原法制取金属钛的实验研究 [J]. 轻金属，2009，12：46-51.

[23] Kroll W. Verformbares titan und zirkon [J]. Z. Anorg. Allg. Chem., 1937, 234 (1): 42-50.

[24] 贾金刚，徐宝强，徐敏，等．真空钙热还原二氧化钛制备钛粉的研究 [J]. 钢铁钒钛，2013，34（2）：1-6.

[25] 万贺利，徐宝强，戴永年，等．钙热还原二氧化钛的钛粉制备及其中间产物 $CaTiO_3$ 的成因 [J]. 中国有色金属学报，2012，22：2075-2081.

[26] Nersisyan H H, Won H I, Won C W, et al. Direct magnesiothermic reduction of titanium dioxide to titanium powder through combustion synthesis [J]. Chem. Eng. J., 2014, 235: 67-74.

[27] Ono K, Miyazaki S. Study on the limit of deoxidation of titanium and the reduction of titanium dioxide by saturated calcium vapors [J]. J. Jpn. Inst. Met., 1985, 49: 871-875.

[28] Niiyama H, Tajima Y, Tsukihashi F, et al. Deoxidation equilibrium of solid titanium, zirconium and niobium with calcium [J]. J. Less-Common Met., 1991, 169 (2): 209-216.

[29] Okabe T H, Suzuki R O, Oishi T, et al. Production of extra low oxygen titanium by calcium-halide flux deoxidation [J]. Trans. Iron Steel Inst. Jpn., 1991, 77 (1): 93-99.

[30] Okabe T H, Oishi T, Ono K. Preparation and characterization of extra-low-oxygen titanium [J]. J. Alloys Compd., 1991, 184 (1): 43-56.

[31] Suzuki R O, Aizawa M, Ono K. Calcium-deoxidation of niobium and titanium in Ca-saturated $CaCl_2$ molten salt [J]. J. Alloys Compd., 1999, 288 (1-2): 173-182.

[32] Natsui S, Sudo T, Kikuchi T, et al. Morphology of lithium droplets electrolytically deposited in LiCl-KCl-Li_2O melt [J]. Electrochem. Commun., 2017, 81: 43-47.

[33] Takenaka T, Shigeta K, Masuhama H, et al. Influence of some factors upon electrodeposition of liquid Li and Mg [J]. ECS Trans., 2009, 16 (49): 441-448.

[34] Ono K. Evaluation of physical chemistry in titanium refining [J]. Titanium Jpn., 2000, 48 (1): 13-15.

[35] Ono K, Suzuki R O. Titanium production from oxide using reducible molten salt [J]. Bull. Jpn. Inst. Met., 2002, 41 (1): 28-31.

[36] Axler K M, Depoorter G L. Solubility studies of the Ca-CaO-$CaCl_2$ system [J]. Mater. Sci. Forum, 1991, 73-75: 19-24.

[37] Suzuki R O. Calciothermic reduction of TiO_2 and in situ electrolysis of CaO in the molten $CaCl_2$ [J]. J. Phys. Chem. Solids, 2005, 66 (66): 461-465.

5　USTB法电解提取钛

USTB钛冶炼技术是由北京科技大学提出，即以二氧化钛碳热还原得到的钛碳氧固溶体作为可溶阳极和钛源，在氯化物熔盐电解质中电解，低价钛离子从钛碳氧阳极溶解进入熔盐，在电场的作用下钛离子迁移到阴极并电化学还原得到金属钛[1~4]。由于阳极原料和阴极产物分布在电解槽的不同区域，有望获得纯度较高的金属钛产品。已有研究证实，阴极所得金属钛的碳和氧含量均可低于300ppm。相比于Kroll法，USTB工艺具有流程短、可连续化生产、成本低、能耗低、清洁环保等优点，目前已进行了10000A半工业化验证，取得良好的效果，是一种极有应用潜力的金属钛冶炼方法。本章将着重介绍钛碳氧固溶体热力学性质和制备方法，说明USTB法熔盐电解质的选择原则，分析可溶性含钛化合物阳极溶解行为与机理，讨论低价钛离子阴极电化学还原行为。在此基础上，介绍USTB法电解金属钛结构和电流效率调节特点。

5.1　钛碳氧固溶体热力学

Ti_2CO（即$TiC_{0.5}O_{0.5}$）是USTB法熔盐电解钛的原料，制备具有较高导电性、良好阳极溶解性的钛碳氧固溶体极为关键。Ti_2CO属于TiC_xO_y固溶体的一种，要想从理论上实现Ti_2CO的精确可控制备，必须对TiC_xO_y热力学进行深入理解。

5.1.1　吉布斯自由能计算方法

吉布斯自由能的测试方法[5,6]通常有三种：化学平衡法、电动势法和热焓热容法。化学平衡法是根据吉布斯自由能与平衡常数的关系式（5-1）来计算求得。

$$\Delta G^{\ominus} = -RT\ln K \tag{5-1}$$

通过测定不同温度下的平衡常数，即可得到相应温度下的吉布斯自由能变化值。

电动势法是通过实验测定得到可逆电池的电动势，然后按照式（5-2）计算，即可得到电化学反应的吉布斯自由能变化。

$$\Delta G_m = -zFE \tag{5-2}$$

式中，ΔG_m为电化学反应的吉布斯自由能变化；z为反应的电荷数；F为法拉第常数；E为电动势。

热焓热容法是运用吉布斯自由能与热焓和热熔的关系，通过式（5-3）来计算得到。

$$\Delta G = \Delta H - T\Delta S \tag{5-3}$$

通过测量化学反应的焓变和熵变，即可求出吉布斯自由能变化值。

化学平衡法和电动势法虽然可以比较精确地测定平衡常数和电动势，但其每次只可得到某一温度下的数据，要得到不同温度下的结果就需要进行多组实验，工作量较大。

随着热分析测试仪器的不断发展，德国耐驰公司生产的差示扫描量热仪已经可以很精确地测定比热和燃烧热，精度可以达到2%以内。虽然燃烧热的常用测试仪器是氧弹燃烧仪，但是对放热较多的反应往往会因瞬间温度过高而烧损容器。因此，对于 TiC_xO_y 固溶体，首先采用差示扫描量热法进行燃烧热测试，然后测试不同温度下的热容，由此计算得到各种温度下吉布斯自由能变化值[6]。

5.1.2　钛化合物燃烧热的测试与分析

按照如下反应进行燃烧热 ΔH 测试：

$$TiC + 2O_2 = TiO_2 + CO_2 \tag{5-4}$$

$$TiO + 0.5O_2 = TiO_2 \tag{5-5}$$

$$Ti_2CO + 2.5O_2 = 2TiO_2 + CO_2 \tag{5-6}$$

在对燃烧热的测试过程中，操作条件、制备方法等对 Ti_2CO 测试结果均有影响[7~10]。由于 TiC、TiO 和 Ti_2CO 的燃烧热数据精确性决定着自由能数据的精确性，所以精确测试燃烧热成为关键。下面对影响因素进行一一讨论。

（1）燃烧开始温度的影响。燃烧开始温度的影响，即何时通入氧气开始燃烧，其对燃烧热结果有较大影响。通入氧气过早，即开始燃烧温度较低，氧化反应虽然开始，但是过于微小的反应热会在周围环境散失而使热敏元件捕捉不到，从而使测试结果偏小。同时会因产生不同氧化产物而形成几个波峰，过高的燃烧温度，又会使反应剧烈进行，瞬间产生大量热量，则会使热敏元件采集不及而使测量结果过小。

图5-1（a）和（b）为 TiC 分别在650℃和800℃开始通氧燃烧的热谱图。650℃开始通氧燃烧时，随着温度升高，产生了对应于生成 Ti_2O_3、Ti_3O_5 和 TiO_2 三种氧化产物的放热峰；而在800℃开始通氧燃烧的热谱图中则只有单一的放热峰，且其燃烧热（热谱图中峰面积）为-17551J/g，较650℃开始燃烧时的测定结果-16133J/g 更接近 JANAF 热力学数据手册中 TiC 的燃烧热数据-19173J/g。说明在较高温度开始燃烧有利于得到更为精确的燃烧热数据。

（2）氧气流量的影响。氧气流量对测试结果具有较大影响。从图5-2可看出，当氧气流量为30mL/min 时，TiC 燃烧热为-16767J/g；当氧气流量为5mL/min 时，TiC 燃烧热为-17109J/g。氧气流量较小时，燃烧热测定结果与 JANAF[11] 数据更

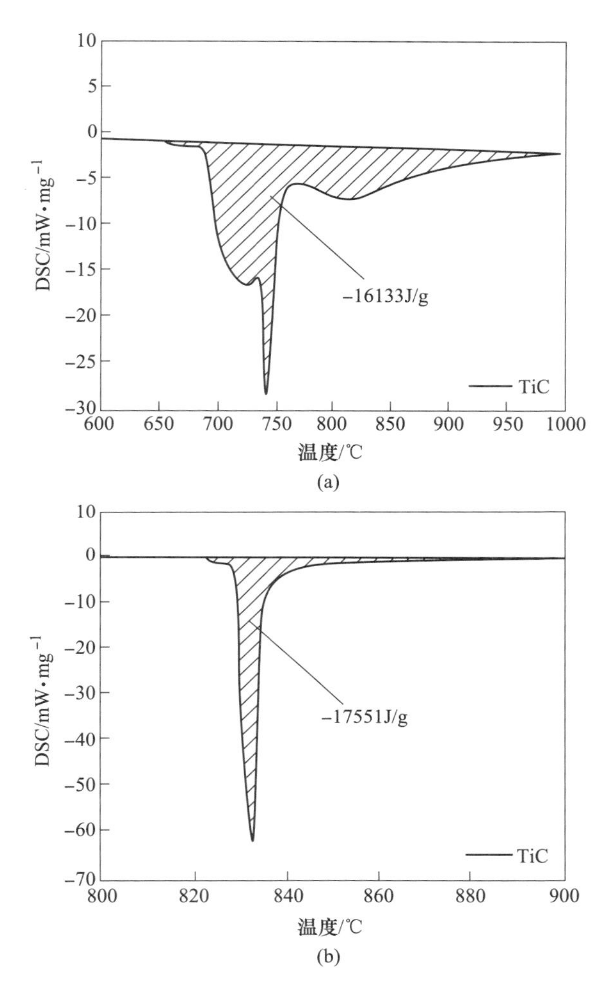

图 5-1 650℃（a）和 800℃（b）开始燃烧的 TiC 燃烧反应热谱图[8]
（氧气流量为 5mL/min；升温速度为 1℃/min）

为接近。流量大时，由于 TiC 燃烧产生的 CO_2 气体带走的热量较大，所以测得的结果偏小。因此，要想得到较好的测试数据，氧气流量不可太大。

（3）升温速度的影响。图 5-3 为不同升温速度时，Ti_2CO 燃烧反应的热谱图。可以看出，当升温速度为 1℃/min 时，测得 Ti_2CO 的燃烧热为-11721J/g；当升温速度为 5℃/min 时，$TiC_{0.5}O_{0.5}$的燃烧热为-10655J/g。当升温速度较高时，燃烧热值测定结果较小，这是因为升温速度高，燃烧反应相对比较迅速，产生的热量较多，热敏元件不易捕集，造成测得的燃烧热数值较小。因此，要想得到较好的数据，宜采用较低的升温速度。

以上研究表明，要想得到精确、合理的燃烧热结果，测试应该在较高燃烧温

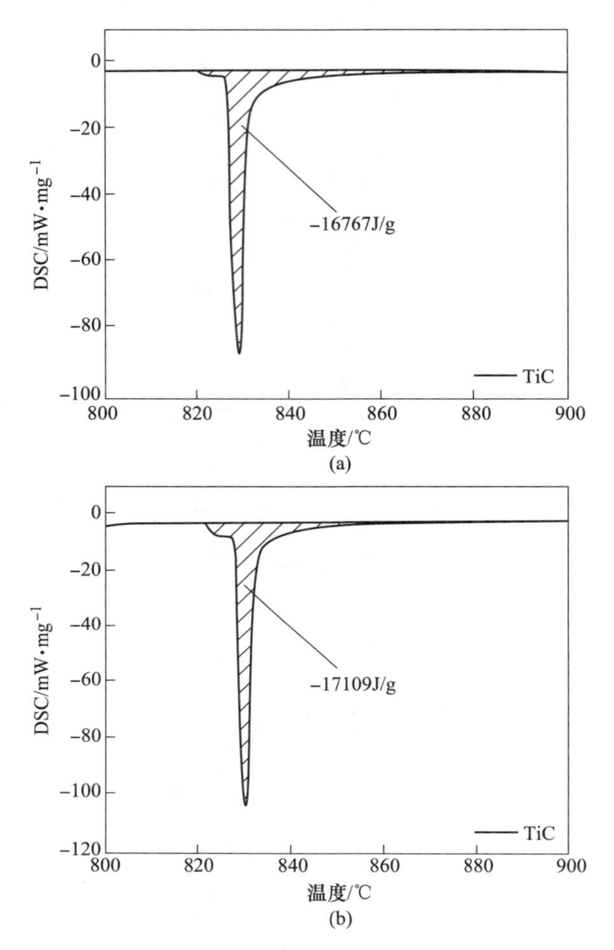

图 5-2　氧气流量为 30mL/min（a）和 5mL/min（b）时，TiC 燃烧反应热谱图[8]
（燃烧温度为 800℃；升温速度为 1℃/min）

度、较小的氧气流量和较低的升温速度下进行。优化的测试条件为：开始燃烧温度为 800℃、氧气流量为 5mL/min、升温速度为 1℃/min。

（4）样品制备方法的影响。采用碳/碳化钛碳热还原、TiO 和 TiC 化合反应两种方法制备 Ti_2CO，并测试燃烧热。由图 5-4 可以看出，两种方法制备的 Ti_2CO 燃烧热曲线形状大致相同，但燃烧热数值存在细微差别。在优化条件下，TiO_2 碳热还原制备的 Ti_2CO 的燃烧热为 −11767J/g，以 TiO 和 TiC 化合制备的 Ti_2CO 的燃烧热为 −11960J/g，即碳热还原制备的 Ti_2CO 燃烧热略小于化合反应制备的 Ti_2CO 燃烧热。碳热还原制备的 Ti_2CO 产物在制备温度 1600℃时的反应率为 98.5%，其中还有极少量的未反应完全的 Ti_2O_3 物相残存，因此使燃烧热值降低。而化合反应制备 Ti_2CO 时，若以金属钛保护则不会因 TiO 的氧

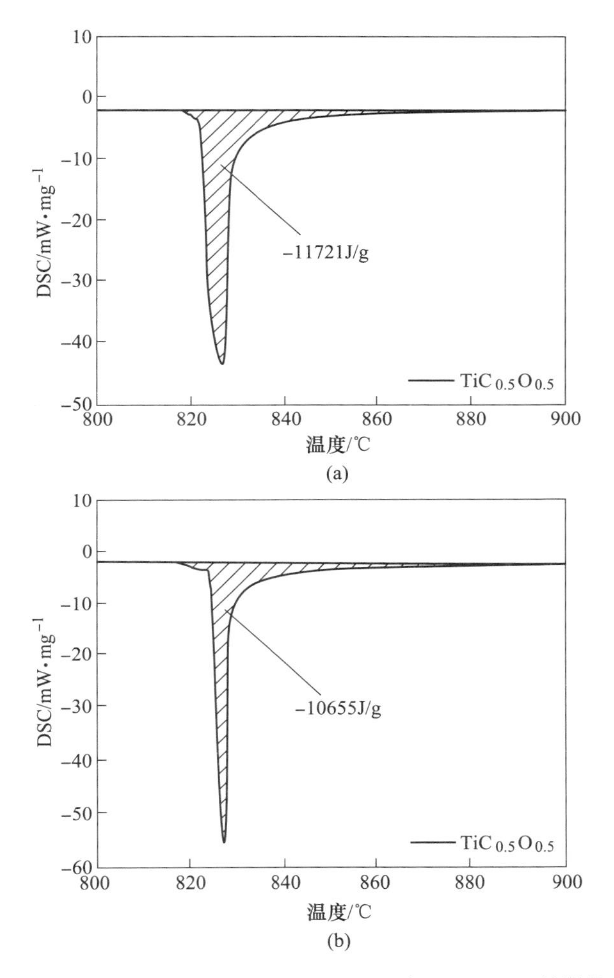

图 5-3 升温速度为 1℃/min（a）和 5℃/min（b）时，$TiC_{0.5}O_{0.5}$的燃烧反应热图谱[8]
（燃烧温度为 800℃；氧气流量为 5mL/min）

化而产生 Ti_2O_3，所以化合反应制备 Ti_2CO 测试的燃烧热值更合理，即测试值比碳热还原制备的测试值更准确。由上所述，应以 TiO 和 TiC 化合制备的 Ti_2CO 的燃烧热为最终计算数值。

（5）TiC 和 TiO 燃烧热差别。图 5-5（a）和（b）分别为优化条件下 TiC 和 TiO 的燃烧反应热谱图。可以看到 TiC 的燃烧热为 -17640J/g，这一数值与 JANAF[11] 热力学数据手册中的 TiC 的燃烧热经典数值-19173J/g 相比，相对误差为 8.0%；而 TiO 的燃烧热为 -6362J/g，这一数值与 JANAF[11] 热力学数据手册中的数值-6269J/g 相比，相对误差仅为 1.5%。TiO 的燃烧反应产物只有 TiO_2，而 TiC 的燃烧反应产物除了 TiO_2 之外，还有 CO_2 气体产生，在测试过程中 CO_2 气

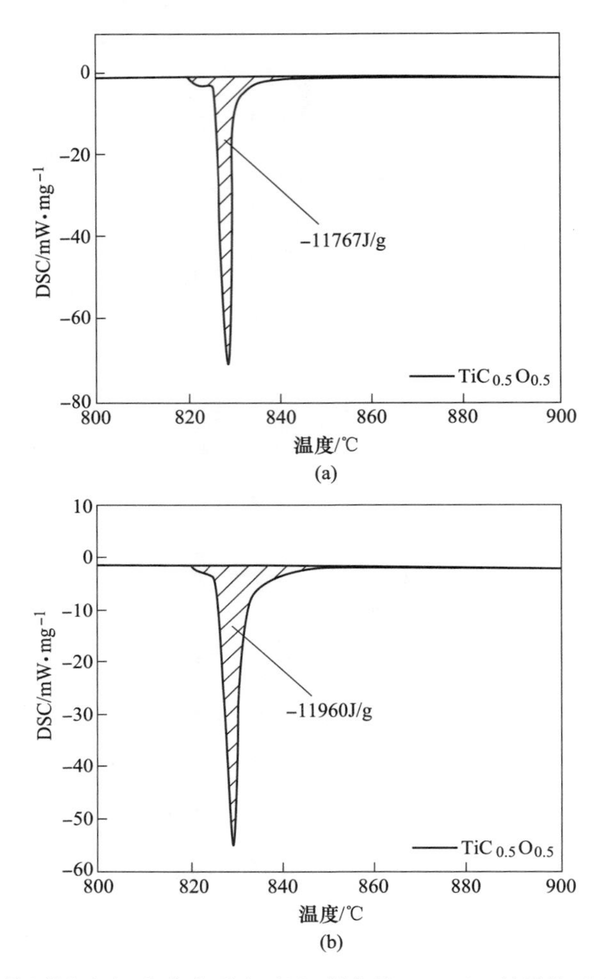

图 5-4　碳热还原（a）和化合反应（b）制备的 $TiC_{0.5}O_{0.5}$的燃烧反应热图谱[8]

体不可避免地会带走部分热量，导致 TiC 的测试结果与经典值有较大的误差，而 TiO 数据和经典值的误差很小，因此在计算 TiC 的燃烧热时需要考虑这一误差。同时，TiO 燃烧热值与 JANAF[11] 中数值接近，也充分说明测试结果具有很好的可信度。

（6）Ti_2CO 燃烧热测试结果比较分析。经过以上讨论，说明燃烧热测试方法具有很好的可信度，为 Ti_2CO 燃烧热测试及其数值的可信度奠定了良好的基础。表 5-1 为 Ti_2CO 燃烧热和测试条件与法国学者 Maitre 测试结果的比较。法国学者 Maitre[10] 采用样品为碳热还原制备的 Ti_2CO，测试温度较低，燃烧开始温度为 462℃（735K），升温速度高达 20℃/min，其测试得到的 Ti_2CO 燃烧热为 $\Delta H =$ −1272kJ/mol。根据前述测试条件的影响研究可知，其测试结果必然偏低。本研

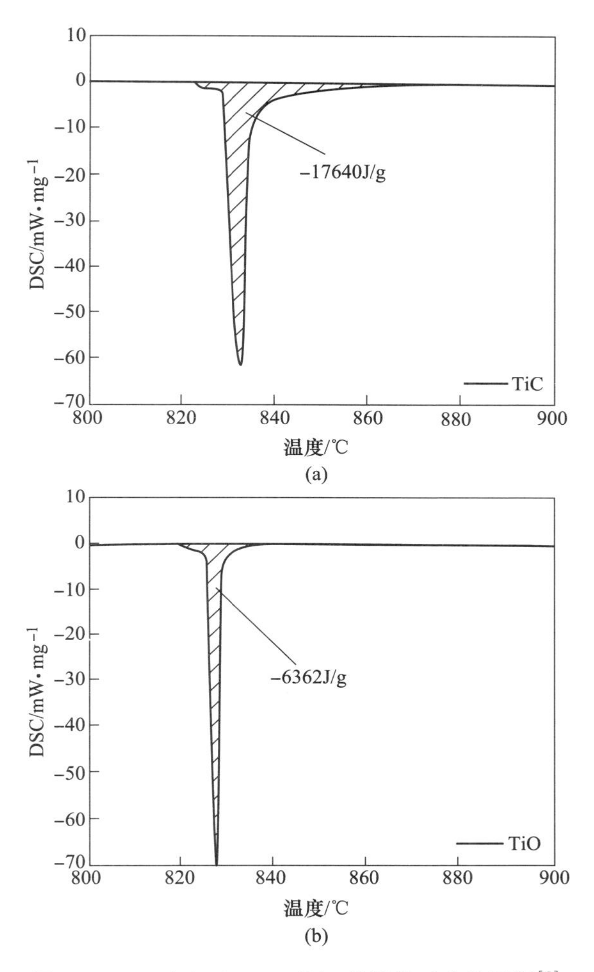

图 5-5 TiC（a）和 TiO（b）的燃烧反应热图谱[8]

究在 800℃开始燃烧，并采取 1℃/min 缓慢升温，低流量通入氧气，所测燃烧热为 $\Delta H=-1483\text{kJ/mol}$，测试结果更为合理可信。

表 5-1 Ti_2CO 燃烧热及其测试条件与文献[10]的比较

项目	ΔH /kJ · mol^{-1}	测试条件			方法
		燃烧温度 /℃	升温速度 /℃ · min^{-1}	氧气流量 /mL · min^{-1}	
Maitre[10]	−1272	462	20	未述及	DSC
本研究[13]	−1483	829	1	5	DSC

5.1.3 钛化合物等压热容的测试与分析

采用 DSC，在优化条件下对 TiC、TiO 和 Ti_2CO 的等压热容（C_p）进行了测试，并将结果与法国学者 Maitre[10] 及 JANAF[11] 中 Barin[12] 经典数据进行比较，见表 5-2。可以看出，本研究[13] 所得的数据与 JANAF[11] 具有很好的一致性。其中，TiC 的 C_p 值与 JANAF 结果的相对平均误差仅为 1.4%，而 Maitre 的数据与 JANAF 结果有较大差别，平均误差达 14.1%；TiO 的 C_p 值也与 JANAF 结果有着很好的一致性，相对平均误差为 2.6%，Maitre[10] 没有测试 TiO 的 C_p；同样，本研究的 Ti_2CO 热容值数据与 JANAF 结果有很好的一致性，平均相对误差仅为 1.4%，而 Maitre 的误差高达 38.5%。

表 5-2 热容测试数据与文献值[10~12] 的比较 (J/(mol · K))

温度/K	C_p(TiC)			C_p(TiO)		C_p(Ti_2CO)		
	Maitre	本研究	JANAF	本研究	JANAF	Maitre	本研究	JANAF
400	45.9	41.4	40.7	46.1	45.0	10.3	42.3	42.8
500	49.4	44.4	44.9	49.0	48.2	14.7	45.2	46.1
600	52.5	46.2	47.0	51.9	50.8	19.8	47.5	48.3
700	55.7	47.8	48.5	54.4	53.1	25.3	49.3	49.9
800	57.0	48.7	49.6	56.7	55.2	31.3	51.6	51.2
900	58.4	49.8	50.5	58.9	57.2	38.2	54.2	52.3
1000	59.4	50.8	51.3	60.9	59.1	45.6	57.2	53.3
1100	60.3	51.5	52.1	62.6	61.0	53.4	59.4	54.3
1200	60.9	52.1	52.8	65.1	62.8	61.6	63.3	55.1
误差/%	14.1	1.4	—	2.6	—	38.5	1.4	—

注：误差是指测试数据与 JANAF 数据相比的结果；JANAF 中没有 $TiC_{0.5}O_{0.5}$ 的数据，由于 C_p 有代数加和性质，此处以（$C_{pTiC}+C_{pTiO}$）/2 来代替。

将上述数据作图，可更清楚地看出各种测试结果的差别。从图 5-6（a）中可以看出，本研究所得 TiC 热容数据与 JANAF 中 Barin 所测结果具有很好的一致性，曲线吻合度好，而 Maitre 的测试数据与 Barin 数据相差较大，明显位于其上方较高位置处；从图 5-6（b）可以看出，本研究测试所得 TiO 热容数据与 JANAF 中 Barin 所测结果具有一致的曲线形状，吻合度较好，位于其稍高处的上方[10~13]；从图 5-6（c）可以看出，Ti_2CO 的测试数据与 JANAF 相比，800K 之前吻合度高，其后有较明显差别，这应该是由于高温时实验误差大造成的。Maitre 的数据与 JANAF 相比，曲线形状明显不同，有很大的差别。由以上测试结果的对比分析可以看出，本研究所得数据，由于对测试影响因素进行了细致的分析，采用了合理的测试方法和条件，所以与经典数据有很好的一致性，得到了更为合理可信的结果。

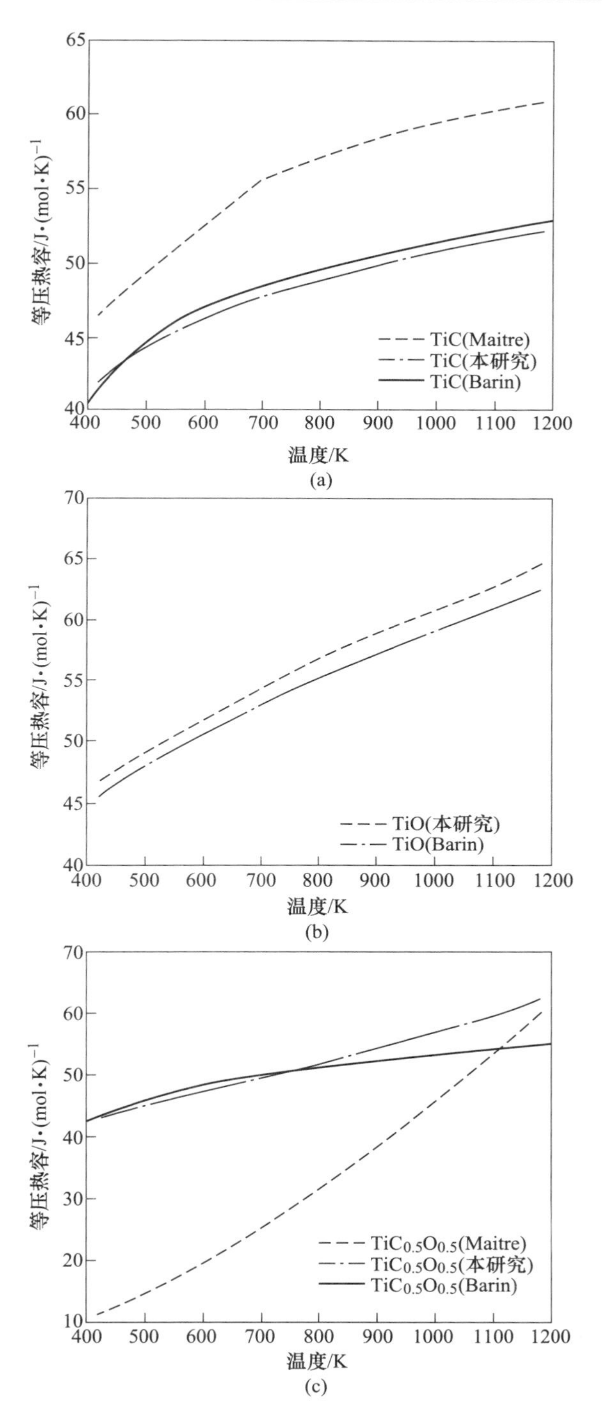

图 5-6 TiC(a)、TiO(b) 和 $TiC_{0.5}O_{0.5}$(c) 热容测试数据与文献值的比较[8,10~12]

5.1.4　Ti_2CO 标准生成吉布斯自由能与正规溶液假设

由 TiC、TiO 和 Ti_2CO 的燃烧热数据，可以计算出 Ti_2CO 的摩尔混合焓。对于反应：

$$TiO + TiC = Ti_2CO \tag{5-7}$$

在等压条件下反应焓（即混合焓）等于反应的热效应；化学反应热效应等于原始物燃烧热减去产物燃烧热，所以

$$\Delta H_m = \Delta H_{(TiO)} + \Delta H_{(TiC)} - \Delta H_{(Ti_2CO)} \tag{5-8}$$

分别以本研究[13]测试结果和 Maitre[10]测试结果计算混合焓，其中 TiC 和 TiO 燃烧热采用 JANAF[11]数据。本研究数据计算：

$$\begin{aligned}\Delta H_m &= \Delta H_{(TiO)} + \Delta H_{(TiC)} - \Delta H_{(Ti_2CO)} \\ &= -401.1 - 1149.0 - (-1483.0) \\ &= 67.1\text{kJ/mol}\end{aligned} \tag{5-9}$$

Maitre 数据计算：

$$\begin{aligned}\Delta H_m &= \Delta H_{(TiO)} + \Delta H_{(TiC)} - \Delta H_{(Ti_2CO)} \\ &= -401.1 - 1149.0 - (-1272) \\ &= -278.1\text{kJ/mol}\end{aligned} \tag{5-10}$$

可以看出，由于 Maitre 的燃烧热测试结果较低，由其燃烧热计算的混合焓数值与本研究相比有较大差距。由前文分析可知，结构相同的物质混合焓差别不应该很大，所以本研究所得混合焓数据比较合理。

对于反应（5-7），其吉布斯自由能变化 $\Delta_r G_m$ 可由各物质的标准生成吉布斯自由能（$\Delta_f G^{\ominus}_{m,i}$）计算：

$$\Delta_r G_m = \Delta_f G^{\ominus}_{m(Ti_2CO)} - \Delta_f G^{\ominus}_{m(TiC)} - \Delta_f G^{\ominus}_{m(TiO)} \tag{5-11}$$

式中，$\Delta_f G^{\ominus}_{m(Ti_2CO)}$、$\Delta_f G^{\ominus}_{m(TiC)}$、$\Delta_f G^{\ominus}_{m(TiO)}$ 分别为 Ti_2CO、TiC 和 TiO 的标准生成吉布斯自由能。所以，

$$\Delta_f G^{\ominus}_{m(Ti_2CO)} = \Delta_f G^{\ominus}_{m(TiC)} + \Delta_f G^{\ominus}_{m(TiO)} + \Delta_r G_m \tag{5-12}$$

而反应（5-7）的吉布斯自由能变化可由下式计算：

$$\Delta_r G_m = \Delta H_m - T\Delta S_m \tag{5-13}$$

其中，ΔH_m 为反应（5-7）的反应焓变（即混合焓）；ΔS_m 为混合熵，可以通过引入正规溶液模型来计算得到。由此可以计算出 Ti_2CO 的标准生成吉布斯自由能。

正规溶液模型[14]是希尔勃兰德（Hildebrand）于 1929 年提出，他给正规溶液的定义为“当极少量的一个组分从理想溶液迁移到与之具有相同成分的另一个溶液时，如果没有熵的变化，并且总的体积不变，则称后者为正规溶液”。简言之，“混合热不为零，但混合熵与理想溶液相同的溶液，称为正规溶液”。所以重要特征是没有过剩熵，即 $\Delta_{mix} S^E_{i,m} = 0$ 及 $\Delta_{mix} S^E_m = 0$。

热容测试结果和经典数据的一致性说明 TiC 和 TiO 反应的 $\Delta C_p \approx 0$，这表明 TiC 和 TiO 的混合过程近似符合正规溶液模型。由正规溶液的特点，反应混合熵等于理想溶液的混合熵，所以：

$$\Delta S_m = -2xR\ln x = -2 \times 0.5 \times 8.314 \times \ln 0.5$$
$$= 5.8 J/(mol \cdot K) \quad (5\text{-}14)$$

由于一般反应的焓变随温度变化不大，可假设反应（5-7）的混合焓 ΔH_m 为一定值，即前文结果-67.1kJ/mol。所以反应（5-7）在某温度时的混合自由能变化可以计算得出，例如在 1100K 时，

$$\Delta_r G_m = \Delta H_m - T\Delta S_m$$
$$= -67.1 - 1100 \times 5.8/1000$$
$$= -73.4 kJ/mol \quad (5\text{-}15)$$

表 5-3 给出了由自由能数据计算的反应（5-7）的混合自由能变，并与日本学者橋本雍彦和法国学者 Maitre[10] 的结果比较，如图 5-7 所示。可以看出，本研究结果的混合自由能数据和日本学者[9] 的相对比较接近，而与法国学者的相差较大。以此计算得到的混合反应（5-7）的混合自由能变，本研究从 400K 的-69.4kJ/mol 改变为 2000K 的-78.7kJ/mol，符合结构相同的物质混合应有的自由能变化的合理范围，结果优于法国学者 Maitre。

表 5-3 以自由能数据计算的 TiC 和 TiO 混合反应自由能变[8]

温度/K	$\Delta_r G_m$/kJ · mol^{-1}		
	橋本雍彦	Maitre	本研究
400	-47.8	-224.1	-69.4
500	-44.7	-216.2	-70.1
600	-41.2	-206.8	-70.6
700	-37.7	-196.2	-71.2
800	-34.2	-186.6	-71.8
900	-30.4	-175.3	-72.3
1000	-26.6	-163.6	-72.9
1100	-22.8	-151.7	-73.4
1200	-19.3	-129.3	-74.1
1300	-16.0	-117.5	-74.7
1400	-12.4	-101.6	-75.3
1500	-8.5	-87.6	-75.8
1600	-4.6	-78.3	-76.4
1700	-0.7	-71.7	-77.0
1800	3.4	-61.3	-77.5
1900	7.5	—	-78.2
2000	13.2	—	-78.7

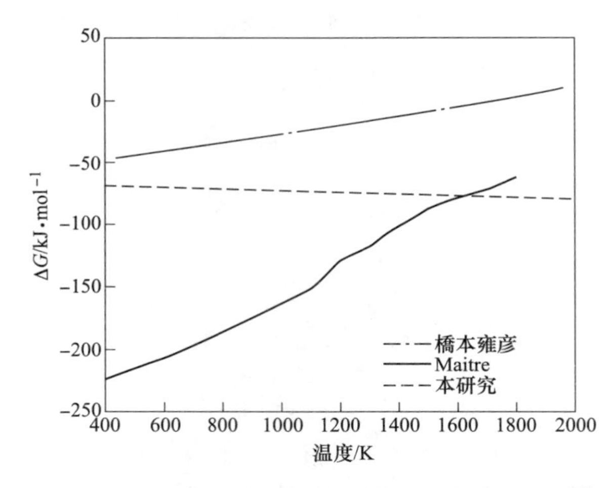

图 5-7　TiC 和 TiO 混合反应自由能变计算结果比较[8]

由此，可计算 Ti_2CO 的标准生成吉布斯自由能

$$\begin{aligned}\Delta_f G^{\ominus}_{m(Ti_2CO)} &= \Delta_f G^{\ominus}_{m(TiC)} + \Delta_f G^{\ominus}_{m(TiO)} + \Delta_r G_m \\ &= \Delta_f G^{\ominus}_{m(TiC)} + \Delta_f G^{\ominus}_{m(TiO)} + \Delta H_m - T\Delta S_m \end{aligned} \tag{5-16}$$

由 JANAF[11]热力学数据手册可查得 TiC 和 TiO 的标准生成吉布斯自由能数据，由此可以计算得到不同温度下 Ti_2CO 标准生成吉布斯自由能，并与日本学者和法国学者的结果比较，见表 5-4。通过以上综合比较分析，可以充分说明本研究所得的 Ti_2CO 燃烧热、热容和自由能数据比法国学者数据更为合理可信，为后续研究奠定坚实的基础。

表 5-4　Ti_2CO 标准生成吉布斯自由能比较[8]

温度/K	$\Delta_f G^{\ominus}_{m(Ti_2CO)}$/kJ · mol⁻¹		
	本研究	橋本雍彦	Maitre
400	−752.3	−730.7	−907.0
500	−742.1	−716.7	−888.2
600	−732.0	−702.6	−868.2
700	−722.0	−688.5	−847.0
800	−712.1	−674.5	−826.9
900	−702.3	−660.4	−805.3
1000	−692.6	−646.3	−783.3
1100	−682.9	−632.3	−761.2
1200	−673.0	−618.2	−728.2
1300	−662.8	−604.1	−705.6

续表 5-4

温度/K	$\Delta_f G^{\ominus}_{m(Ti_2CO)}$/kJ · mol^{-1}		
	本研究	橋本雍彦	Maitre
1400	-653.0	-590.1	-679.3
1500	-643.3	-576.0	-655.1
1600	-633.7	-561.9	-635.6
1700	-624.2	-547.9	-618.9
1800	-614.7	-533.8	-598.5
1900	-605.4	-519.7	—
2000	-595.2	-503.3	—

5.1.5 TiC_xO_y的标准吉布斯自由能

在获得 TiC 和 TiO 反应形成 Ti_2CO 的混合自由能数据以及 Ti_2CO 的标准生成吉布斯自由能数据后，可以利用正规溶液模型，进一步计算得到 $TiC_xO_y(x+y=1)$ 连续固溶体的混合吉布斯自由能数据和标准生成吉布斯自由能[15~17]。

因为 TiC-TiO 二元系正规溶液摩尔混合焓为：

$$\Delta H_m = \lambda x_1 x_2 \tag{5-17}$$

其中，λ 为组元相互作用系数，为一常数，可通过 $x_1=x_2=0.5$ 时求出。1100K 时 Ti_2CO 的摩尔混合焓 $\Delta H_m=-33.5$kJ/mol，则可得 $\lambda=134$kJ/mol。由此可计算出不同组成下 $TiC_xO_y(x+y=1)$ 的摩尔混合焓。再由正规溶液摩尔混合熵等于理想混合熵，计算求得 1100K 时不同组成 TiC_xO_y的摩尔混合自由能，如图 5-8 所示。可

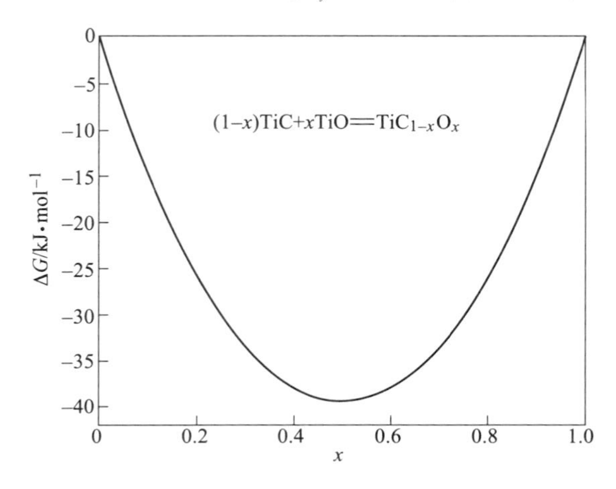

图 5-8 1100K 时 TiC_xO_y混合吉布斯自由能[8]

以看出，1100K 时不同组成 $TiC_xO_y(x+y=1)$ 的摩尔混合自由能呈抛物线形状，Ti_2CO 位于最低点位置，并且其自由能随着组成关于 $x=0.5$ 对称，即组成为 $TiC_{1-x}O_x$ 和 TiC_xO_{1-x} 的混合自由能相等。

由 1100K 时不同组成 $TiC_xO_y(x+y=1)$ 的摩尔混合自由能数据，可以进一步得到不同温度下不同组成 $TiC_xO_y(x+y=1)$ 的摩尔混合自由能。假设其反应焓变不随温度变化，混合熵为理想混合熵，即可求出 TiC_xO_y（$x+y=1$）在不同温度下的摩尔混合自由能，结果如图 5-9 所示。可以看出，以正规溶液模型计算的不同组成的 TiC_xO_y 混合吉布斯自由能是一组向右下方倾斜的直线，随温度升高，混合自由能降低。并且由于建立在正规溶液模型之上，其混合自由能关于 $x_1=x_2=0.5$ 对称，即组成为 $TiC_{1-x}O_x$ 和 TiC_xO_{1-x} 的混合自由能相等。随着组元中 TiO 组分的增加，其混合自由能先降低后升高，也即其稳定性先增加后减小，Ti_2CO 位于最低位置。

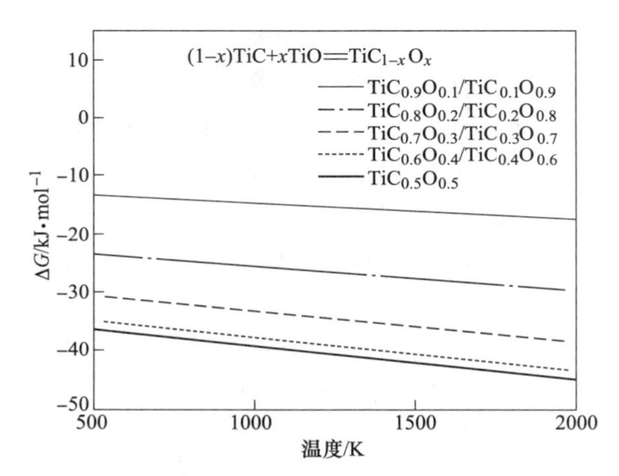

图 5-9　不同组成 $TiC_{1-x}O_x$ 混合吉布斯自由能[8]

由不同组成的 TiC_xO_y 混合吉布斯自由能数据和 TiO、TiC 的自由能数据，即可计算得到式（5-18）所示的 TiC_xO_y 标准生成吉布斯自由能，如图 5-10 所示。

$$Ti + xC + yO_2 \longequal TiC_xO_y \tag{5-18}$$

可以看出，TiC_xO_y 标准生成吉布斯自由能是一组直线，随着 TiO 组分的增加，其自由能降低。$TiC_{0.9}O_{0.1}$ 位于最高位置，而 $TiC_{0.1}O_{0.9}$ 位于最低位置。在此基础上，即可进一步计算不同组成 TiC_xO_y 参与的化学反应的热力学，并判断其可行性。

5.1.6　TiO_2 碳热还原热力学分析

TiO_2 的碳热还原是一个复杂过程，也是研究人员一直关注的热点[19~27]。目

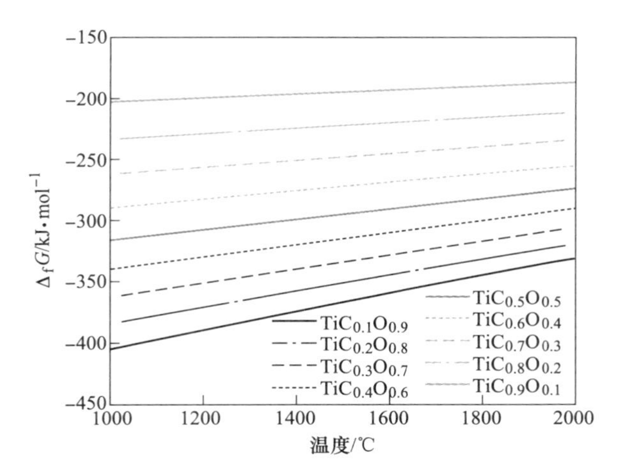

图 5-10 TiC_xO_y标准生成吉布斯自由能[8]

前的研究表明，TiO_2 的碳热还原过程为：

$$TiO_2 \rightarrow Ti_nO_{2n-1} \rightarrow Ti_3O_5(Ti_2O_3) \rightarrow TiC_xO_y \rightarrow TiC \tag{5-19}$$

利用热力学数据，对 TiO_2 碳热还原过程可能获得的产物进行详细计算，可得到 TiO_2 碳热还原系统平衡常数图 5-11。可以看出，同一温度下，TiO_2 在碳热还原过程中形成的各产物的平衡常数大小顺序为 $Ti_3O_5>Ti_2O_3>TiC>TiO>Ti$。也就是说，$TiO_2$ 的还原序在开始时是按照 Ti_3O_5 和 Ti_2O_3 的顺序进行，但是在它们之后并不是 TiO，而是 TiC，最后才是金属 Ti。由此说明，TiC 的热力学稳定性高于 TiO 和金属 Ti。在 2000℃的温度范围内，TiO_2 碳热还原过程中 TiC 越过了 TiO 和

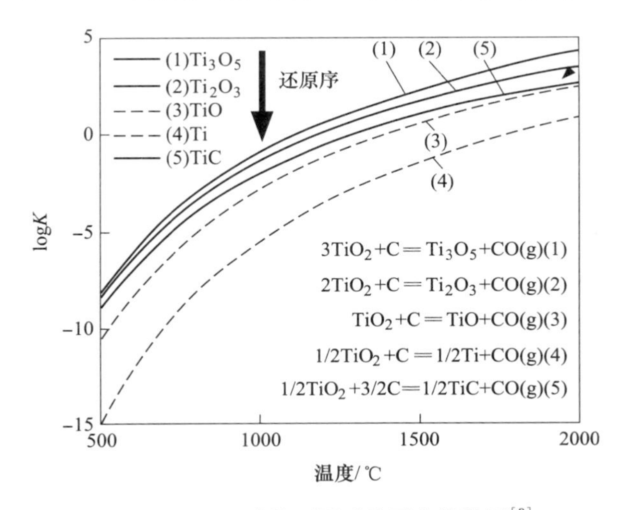

图 5-11 TiO_2 碳热还原系统平衡常数图[8]

金属 Ti 而优先生成，因此可以得到的产物为 Ti_3O_5、Ti_2O_3 和 TiC，而不会得到 TiO，更不会得到金属 Ti。这也从热力学角度回答了采用碳热还原不可能得到金属 Ti 的原因。

按照经典热力学数据，TiO_2 碳热还原顺序依次为 Ti_3O_5、Ti_2O_3 和 TiC。但是，许多学者的研究表明[24,25]在还原过程中还可生成 TiC_xO_y。当 $x=0.5$，$y=0.5$ 时为 $TiC_{0.5}O_{0.5}$，即 Ti_2CO 生成。根据前面研究结果和 Ti_2CO 的热力学数据，可计算得到 TiO_2 碳热还原平衡常数图 5-12。可以看出，在从 TiO_2 出发的碳热还原过程中，Ti_2CO 的平衡常数曲线位于 TiC 之上，说明 Ti_2CO 的平衡常数大于 TiC。因此，在还原过程中虽然得不到 TiO，但是可以得到 TiC_xO_y 固溶体。由以上分析，TiO_2 实际的碳热还原产物顺序为：$TiO_2 \rightarrow Ti_3O_5 \rightarrow Ti_2O_3 \rightarrow TiC_xO_y \rightarrow TiC$，这一结果也很好地解释了前人的实验现象。

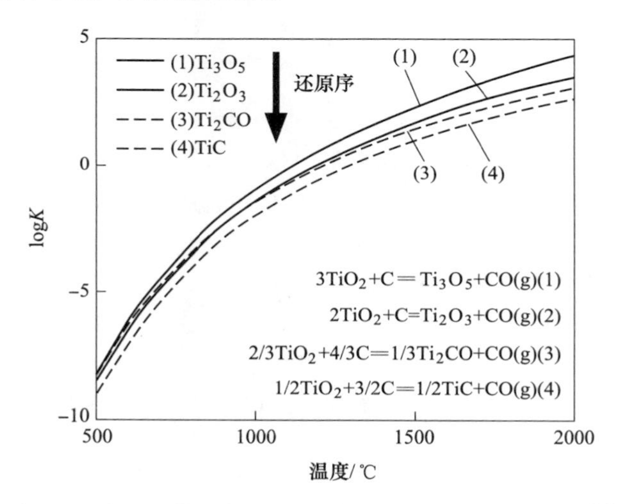

图 5-12　考虑 Ti_2CO 时的 TiO_2 碳热还原系统平衡常数图[8]

由以上分析可以看出，在 TiO_2 的碳热还原过程中，如果碳源充足，其产物必然是 TiC，而在不足时又往往得到 Ti_2O_3。正因为有稳定物相 TiC 和 Ti_2O_3 的存在，所以 TiO、Ti_2CO 和金属 Ti 的生成实际上分别由反应式（5-20）~式（5-22）决定：

$$2Ti_2O_3 + TiC = 5TiO + CO \tag{5-20}$$

$$2Ti_2O_3 + 6TiC = 5Ti_2CO + CO \tag{5-21}$$

$$\frac{1}{3}Ti_2O_3 + TiC = \frac{5}{3}Ti + CO \tag{5-22}$$

由此可以得到平衡常数图 5-13。从图中可以看出，金属 Ti 的生成反应（图中反应（2））的平衡常数在 2000℃时小于 1，TiO 的生成反应（图中反应（1））

的平衡常数在2000℃时刚刚达到1，这从热力学角度说明了TiO和金属Ti的生成在2000℃时是不可能的。然而，Ti_2CO生成反应（图中反应（3））的平衡常数在900℃时就已大于1，进一步说明Ti_2CO易于生成。另外，根据测试得到的不同组成TiC_xO_y的标准生成吉布斯自由能数据，可以确定TiC_xO_y固溶体的生成反应，分析其产生的条件。

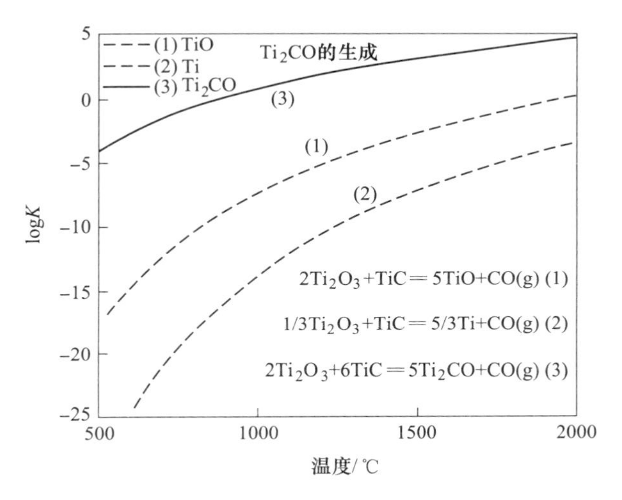

图 5-13 Ti_2CO、TiO 和 Ti 系统平衡常数图[8]

5.2 钛碳氧固溶体制备

5.2.1 石墨粉还原 TiO_2 制备 Ti_2CO

以石墨为还原剂，按式（5-23）的化学计量配比：

$$TiO_2 + 2C \xlongequal{} TiC_{0.5}O_{0.5} + \frac{3}{2}CO(g) \tag{5-23}$$

将TiO_2和石墨粉原料球磨混合，并加适量聚乙烯醇水溶液搅拌均匀，在一定的压力下制成块体。将该块体在低温下恒温一定时间去除聚乙烯醇黏结剂带入的水分，然后装于密闭电阻炉中脱去残余水分。温度继续升到预定温度（分别为1000℃、1170℃、1300℃、1400℃），并保持一定真空度，保温4h再缓慢降到室温。根据反应前后的重量差计算反应率：

$$\eta = \frac{W_{RS} - W_{PS}}{W_{RS} - W_{TS}} \times 100\% \tag{5-24}$$

式中 W_{RS}——反应前固体反应物的总质量；

W_{PS}——反应后固体产物的质量；

W_{TS}——按照式（5-23）完全反应后固体产物的质量。

表 5-5 为不同温度条件下碳热还原的反应率。可看出，随着温度的增加，TiO_2 热还原反应率也增加，在 1400℃时反应率高达 90 %以上。图 5-14 为不同温度下得到的产物结构。在 1170℃时还原产物主要是 Ti_2O_3 和 Ti_3O_5 的混合物[26]。当温度升到 1300℃时，产物中出现新的生成物，其衍射峰位于 TiC 与 β-TiO 的衍射峰之间。由于 TiC 和 β-TiO 均为 NaCl 型 B1 结构，两者之间会形成连续固溶体。图 5-14 中新生物相的各衍射峰均位于 TiC 与 β-TiO 纯物质衍射峰之间，说明这种新产物可能就是固溶体 TiC_xO_y。除此之外，产物中还存在部分 Ti_2O_3。当反应温度控制在 1400℃时，产物主要以 TiC_xO_y 固溶体为主，但仍然存在少量中间态氧化物。

表 5-5　各温度条件下 TiO_2 和石墨混合块体的反应率[26]

温度/℃	1170	1300	1400
反应率（η）/%	58.0	60.1	90.4

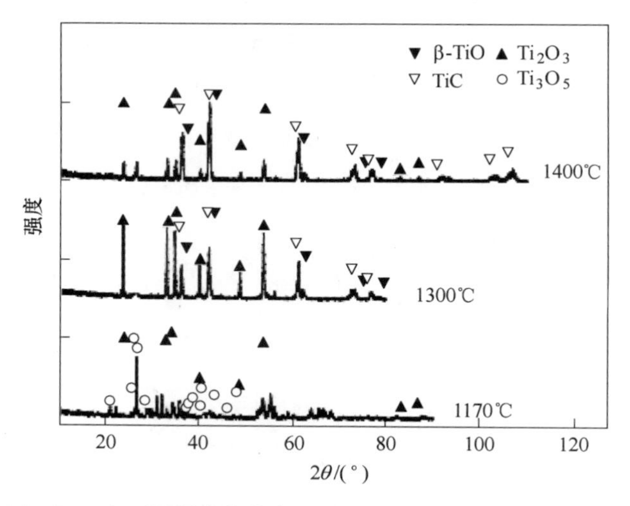

图 5-14　TiO_2 和石墨混合块体在不同温度条件热处理后的 XRD 图[26]

图 5-15 为 1400℃反应前后块体的表观形貌。从图中可以看出，由反应前的灰白色混合物转变为均匀的黑色块体。TiC_xO_y 固溶体元素分析结果表明，碳氧摩尔比小于且约等于 1，为此将之表示为 $TiC_xO_y(x\approx0.5,\ y\approx0.5)$。

5.2.2　TiC 还原 TiO_2 制备 Ti_2CO

采用 TiC 为还原剂热还原 TiO_2，按照反应（5-25）的化学计量配比，

$$TiO_2 + 2TiC = 3TiC_{0.5}O_{0.5} + 0.5CO(g) \tag{5-25}$$

将原材料均匀混合成型后，分别在 600℃、800℃、1000℃和 1200℃温度下

图 5-15 TiO_2 和石墨混合块体 1400℃热处理前后的表观形貌[26]

进行热处理，反应率见表 5-6。可以看出，当温度达到 1200℃时，几乎完全反应。反应前后块体由原来的灰白色变为黑色，并且块体变得更加致密光滑（见图 5-16）。对 1000℃反应后得到的材料进行元素分析，结果表明产物中各元素的原子化学计量比为 Ti：C：O=2：1：1.05。从图 5-17 的 XRD 结果可以看出，低于 1000℃的温度下热处理前后物质结构并没有明显变化；而当热处理温度大于 1000℃时，TiO_2 的碳热还原发生，出现了固溶体 TiC_xO_y 相。在 1000℃下，由 TiC 还原 TiO_2 生成 TiO，必须在非常高的真空条件下进行。本研究中控制的真空度仅为 10^{-3}atm(10^2Pa)，并未满足理论需要的 $10^{-4.5}$atm($10^{0.5}$Pa)，但还原反应仍能够发生，这可能是由于固溶体结构的形成使 TiO 活度降低而加速反应进行。

表 5-6 各温度条件下 TiC 和 TiO_2 混合块体的反应率[26]

温度/℃	600	800	1000	1200
反应率（η）/%	0.5	14.3	92.4	98.8

图 5-16 TiC 和 TiO_2 混合块体 1000℃热处理前后表观形貌[26]

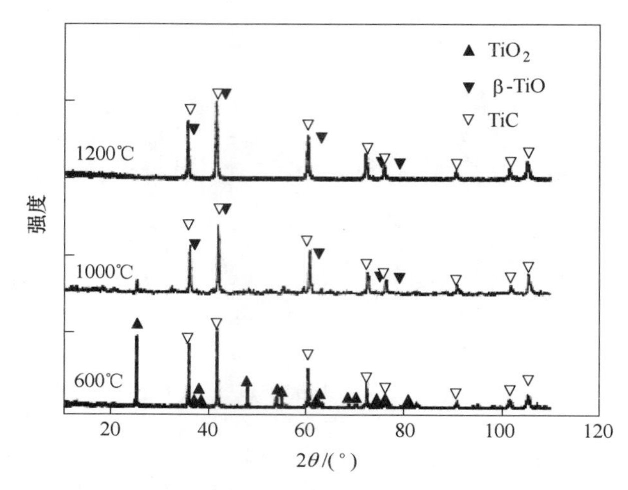

图 5-17　TiC 和 TiO_2 混合块体在各种温度热处理后的 XRD 图[26]

5.2.3　TiC 和 α-TiO 制备 Ti_2CO

研究者曾采用弧光烧结技术，以 TiC 和 TiO 为原料在 2100℃温度条件下制备 TiC · TiO 固溶体[18]。在室温条件下 α-TiO 稳定存在，而 β-TiO 和 γ-TiO 固溶体只有在分别高于 940℃和 1250℃温度条件时才会形成。TiO 与 TiC 有相似的结构，表明 TiC 和 TiO 可以形成固溶体。

采用 TiC 和 α-TiO 固溶的方式制备 Ti_2CO，按照反应式（5-26）的化学计量配比：

$$TiO + TiC = 2TiC_{0.5}O_{0.5} \tag{5-26}$$

将原材料均匀混合成型后，在 1300℃温度进行热处理。在此反应条件下，TiO 很容易与 O_2/CO 气体反应生产 TiC 和 Ti_2O_3。一旦发生氧化反应，制备的钛碳氧固溶体严重偏离实验设计，从而造成严重误差。为了避免 TiO 的氧化，所有的处理过程都需在氩气保护的还原气氛下进行。

如图 5-18 所示，α-TiO 和 TiC 的混合物在 1300℃下进行热处理，可得到 Ti_2CO 固溶体，形成黑色块体。为了得到导电性能和力学性能更佳的块体，可通过电弧炉熔铸制备 Ti_2CO，块体结构更加致密并具有金属光泽，如图 5-19 所示。

综上，以 TiO_2 为原料，采用石墨和 TiC 为还原剂，在一定温度压力条件下均可制备 Ti_2CO，以 TiC 和 α-TiO 固溶的方式也可制备出固溶体。作为 USTB 工艺的阳极材料，首要条件是具备良好的导电性能。采用四探针电阻率仪对各种原料制备的钛碳氧固溶体导电性进行测试。将待测块体材料放置于样品台上，用探针压紧样品，施加不同的电流测试电压值，并结合仪器几何尺寸计算电阻率，见

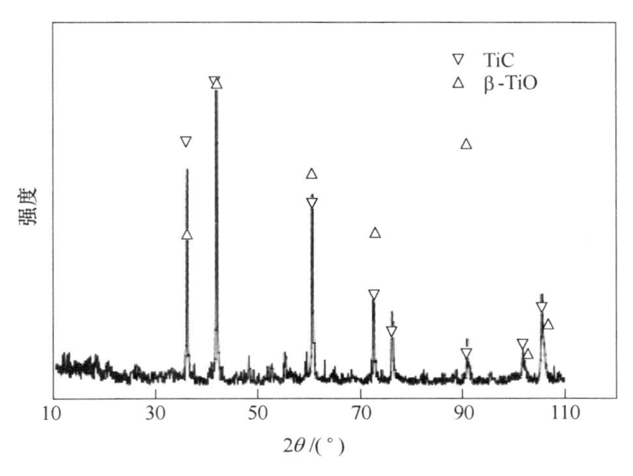

图 5-18 TiO 和 TiC 混合物 1300℃热处理后 XRD 图（TiO：TiC=1：1）[26]

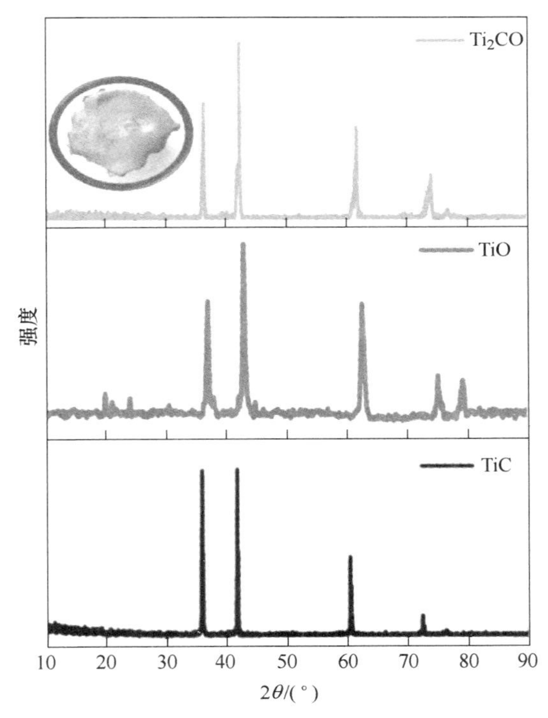

图 5-19 TiO 和 TiC 混合物电弧炉熔铸处理后 XRD 图（TiO：TiC=1：1）[28]

表 5-7。块体在烧结前的电阻率为 $10^4\ \Omega \cdot m$，烧结形成的固溶体电阻率为 1~2Ω · m左右，具有良好的导电性，可满足电解要求。

表 5-7　不同原料制备的 TiC_xO_y($x≈0.5$，$y≈0.5$) 固溶体的电阻率[26]

原材料	反应温度/℃	反应产物	电阻率/Ω · m
TiO_2/C	1400	TiC_xO_y($x≈0.5$，$y≈0.5$)	1.81
TiO_2/TiC	1000	TiC_xO_y ($x≈0.5$，$y≈0.5$)	1.72
TiO/TiC	1300	TiC_xO_y ($x≈0.5$，$y≈0.5$)	1.44

5.3　USTB 工艺熔盐电解质的选择

熔盐电解质的选择需要综合考虑熔盐性质、电解金属特点以及电解设备的要求。一般说来，USTB 工艺熔盐电解质需满足以下要求：

(1) 电解质中没有比钛离子还原电位更正的金属离子存在，否则会影响钛产物的纯度和降低电流效率；

(2) 电解质组分应价格便宜且容易获得；

(3) 在电解温度下，电解质具有小的黏度和良好的流动性，可促进离子传质，并有利于阴极钛产物和电解质的分离；

(4) 熔盐的导电率高，以便在电流密度和极间距一定时，具有尽可能低的槽电压，节省能耗；

(5) 熔融电解质对电解槽的侵蚀性小；

(6) 在电解温度下，电解质挥发性小；

(7) 电解质在固体、液体状态下的化学稳定性好，与空气中的水分等不发生反应。

尽管熔盐种类繁多，实际上几乎难以找到完全符合上述要求的熔盐体系。目前，使用的盐类基本上仅限于碱金属和碱土金属的氯化物或氟化物，具有蒸气压低、黏度小、与金属钛密度差大、导电性好、对金属钛的界面张力较大等特点。在 USTB 工艺研究开发中，考虑到碱金属和碱土金属氯化物易溶于水，便于与钛产物的分离，又考虑到电解温度、熔盐分解电压、钛在熔盐中的电极电位、对设备要求以及上述各因素的综合，一般认为 NaCl-KCl 和 LiCl-KCl 共晶熔盐是较佳的 USTB 工艺电解质[26~38]。

5.3.1　NaCl-KCl 共晶盐

图 5-20 为 NaCl-KCl 二元相图。可以看出，NaCl 和 KCl 摩尔比为 1 : 1 时，在 645℃下存在共晶点。因此，选用共晶点的配比作为熔盐电解质。在使用前，将摩尔比为 1 : 1 的 NaCl 和 KCl，均匀混合后放入刚玉坩埚，将坩埚置于电阻炉中密闭，抽真空缓慢升温到 300℃ 脱水 2h，然后于炉中充入氩气继续升温到 800℃保温数小时，然后降温至室温备用。

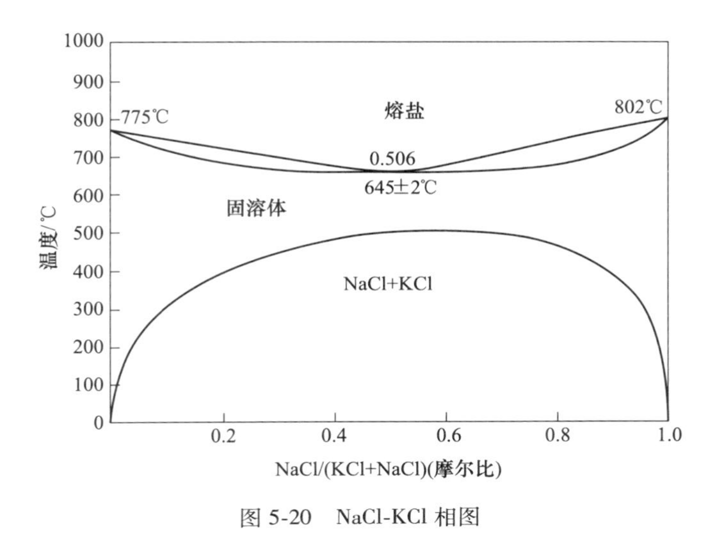

图 5-20　NaCl-KCl 相图

5.3.2　LiCl-KCl 共晶盐

以 NaCl-KCl 共晶盐为电解质，USTB 工艺电解温度需要在 700℃以上，温度较高，对整个电解槽、电极等设计和材料选取要求相对苛刻[29~31]。若能降低整个电解工艺的温度，则可以大大降低操作难度和对设备材料要求，并且能耗较低，从而可有效降低生产成本，简化生产工艺，有利于推动工业化应用。

LiCl-KCl 熔盐与 NaCl-KCl 熔盐具有极其相似的物理化学性质，但其共晶温度仅为 350℃，远低于 NaCl-KCl 熔盐[32,33]。以 LiCl-KCl 熔盐作为 USTB 工艺电解质，更具发展前景。研究发现，在 LiCl-KCl 熔盐中，450℃下，TiC_xO_y（$x=y=0.5$）可溶性阳极即可高效电化学溶解，并实现金属钛在阴极的沉积。

5.4　可溶钛化合物阳极溶解行为与机理

在氯化物熔盐中，当以导电性钛化合物或固溶体为阳极进行电解时，阳极中钛元素将以低价钛离子（如 Ti^{2+} 和 Ti^{3+}）形式电化学溶解，并进入熔盐电解质。钛离子的价态取决于电流密度，电流密度低时主要以二价离子形式为主，随着电流密度的增加，三价离子的比例也会增加。钛离子价态的变化将会影响其在阴极的电化学还原行为和金属钛产物结构与纯度。因此，了解钛碳氧阳极电化学溶解行为和机理十分重要。本节重点介绍导电性钛化合物（TiC 和 TiO）和钛碳氧固溶体 Ti_2CO 的阳极电化学溶解特征。

5.4.1　TiC 阳极电化学溶解

TiC 是一种具有金属光泽的铁灰色晶体，为立方晶系，晶格常数 $a=$

0. 4329nm。TiC 具有很高的熔点和硬度，熔点为 3150℃，莫氏硬度为 9. 5，仅次于金刚石；具有良好的传热性能和导电性能，随着温度升高其导电性降低，这说明 TiC 具有金属性质。

动电位极化是一种研究电极过程的基本方法，选择 TiC 作为阳极材料对钛的电化学溶解行为进行研究。图 5-21 为电化学研究采用的工作电极示意图。将 TiC 粉末研磨均匀后装于研究电极前端，以石墨棒（ϕ6mm）为对电极、Ag/AgCl 为参比电极，在 800℃的 NaCl-KCl 共晶熔盐中，从开路电位进行阳极动电位扫描，结果如图 5-22 所示。TiC 粉末电极在整个电位扫描区间，均出现阳极法拉第电流，这表明存在阳极电化学反应。为了比较，对没有装 TiC 粉末的黄金电极的阳极极化也进行了测试。从图 5-22 的虚线可以看出，在氯气析出之前，极化曲线电流极小，意味着没有任何电化学反应发生。由于电极前端的粉末中存在空隙，其真实面积大于表观面积，所以电化学反应表观电流密度高于实际电流密度，为此对于测定的极化曲线采用电流强度定性表征。

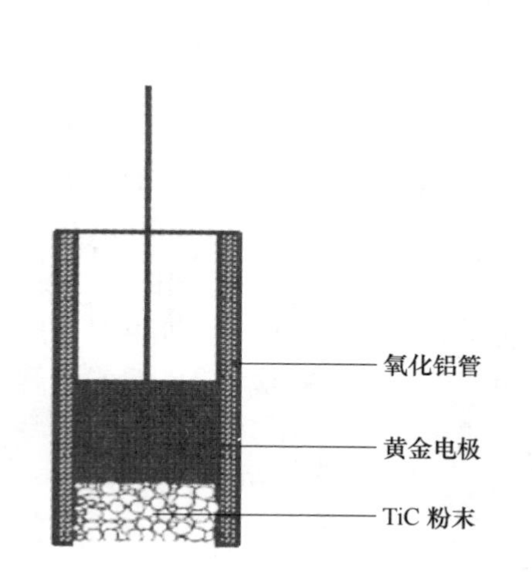

图 5-21　工作电极示意图[26]

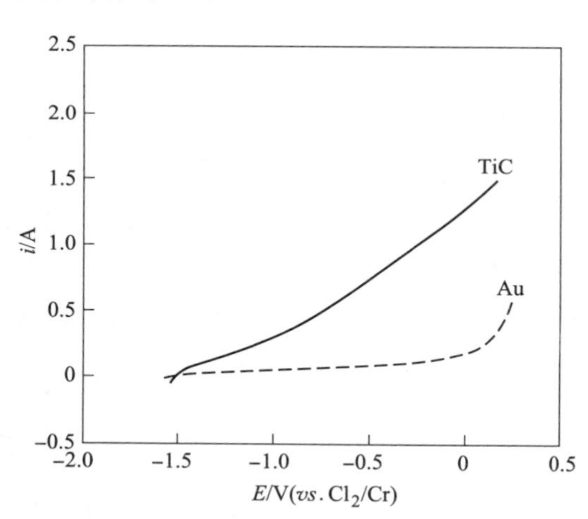

图 5-22　TiC 在 NaCl-KCl 熔盐中的阳极极化曲线[26]
（温度：800℃；扫描速度：0. 02V/s）

将 TiC 粉末在 1000kg/cm^2 的压力下制成直径 20mm、高 10mm 的圆柱体，并置于氩气气氛的电阻炉内，在 800℃下热处理，使其具有足够的强度。热处理完毕后，用石墨螺丝将 TiC 块体连接成电极。上述电极置于 800℃的 NaCl-KCl 共晶熔盐中，采用三电极系统恒电位电解，参比电极为 Ag/AgCl 电极，对电极为碳钢棒（ϕ6mm）。图 5-23 为电位为-0. 45V（*vs.* Cl_2/Cl^-）时的电流-时间曲线，可看到整个电解过程具有稳定的法拉第电流，证明 TiC 阳极可稳定溶解。电解结束后将电极取出，发现 TiC 电极表面呈均匀腐蚀状，阳极区熔盐表层呈黑色，这是 TiC 电解后的残留碳。

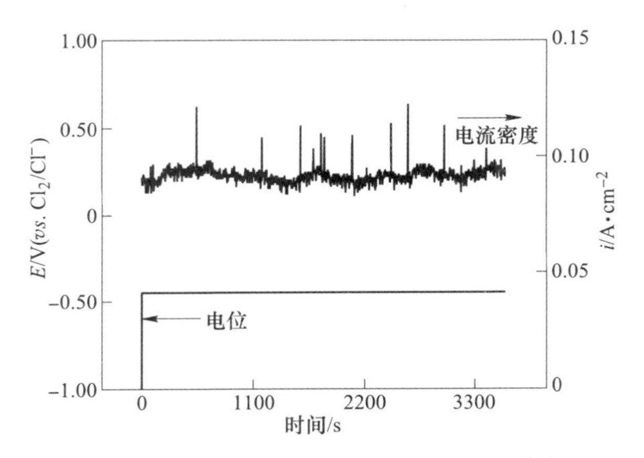

图 5-23　TiC 恒电位电解电流-时间曲线[26]

将研究电极换为钨丝平板微电极，对电极换为石墨棒，采用方波伏安法负向扫描检测熔盐中钛离子电化学还原行为，相应的结果如图 5-24（a）所示。为了比较，也提供了未进行恒电位电解的空白熔盐中的方波伏安曲线。可以看出，空白熔盐中，在碱金属析出以前，方波伏安曲线上只存在背景电流，没有任何电化学反应发生。采用 TiC 阳极恒电位电解后的熔盐中，在电位约 −1.6V（vs. Cl_2/Cl^-）处出现明显的还原峰，说明恒电位电解时有钛离子从阳极溶解进入熔盐，并在负向方波伏安扫描时发生电化学还原反应。对还原峰进行高斯拟合如图 5-24（b）所示，并根据式（5-27）计算电化学还原反应的交换电子数。

$$W_{1/2} = \frac{3.5RT}{nF} \tag{5-27}$$

式中，$W_{1/2}$为半峰宽。计算发现 n 值即交换电子数为 2.4，说明在 −0.45V（vs. Cl_2/Cl^-）电位下阳极溶解的钛离子平均价态为 2.4，即存在二价和三价的钛离子形式。

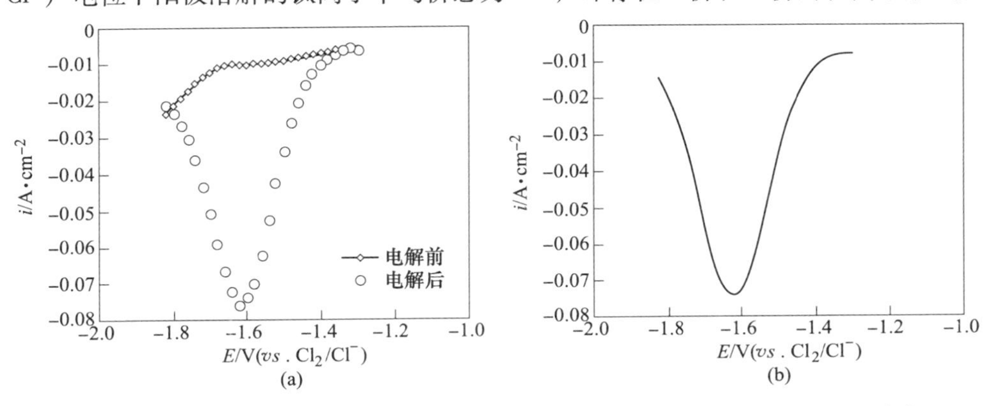

图 5-24　TiC 阳极溶解进入熔盐的钛离子方波伏安曲线（a）及拟合图谱（b）[26]
（温度：800℃；频率：12.5Hz）

对电解后碳钢阴极表面沉积产物进行 SEM 和 EDS 分析，如图 5-25 所示。发现产物呈多孔疏松状，由 1~10μm 的颗粒结合而成，EDS 分析证实该产物为金属钛。上述结果表明，TiC 阳极可以发生电化学溶解，溶解过程中低价钛离子进入熔盐并在阴极沉积析出，获得金属钛产品。然而，阳极会残留碳。因此，阳极反应式为：

$$TiC \longrightarrow Ti^{n+} + C + ne \tag{5-28}$$

随着电解时间的延长，阳极残留碳积累到一定量，将扩散到整个电解池，甚至会导致阴阳极短路，而使电解无法持续稳定进行。因此，TiC 作阳极时难以实现连续电解制备金属钛。

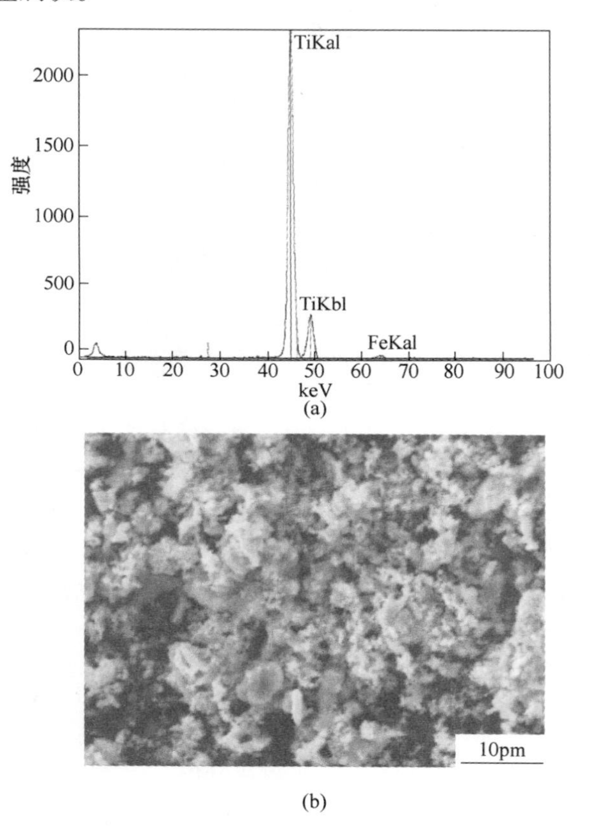

图 5-25　TiC 恒电位电解后，碳钢阴极表面产物 EDS（a）和 SEM（b）[26]

5.4.2　TiO 阳极电化学溶解

TiO 是一种具有金属光泽的金黄色物质，存在两种变体，两种变体的转变温度为 991±5℃。当温度低于 991℃时，稳定态为 α-TiO，属面心立方晶系，晶格常数 $a=0.4175$nm；当温度大于 991℃时，稳定态为 β-TiO，也属面心立方晶系，晶

格常数 $a=0.4162$nm。TiO 具有比较好的导电性，并且其导电性随着温度的升高而降低，说明 TiO 具有金属性[43,44]。

图 5-26 为 TiO 的阳极极化曲线，TiO 粉末电极在电位正向扫描过程中，存在较大的阳极法拉第电流，表明发生阳极电化学氧化反应。同样地，对 TiO 块体施加 -0.45V（$vs.$ Cl_2/Cl^-）的电位进行电解，电流-时间曲线如图 5-27 所示。在阳极材料足够量的前提条件下，整个电解过程有稳定的法拉第电流，证明 TiO 阳极可稳定溶解。电解结束后，将电极取出，发现电极表面呈均匀腐蚀状，阳极区并没有阳极泥产生。

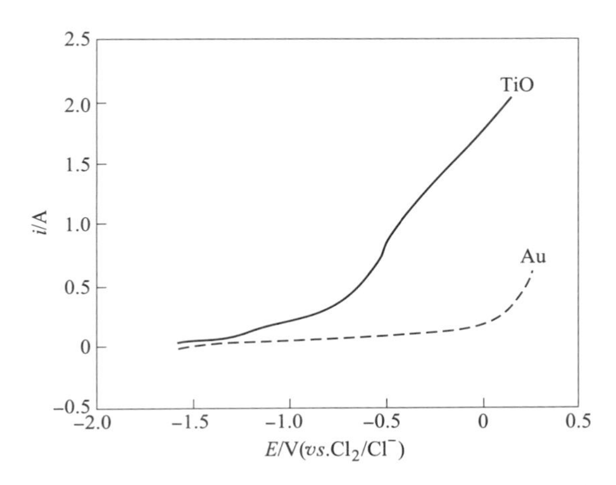

图 5-26　TiO 在 NaCl-KCl 熔盐中的阳极极化曲线[26]
（温度：800℃；扫描速度：0.02V/s）

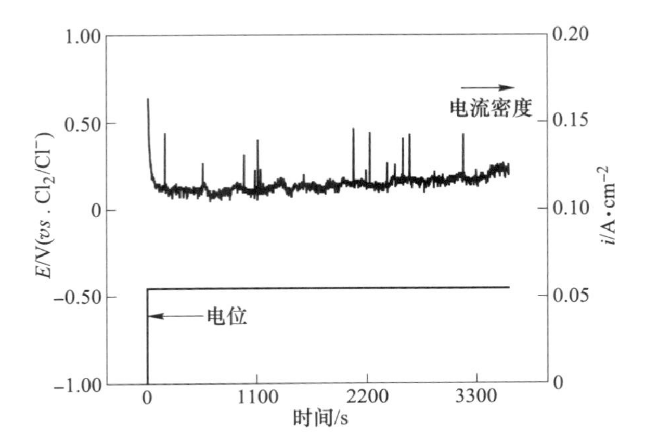

图 5-27　TiO 恒电位电解电流-时间曲线[26]

与 TiC 类似，采用方波伏安法检测 -0.45V（$vs.$ Cl_2/Cl^-）电位下溶解钛离子的价态，相应的结果如图 5-28（a）所示，在电位 -1.6V（vs Cl_2/Cl^-）处出现一个还原峰。对还原峰进行高斯拟合，如图 5-28（b）所示。根据式（5-27），计算得到电化学反应的交换电子数为 2.3，说明在 -0.45V（vs. Cl_2/Cl^-）电位下 TiO 溶解的钛离子平均价态为 2.3，同样是二价和三价钛共存。

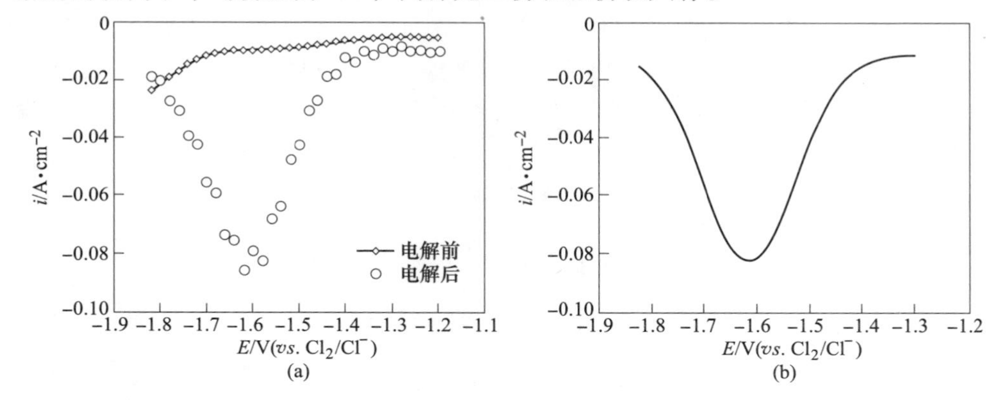

图 5-28　TiO 阳极溶解进入熔盐的钛离子方波伏安曲线（a）及其拟合曲线（b）[26]
（频率：12.5Hz；温度：800℃）

分别对 TiO 在 -0.65V，-0.45V 和 -0.25V 恒电位电解 1h 的熔盐进行方波伏安测试，以检测钛离子价态，结果如图 5-29 所示。可看出，-0.65V 和 -0.45V 电位下溶解的钛离子，阴极扫描时只出现一个还原峰。然而，-0.25V 电位下溶解的钛离子出现两个还原峰，电子交换数计算表明，第一个峰的电化学反应为得 1 个电子还原，第二个峰为得 2 个电子还原。也就是说，随着溶解电位的正移，进入熔盐的离子平均价态升高。在 -0.25V 时，从 TiO 阳极电化学溶解的钛离子为 +3 价。

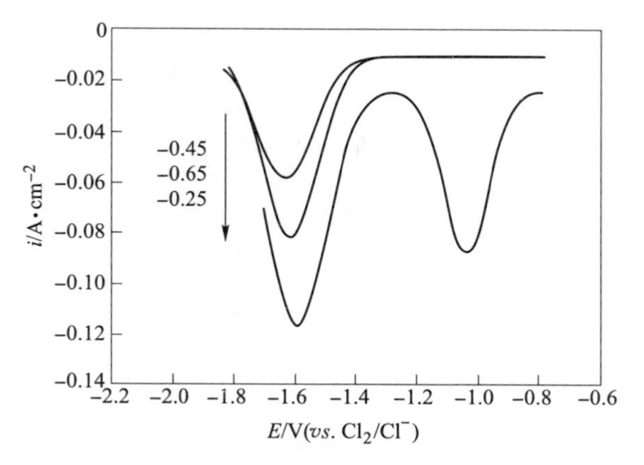

图 5-29　各阳极电位下 TiO 溶解进入熔盐的钛离子方波伏安曲线[26]
（频率：5Hz；温度：800℃）

在 TiO 恒电位电解时，对阳极气体进行在线检测。如图 5-30 所示，电解过程中氧气浓度随电流信号的施加发生明显的涨落现象。在未通电时，反应器中氧气浓度没有明显变化；而当施加恒电位进行电解时，在经过一定时间延迟后，氧气浓度明显增加；当电解停止时，氧气浓度又经过一个延迟后减小；在电解过程中其他气体的浓度并没有明显变化。该现象充分说明在电解过程中阳极主要析出氧气。因此，TiO 阳极电化学溶解反应为：

$$2TiO \longrightarrow 2Ti^{n+} + O_2(g) + 2ne \tag{5-29}$$

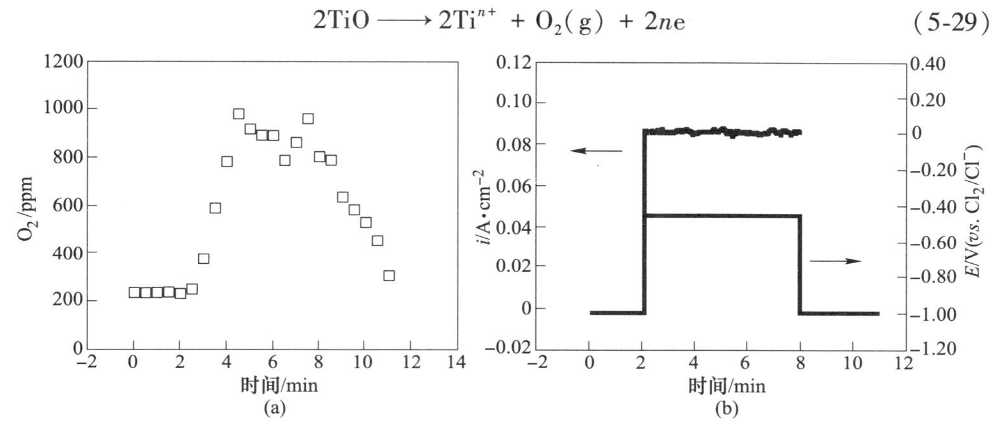

图 5-30 TiO 恒电位电解时阳极气体在线分析[26]

5.4.3 Ti_2CO 阳极电化学溶解

以 TiO_2 为原材料，碳热还原制备得到 Ti_2CO 固溶体，具有良好的导电性。图 5-31 为Ti_2CO 在 NaCl-KCl 共晶熔盐（温度 800℃）中的阳极极化曲线，与 TiC 和 TiO 可溶阳极极化行为类似，存在明显的法拉第电流，并且电流值随电位正移而增加。

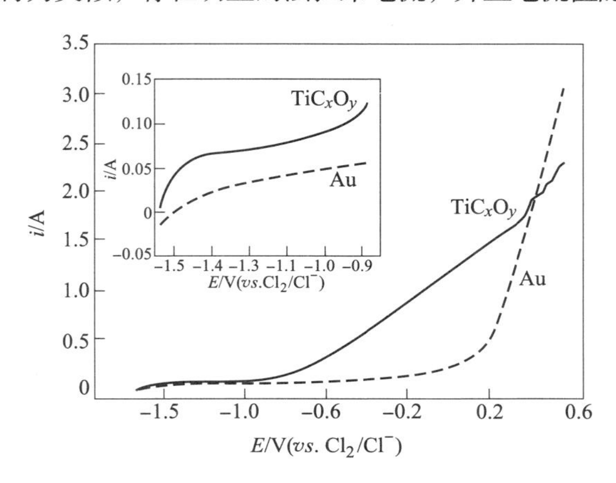

图 5-31 Ti_2CO 阳极在 NaCl-KCl 熔盐中的极化曲线[26]

（温度：800℃；扫描速度：0.1V/s）

将 Ti_2CO 块体做工作电极，-0.45V(*vs.* Cl_2/Cl^-) 恒电位电解，相应的电流-时间曲线如图 5-32 所示。可以看出，整个阳极在恒电位溶解过程中电流保持恒定，无明显的电流波动，意味着阳极发生稳定溶解。电解后，并没有发现阳极泥产生。若以过量碳和 TiO_2 为原料混合成型后，在高温下（≥1750℃）真空烧结形成 TiC_xO_y，则 $x>y$，以其为阳极电解时，将有大量阳极泥产生。

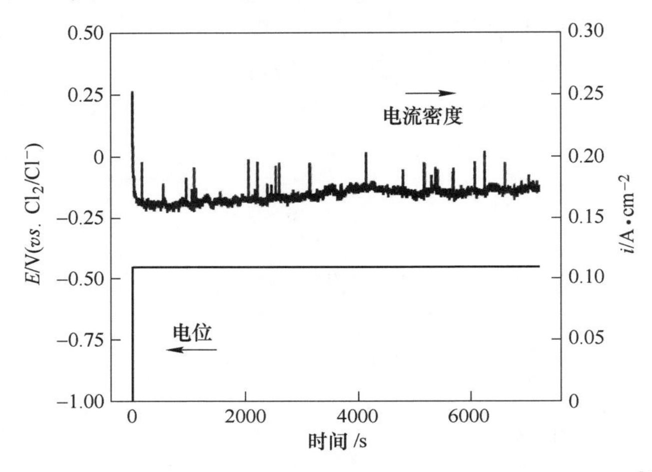

图 5-32　NaCl-KCl 熔盐中 TiC_xO_y 恒压电解过程电流-时间曲线[26]

长时间电解后，发现阴极上有沉积物出现（见图 5-33 插图）。将阴极产物依次用 2%盐酸、三次蒸馏水清洗后得到灰色粉末状物质。XRD 分析表明该粉末为金属钛（见图 5-33），元素分析发现该粉末的氧含量高达 0.2wt%以上。由于电解初期熔盐中没有钛离子，阳极溶解的钛离子需要在熔盐中达到一定浓度，才能满

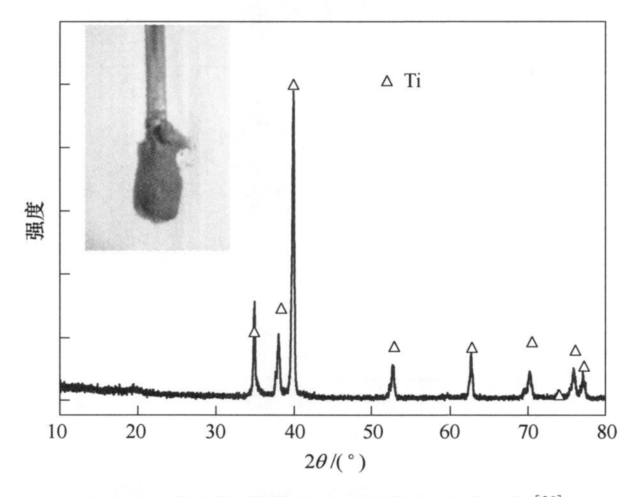

图 5-33　阴极沉积物的表观形貌及结构表征[26]

足阴极电沉积的要求。在该时间段，阴极区钛离子浓度的贫乏导致电沉积形成细微粉末，金属粉末的不稳定导致氧含量较高，该过程阴极电流效率也比较低，仅约 48%。

Ti_2CO 固溶体在-0.65V(*vs.* Cl_2/Cl^-) 的电位电解 30min 后，采用循环伏安方法研究溶解钛离子的电化学还原行为（见图 5-34）。负向扫描时，在-1.63V(*vs.* Cl_2/Cl^-) 处出现一个还原峰（A），说明 Ti_2CO 固溶体恒电位电解时，钛离子溶解进入熔盐，从而导致循环伏安曲线上出现钛离子的还原峰。根据半峰宽可以计算该还原过程的交换电子数约为 2，说明电解时进入熔盐的离子为 Ti^{2+}。A 峰表示的电化学反应为：

$$Ti^{2+} + 2e \longrightarrow Ti \quad (5\text{-}30)$$

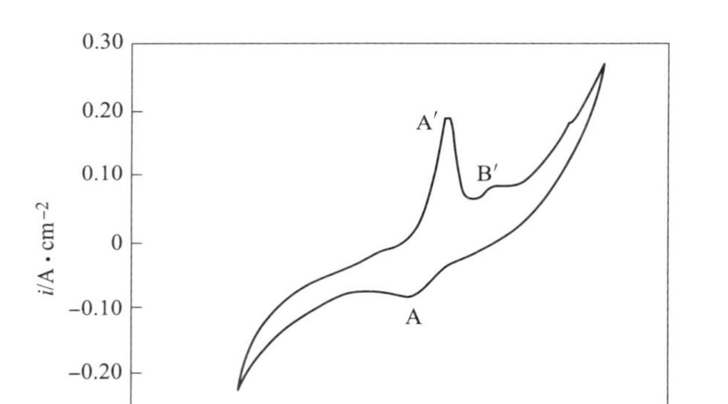

图 5-34 NaCl-KCl 熔盐中钛离子的循环伏安曲线[26]
（温度：800℃；扫描速度：0.1V/s）

然而，正向扫描时，在-1.55V(*vs.* Cl_2/Cl^-) 和-1.35V(*vs.* Cl_2/Cl^-) 电位处分别出现氧化峰（A′和 B′）。由于钛存在多种离子价态形式，电还原金属钛首先被氧化为 Ti^{2+}(A′峰)，当电位继续正向扫描时，Ti^{2+} 进一步被氧化为高价钛离子 Ti^{3+} 或 Ti^{4+}（B′峰）：

$$Ti - 2e \longrightarrow Ti^{2+} \quad (5\text{-}31)$$

$$Ti^{2+} - e \longrightarrow Ti^{3+} \quad 或 \quad Ti^{2+} - 2e \longrightarrow Ti^{4+} \quad (5\text{-}32)$$

相比于循环伏安，方波伏安法具有更高的灵敏度。从图 5-35（a）的方波伏安扫描曲线可看到，同样只在-1.63V(*vs.* Cl_2/Cl^-) 附近出现一个还原峰。对还原峰进行高斯拟合，如图 5-35（b）所示，并计算获得电化学反应电子数为 2.03，表明在-0.65V(*vs.* Cl_2/Cl^-) 电位下，Ti_2CO 固溶体阳极溶解的钛离子主要为 Ti^{2+}。

$$TiO_2 + C - 3e \longrightarrow Ti^{3+} + CO_2$$

或

$$TiO_2 + 2C - 3e \longrightarrow Ti^{3+} + 2CO \tag{5-33}$$

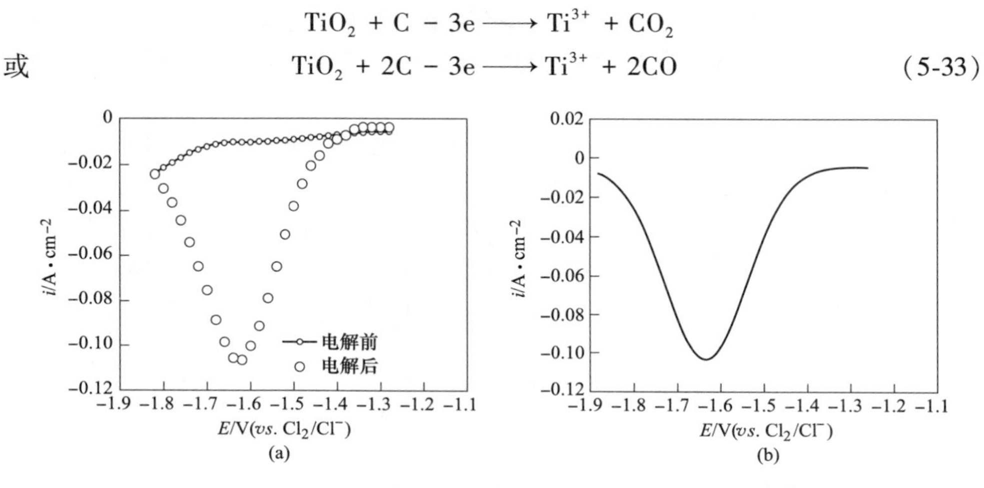

图 5-35 钛离子的方波伏安曲线（a）及拟合结果（b）[26]

（温度：800℃；频率：5Hz）

MER 工艺的研究者认为 TiO_2 和碳“复合阳极”反应是按照反应式（5-33）进行的，“复合阳极”溶解的钛离子主要为 Ti^{3+}，显然与上述结果不一致。实际上，电极电位对阳极溶解产生的钛离子价态有较大影响。因此，分别在−0.65V、−0.45V 和−0.25V（vs. Cl_2/Cl^-）电位下对 Ti_2CO 阳极进行恒电位溶解，并进一步采用方波伏安法测定各电位下溶解的钛离子价态。如图 5-36 所示，所有电位下溶解的钛离子，均仅存在一个电化学还原峰，且随着溶解电位的正移，熔盐中钛离子的还原峰电位稍微正移。采用高斯函数对方波伏安曲线进行拟合，并计算还

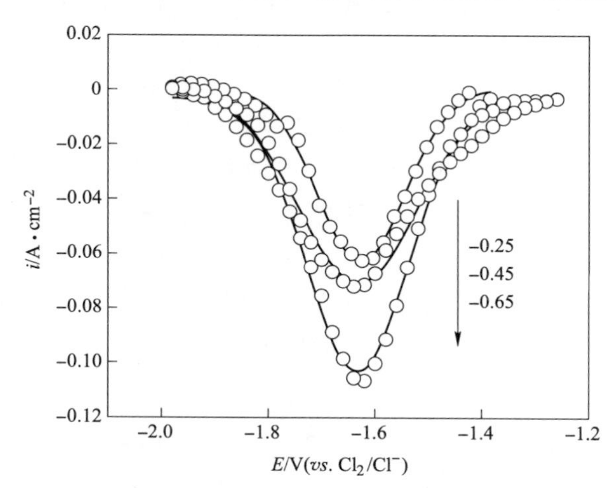

图 5-36 各电位电解后熔盐中钛离子的方波曲线[26]

（温度：800℃，频率：5Hz）

原反应的交换电子数。结果发现，随着阳极溶解电位的正移，溶解进入熔盐的钛离子平均价态增加，在-0.65V、-0.45V 和-0.25V(*vs*. Cl_2/Cl^-) 电位下，钛离子平均价态分别为 2.02、2.15 和 2.78。

为了确定 Ti_2CO 电化学溶解过程产生的阳极气体成分，设计如图 5-37 所示的电极，其中，Ti_2CO 块体被压在电极前端空隙中，并与外端的石墨连接保证导通，阳极气体从电极中间的空隙中被氩气带出，空隙内壁全部用 BN 材料和外部的石墨隔离。充氩气 15min 后，恒电位电解，并通过高灵敏气体分析仪在线检测气体组成。如图 5-38 所示，Ti_2CO 阳极电解过程中有明显的 CO 气体放出，但未检测到 CO_2 和 O_2 浓度的变化，说明阳极气体主要为 CO 气体。由于 Ti_2CO 中碳和氧计量比为 1 ∶ 1，因此在阳极溶解的同时，氧原子和碳原子结合生成 CO 气体。

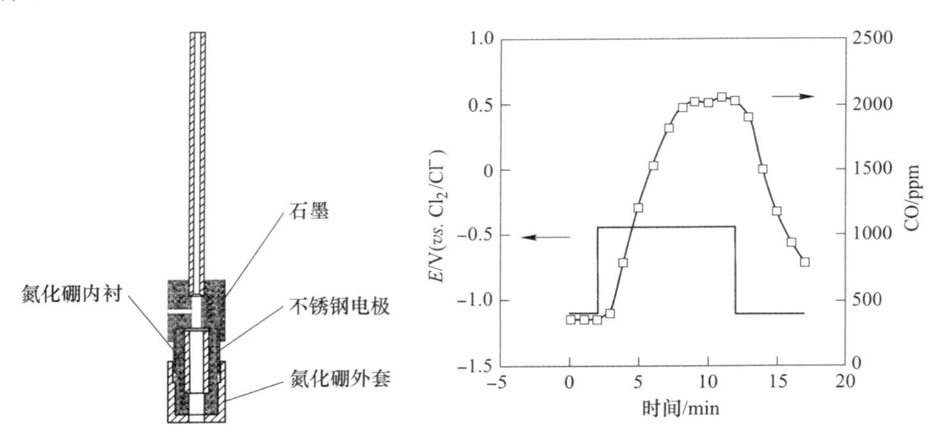

图 5-37 阳极气体检测电极示意图[26]　　图 5-38 阳极气体在线检测结果[26]

溶解电位对阳极气体浓度有较大影响。从可溶性阳极的极化曲线可知，随着扫描电位的正移，极化电流增加，意味着阳极中钛离子的溶解速率增大。同时，阳极中产生更多的活性氧原子和碳原子，Ti_2CO 固溶体中每溶解进入熔盐两个钛离子，便会分别产生一个活性氧原子和一个活性碳原子，因而形成的 CO 气体浓度随着熔盐电位的正移而增加（见图 5-39）。

前述可溶性钛碳氧阳极溶解过程均是在 800℃下进行，由于 NaCl-KCl 共晶温度为 645℃，因此在 710℃和 760℃下分别进行钛碳氧阳极电化学溶解，并在线监测阳极气体。如图 5-40 所示，电解未开始时，CO 气体浓度基本恒定不变；当施加阳极溶解电位后，CO 气体浓度急剧增加；当电解停止后，气体浓度又重新降低至原来的浓度水平。也就是说，在 710℃和 760℃下，Ti_2CO 阳极的溶解过程依然可以正常进行，且温度增加，CO 浓度略有增加，说明固溶体的溶解速度增大。基于上述结果，Ti_2CO 固溶体阳极电化学溶解反应为：

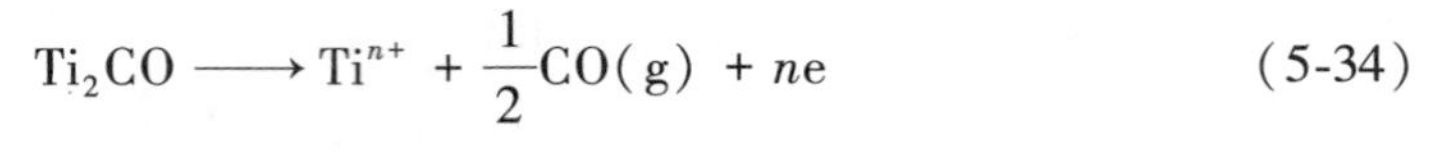

$$Ti_2CO \longrightarrow Ti^{n+} + \frac{1}{2}CO(g) + ne \tag{5-34}$$

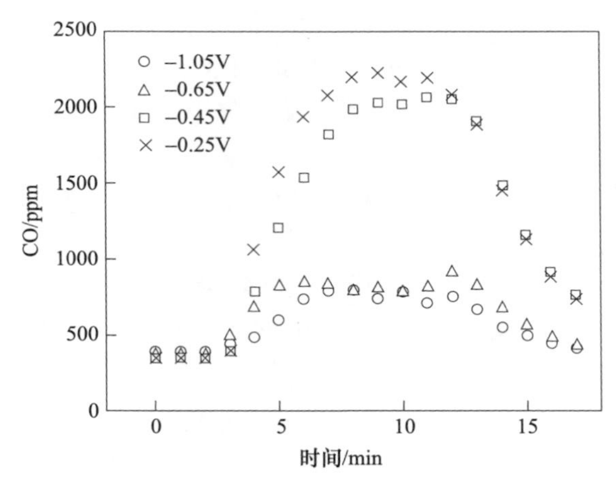

图 5-39　溶解电位对阳极气体浓度的影响[26]

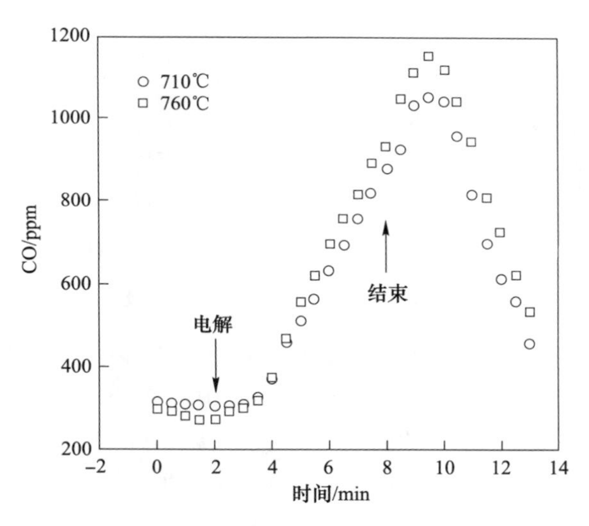

图 5-40　温度对阳极气体浓度的影响[26]

5.5　$TiCl_2$ 阴极电化学还原行为

USTB 工艺正常电解过程中，Ti_2CO 阳极发生溶解反应，其中的钛组分以钛离子形式进入熔盐，并电迁移到阴极表面电沉积。因此，不仅 Ti_2CO 的阳极溶解会影响到 USTB 钛冶炼工艺的运行以及阴极产品质量，而且钛离子的阴极电化学还原过程也是控制阴极产品质量的关键。

早在20世纪70年代，$TiCl_4$ 电解被认为最有希望取代Kroll法而实现工业化应用，Ti离子在氯化物体系中的阴极沉积行为的研究就已经展开。已有研究发现，在 $BaCl_2$-$CaCl_2$-NaCl熔盐中，Ti(Ⅳ)一步还原为Ti(Ⅲ)，若体系中含有 Cs^+ 离子，则能够促进 $TiCl_6^{2-}$ 的稳定存在，在CsCl-KCl体系中，Ti(Ⅲ)能够直接发生一步三电子还原反应生成金属钛[37]。在NaCl-KCl-K_2TiF_6体系中，Ti(Ⅳ)的还原过程为Ti(Ⅳ)→Ti(Ⅲ)→Ti。我国学者在90年代初也曾深入研究了NaCl-KCl体系中各价态Ti离子的阴极还原行为，证明Ti(Ⅲ)可经过两步还原为金属钛[40,41]。

然而，实际上在 TiC_xO_y 阳极电解溶解开始后，若初始熔盐中除了碱金属离子外，没有钛阳离子存在，当电流通过时，在较大的极化作用下，仅有碱金属离子能在阴极析出，并吸附在电极表面[42]。尽管随着电解的进行，熔盐中钛离子浓度逐渐增加，但浓度仍然较低，阴极电化学还原浓差极化严重，电结晶成核快，而晶粒生长慢，在阴极表面仅能获得钛微粉，极易脱附而弥散在熔盐中。另外，即使金属钛电沉积在电极表面，也会因为电极/熔盐界面的钛离子浓度贫化，造成严重的浓差极化，而发生不均匀电沉积，导致树枝晶的生成。树枝晶颗粒小、活性高，很容易被氧化，因而钛产物氧含量较高。基于此，有必要在初始熔盐中添加适量的钛离子，在电解初期，即可抑制钛电化学还原的浓差极化，既能阻止碱金属的析出，又能诱导钛金属均匀电沉积，获得大颗粒金属钛产物，从而保证电沉积钛品质。

5.5.1 $TiCl_2$ 制备

基于5.4.3节的机理讨论，Ti_2CO 阳极电化学溶解过程，以 Ti^{2+} 为主的低价钛离子进入熔盐，并在阴极发生电化学还原。为了保持电解过程钛离子的平衡转化，电解前在熔盐中加入一定浓度的 $TiCl_2$ 将有助于提高电解效率和降低金属钛氧含量。然而，自然界没有稳定的 $TiCl_2$ 存在，因此首先需要制备获得 $TiCl_2$。$TiCl_2$ 的制备通常有两种方法：金属钛-HCl反应和金属钛-$TiCl_4$ 反应。

5.5.1.1 金属钛-HCl反应法

$TiCl_2$ 在空气中极不稳定，容易水解，这就给制备和添加过程增加了困难。采用金属钛和氯化氢气体参照反应式（5-35），可制备得到 $TiCl_2$，并且在制备过程中同时将其直接溶解于NaCl-KCl熔盐中。在720℃的NaCl-KCl共晶熔盐中加入足量的金属钛，通入氯化氢气体进行鼓泡，直到大部分金属钛反应后停止通气，反应中保持金属钛过量。

$$\text{Ti(过量)} + 2HCl(g) \longrightarrow TiCl_2 + H_2(g) \tag{5-35}$$

反应装置如图5-41所示。先将金属钛、NaCl和KCl均匀混合，装入反应器

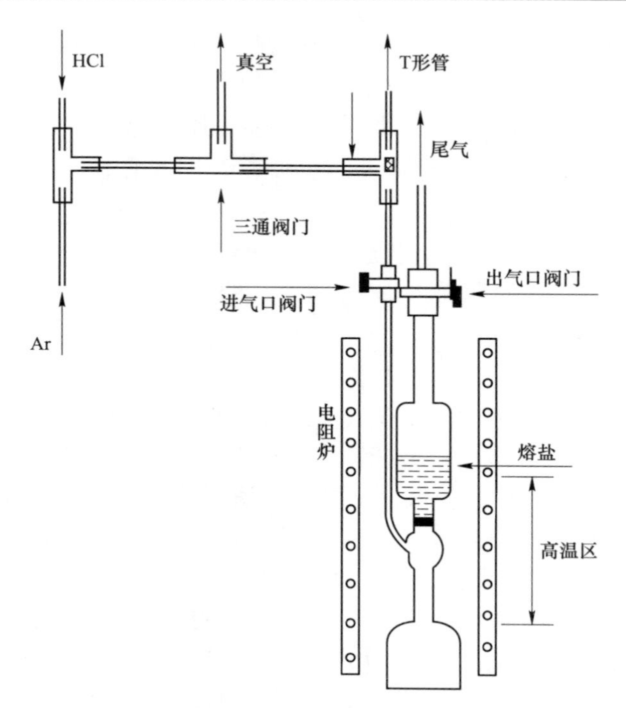

图 5-41　金属钛-HCl 反应制备 $TiCl_2$ 装置示意图[26]

中，密闭容器升温并真空脱水。在 300℃保温脱水 2h，充氩气升温到 720℃后，通入 HCl 气体反应 30min，待金属钛余量不多时停止反应。反应结束后于反应器和侧管之间施加一定压力差，熔盐经过滤片掉入下端接收器，待全部收集后冷却。将反应后含有低价钛离子的熔盐熔封后，置于充氩手套箱中备用。根据反应后熔盐的增重计算 $TiCl_2$ 质量浓度。

5.5.1.2　金属钛-$TiCl_4$ 反应法

根据图 5-42 中的热力学数据可知，$TiCl_4$ 和 Ti 在 750℃下可以反应生成 $TiCl_2$。但由吉布斯自由能之间的关系可知，$TiCl_3$ 较 $TiCl_2$ 更易生成。若 $TiCl_4$ 过量，则会将生成的 $TiCl_2$ 氧化为 $TiCl_3$，无法获得较高纯度的 $TiCl_2$。因此，只有当 Ti 过量时，才能在熔盐体系中得到高纯度的 $TiCl_2$。

鉴于 $TiCl_4$ 在常温下易挥发的性质，使用如图 5-43 所示装置制备含有一定浓度 Ti^{2+} 的 NaCl-KCl 熔盐。在刚玉坩埚内加入经脱水预熔处理的 NaCl-KCl（摩尔比 1∶1）熔盐和过量的海绵钛，将刚玉坩埚置于电阻炉中，同时外接有定量 $TiCl_4$ 的石英反应器。当温度到达 750℃后，加热外接的石英反应器，同时通过该石英反应器向坩埚中通入 Ar，并带入 $TiCl_4$ 气体，使其充分与熔盐中的海绵钛反

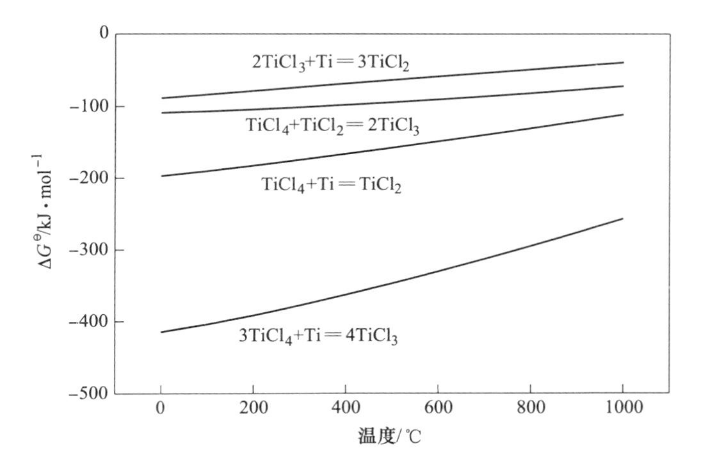

图 5-42 Ti-$TiCl_4$ 反应的吉布斯自由能

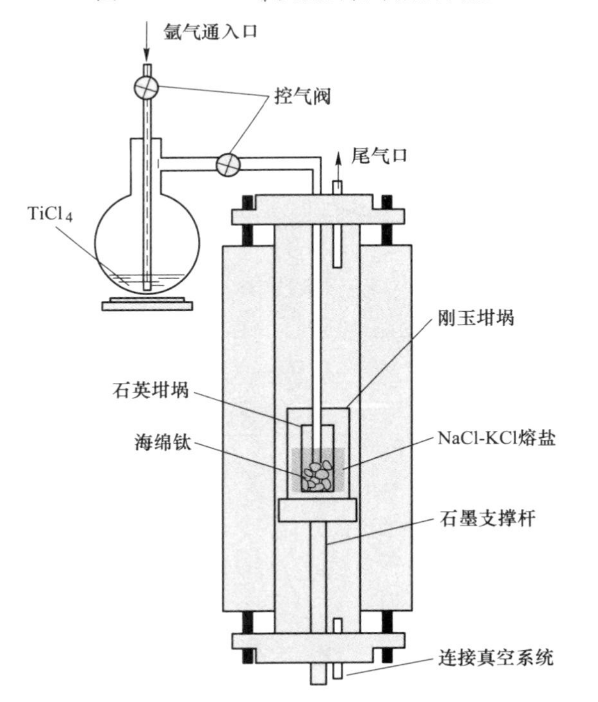

图 5-43 金属钛-$TiCl_4$ 反应制备 $TiCl_2$ 反应装置示意图[38]

应。待定量 $TiCl_4$ 反应完后，保温 4h，使过量的海绵钛充分与熔盐中的 Ti^{4+} 和 Ti^{3+} 反应以获得较高纯度的 Ti^{2+} 熔盐。反应结束后，降温冷却，将制备得到的含一定浓度 Ti^{2+} 的熔盐置于手套箱中保存。使用 ICP 测定制备得到的熔盐中的 Ti^{2+} 浓度。在使用时，通过改变含有 Ti^{2+} 的熔盐与空白熔盐的比例来调节 Ti^{2+} 的浓度。

5.5.2　Ti^{2+}电化学还原机理

Ti^{2+}的电化学还原行为显著影响电解钛效率、速率和金属钛产物结构与纯度。图 5-44 为 Ti^{2+}在 NaCl-KCl 熔盐中的循环伏安曲线。在−0.4~0.2V(*vs.* Ti^{2+}/Ti) 范围内，负向扫描时产生明显的还原峰 A，当正向扫描时，则出现与之相对应的氧化峰 A′。通过对还原峰电位和半峰电位的关系进行如式（5-36）所示的计算，可得到还原反应的交换电子数 n 为 2，表明 Ti^{2+}在 NaCl-KCl 体系中的阴极电化学还原为一步二电子交换的电化学还原过程。还原峰 A 和氧化峰 A′分别对应于 Ti^{2+}在阴极上沉积形成金属钛和金属钛重新氧化生成 Ti^{2+}。

$$|E_{\mathrm{p}} - E_{\mathrm{p/2}}| = 2.20\frac{RT}{nF} \tag{5-36}$$

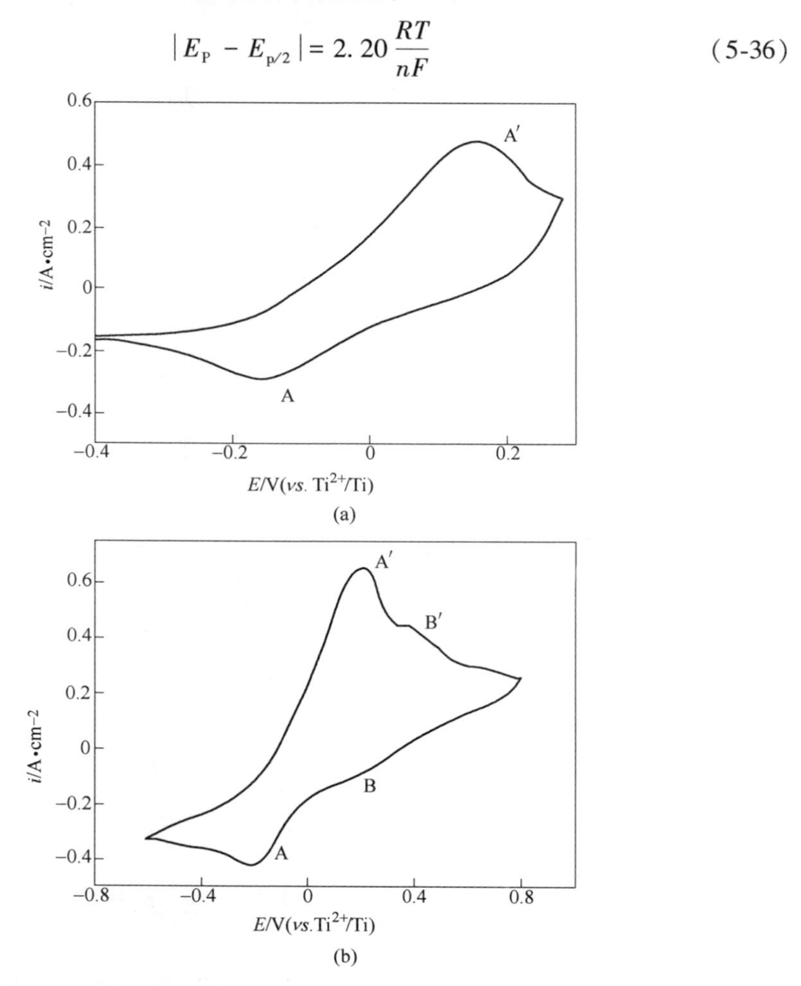

图 5-44　Ti^{2+}在 NaCl-KCl-$TiCl_2$(0.2mM) 熔盐中的循环伏安曲线[29]

扫描速度：50mV/s，扫描范围：(a) −0.4V~0.25V；(b) −0.6V~0.8V

值得注意的是，当循环伏安扫描范围扩大到-0.6~0.8V(*vs*. Ti^{2+}/Ti) 时，除了 A 和 A′峰外，还可以清楚地观察到一对微弱的还原峰 B 和氧化峰 B′，如图 5-45（b）所示。由于钛离子有多种价态存在形式，在更正的电位下，Ti^{2+}将进一步被氧化为 Ti^{3+}，而负向扫描时，Ti^{3+}又被还原为 Ti^{2+}。在各种扫描速度下进行循环伏安测试，如图 5-45（a）所示，随扫描速度增加，峰电流随之增加，但峰电位并无明显变化，说明 Ti^{2+}的电化学氧化还原具有良好的可逆性。值得注意的是，当负向扫描至-0.6V 转向正向扫描时，可以清晰地看到一个交叉的正向回滞圈的产生，这是由于 Ti^{2+}在电极表面沉积形成新相使电极面积增大造成的。

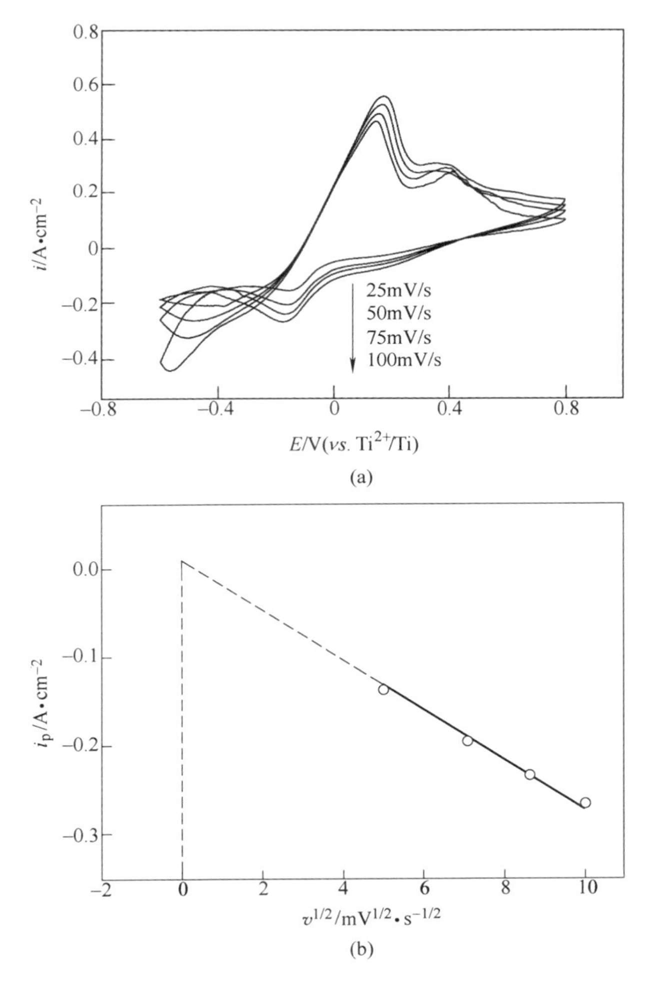

图 5-45　Ti^{2+}在 NaCl-KCl-$TiCl_2$(0.2mmol/L) 熔盐中不同扫描速度下的循环伏安曲线（a）以及扫描速度的平方根和峰电流密度的关系曲线（b）[29]

根据图 5-45（a）所得数据，对峰电流密度与扫描速度的平方根进行线性拟合，如图 5-45（b）所示。可以看出，i 与 $v^{1/2}$ 呈良好的线性关系，这表明 Ti^{2+} 在 NaCl-KCl 体系中的还原是由扩散步骤控制的电化学反应过程。根据其斜率，可计算获得 Ti^{2+} 的扩散系数为 $3.6\times10^{-5}cm^2/s$，这与其他研究者获得的结果数量级一致。

图 5-46（a）为在不同电流密度下获得的计时电位曲线。由图可知，在电流密度从 $-62.5\sim-250.0mA/cm^2$ 范围内，在 $-0.2V$ 处存在一明显的放电平台，对应于 Ti^{2+} 在阴极的还原反应；随着时间的延长，电极表面的 Ti^{2+} 离子浓度急剧减小，Ti^{2+} 的放电无法满足此电流密度，因此，电位向碱金属放电平台跃迁，并且随电流密度逐渐增加，Ti^{2+} 析出时间逐渐缩短。根据图 5-46（a）中各电流密度下的平台时间，计算获得图 5-46（b）的直线，符合 Sand 方程：

$$i\tau^{1/2} = 0.5nFC(\pi D)^{1/2} = \text{const} \tag{5-37}$$

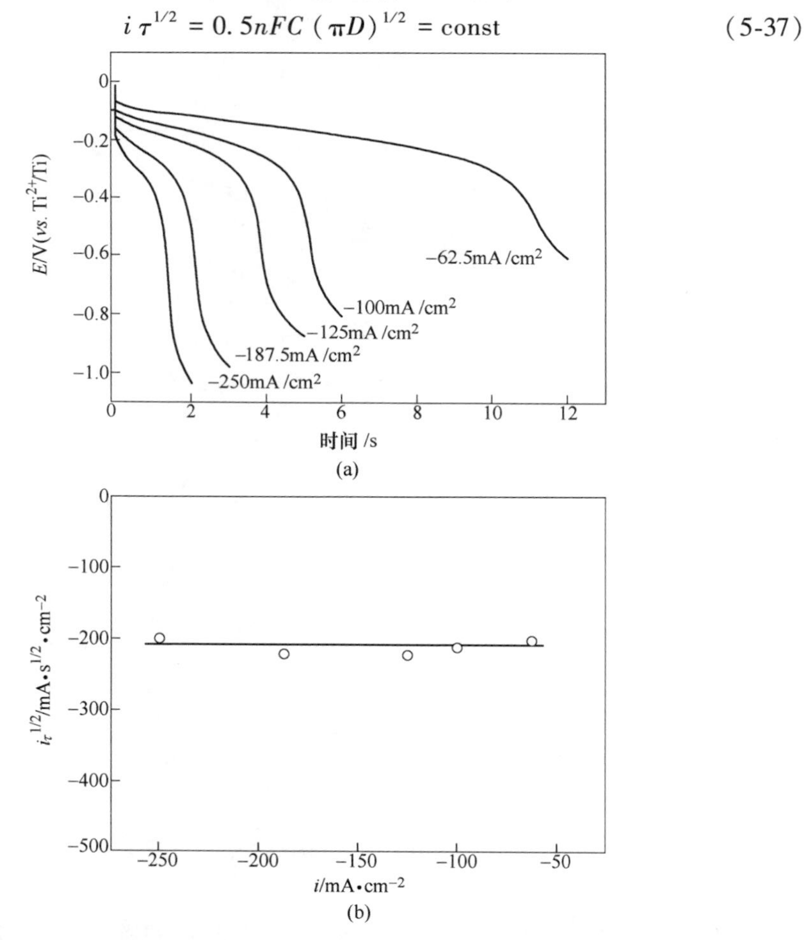

图 5-46　Ti^{2+} 在 NaCl-KCl-$TiCl_2$（0.2mmol/L）熔盐中的计时电位曲线（a）以及 $i\tau^{1/2}$ 和阴极电流密度的关系曲线（b）[29]

结果表明，Ti^{2+}在 NaCl-KCl 体系中的还原反应是由 Ti^{2+}扩散步骤控制的电化学反应过程。进一步计算可得 Ti^{2+}扩散系数为 $4.2\times10^{-5}cm^2/s$，与循环伏安法计算结果基本一致。

采用换向计时电位法进一步研究 Ti^{2+}在熔盐中的还原行为，如图 5-47 所示。在-0.2V 处存在一个明显的还原平台，表明 Ti^{2+}在电极表面沉积形成新相；施加反向电流时，相应的在 0.1V 处出现一个氧化平台，对应于沉积在电极表面 Ti 的溶解。值得注意的是，还原和氧化平台电位与循环伏安曲线中还原峰和氧化峰电位基本相同。

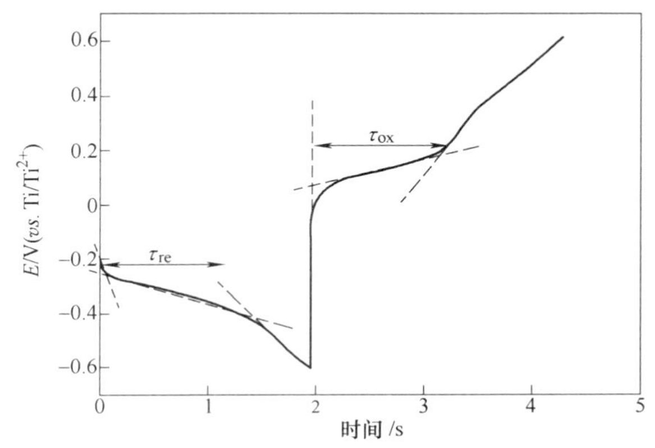

图 5-47 Ti^{2+}在 NaCl-KCl-$TiCl_2$（0.2mmol/L）熔盐中的换向计时电位曲线[38]

（电流密度 $i=\pm0.3A/cm^2$）

采用方波伏安法对 Ti^{2+}的阴极沉积行为进行了研究，图 5-48 给出了采用钨丝电极时的方波伏安曲线。可以清楚地看到，在-0.16V 处有一个明显的还原峰，

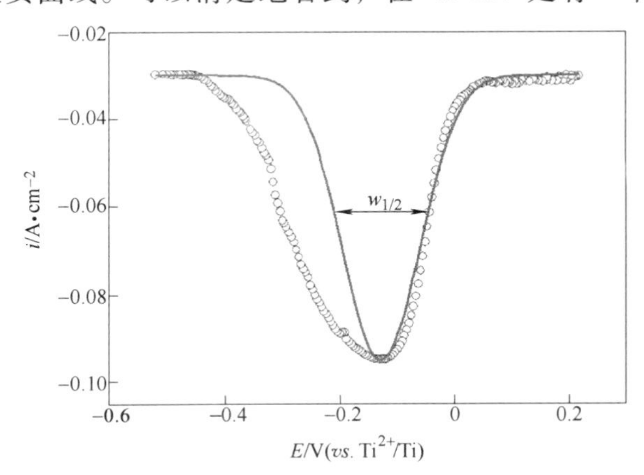

图 5-48 Ti^{2+}在 NaCl-KCl-$TiCl_2$（0.2mmol/L）熔盐中的方波伏安曲线[29]

（频率：1Hz）

该还原峰呈不对称的钟形，其左半部分比右半部分更宽。这是由于负向扫描过程中，Ti 晶核的形成使电流衰减延缓，因此电流减缓部分（左半部分）宽于电流增加部分（右半部分）。对还原峰进行高斯拟合，并利用半峰宽计算发现，电化学反应的交换电子数为 2.02，进一步说明 Ti^{2+}的一步电化学还原反应。

5.5.3　Ti 电结晶特性

电结晶包括晶核在基底表面活性点上的形成和晶核的生长两个过程。在电沉积过程中，电结晶阶段所得沉积层的结构和性质对后续电沉积过程有较大影响，在很大程度上决定了沉积物的形貌、结构和性质。因此，有必要明确 Ti 电结晶特性。

计时电流法是研究电结晶的一种常用电化学方法。图 5-49 为以钨丝为工作电极，通过计时电流法测定的 Ti 电沉积初期电流随时间变化的暂态曲线。由图中曲线形状可以明显看出，Ti 在钨电极表面析出时存在形核的暂态特征。该曲线可以划分为两个部分：（1）电结晶初期电流随时间迅速增加，逐渐达到峰值，这是由晶核的形成和新相的生成造成的，其对应的峰值电流和时间分别为 I_m 和 t_m；（2）当电流达到最大值后出现电流的衰减，这主要是由晶核生长速度受 Ti^{2+} 向电极表面的扩散步骤控制造成的。

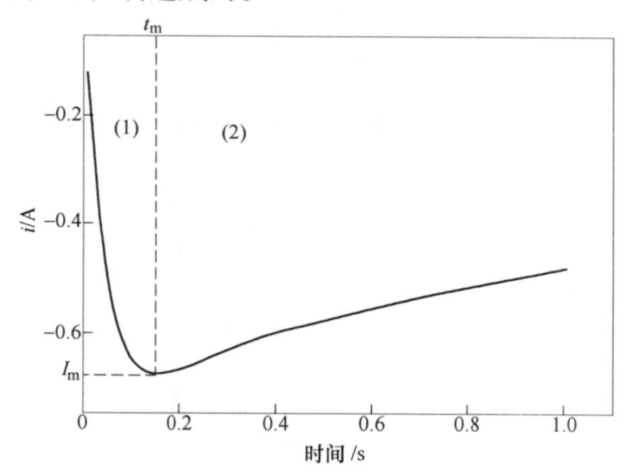

图 5-49　Ti^{2+}在 NaCl-KCl-$TiCl_2$(0.2mmol/L) 熔盐中的计时电流曲线[38]
（过电位为−0.4V）

如图 5-50 为不同过电位下 Ti 电结晶的电流−时间暂态曲线，随过电位的增加，I_m 增加。为确定 Ti 的电结晶机理，需将计时电流法得到的数据进行二次转化，并与电结晶模型进行对比。

根据三维电结晶理论，Hills 假设了当阴极产物为固态晶体时，可把初始晶核的形核过程视为半球形三维生长过程。当晶核的生长速度受溶液中电活性离子的扩散控制时，不同成核机理的暂态电流公式分别为：

$$i=\frac{nFD^{1/2}C_0}{(\pi t)^{1/2}}[1-\exp(-N\pi kDt)] \quad \text{(瞬时成核)} \tag{5-38}$$

其中，

$$k=\frac{4}{3}\left(\frac{8\pi C_0 M}{\rho}\right)^{1/2} \tag{5-39}$$

$$i=\frac{nFD^{1/2}C_0}{(\pi t)^{1/2}}\left[\frac{1-\exp(-AN_0\pi k'Dt^2)}{2}\right] \quad \text{(连续成核)} \tag{5-40}$$

其中，

$$k'=\frac{4}{3}\frac{8\pi C_0 M}{\rho} \tag{5-41}$$

式中，nF 为沉积离子的摩尔电荷；D 和 C_0 分别为该离子的扩散系数和浓度，mol/L；M 和 ρ 分别为沉积相的摩尔质量和密度；N 为晶核密度，cm^{-2}；N_0 为形成的晶核总数；A 为成核速度常数，cm^{-2}/s。

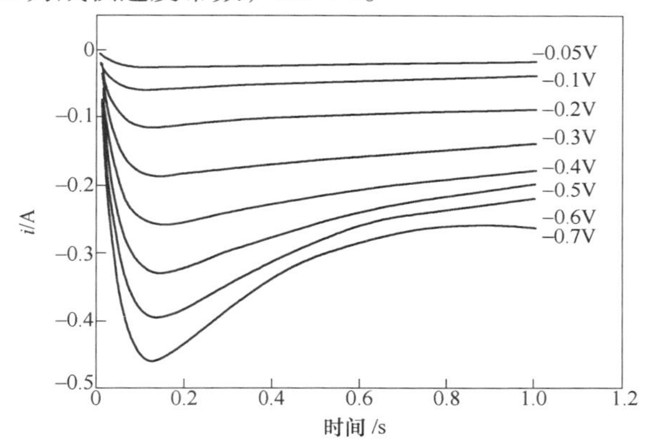

图 5-50 不同过电位下 Ti^{2+} 在 NaCl-KCl-$TiCl_2$(0.2mmol/L) 熔盐中的计时电流曲线[38]

对上式进行微分变换后，可得到：

$$\left(\frac{I}{I_m}\right)^2=\frac{1.9542}{t/t_m}\left[1-\exp\left(-1.2564\frac{t}{t_m}\right)\right]^2 \quad \text{(瞬时成核)} \tag{5-42}$$

其中，

$$t_m=\frac{1.2564}{N\pi kD} \tag{5-43}$$

$$I_m=0.6382nFDC_0(kN)^{1/2} \tag{5-44}$$

$$I_m^2t_m=0.1629(nFC_0)^2D \tag{5-45}$$

$$\left(\frac{I}{I_m}\right)^2=\frac{1.2254}{t/t_m}\left[1-\exp\left(-2.3367\frac{t}{t_m}\right)\right]^2 \quad \text{(瞬时成核)} \tag{5-46}$$

其中，

$$t_m=\left(\frac{4.6733}{A N_0\pi k'D}\right)^{1/2} \tag{5-47}$$

$$I_m=0.4615nFD^{3/4}C_0(k'A N_0)^{1/4} \tag{5-48}$$

$$I_m^2t_m=0.2598(nFC_0)^2D \tag{5-49}$$

图 5-51 给出了瞬时成核（Instantaneous）和连续成核（Progressive）的无因次函数（I/I_m）^{2}–t/t_m 的理论曲线，可以看出连续成核曲线呈现一个较尖锐的峰，而瞬时成核是一个较宽的峰，变化较为平缓。将图 5-50 中所得的数据进行（I/I_m）^{2}–t/t_m 无因次处理后得到的数据标于图 5-51。结果表明，该数据点基本与瞬时成核曲线吻合。由此，可初步认为钛在 NaCl-KCl 体系中的电结晶是按瞬时成核进行。

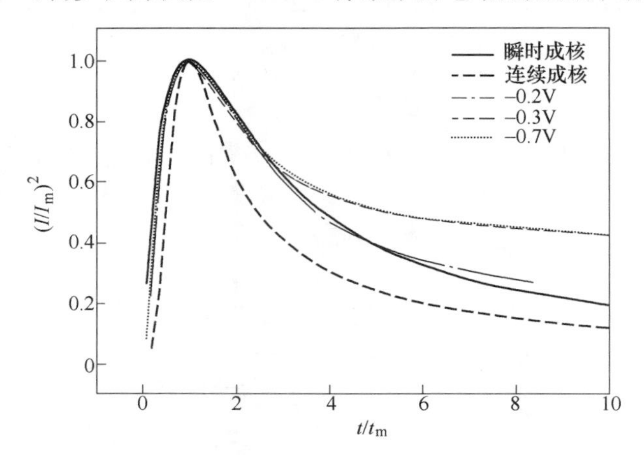

图 5-51　NaCl-KCl-$TiCl_2$(0.2mmol/L) 熔盐中 Ti^{2+} 在钨丝电极上得到的（I/I_m）^{2}-t/t_m 无因次曲线[38]

5.6　USTB 法恒流电解提取金属钛

基于 Ti^{2+} 在 NaCl-KCl 熔盐中的电化学还原行为，确定 Ti^{2+} 可以通过一步两电子还原获得金属钛[42]。熔盐中加入 Ti^{2+} 将有助于钛的高效电解和获得高纯度金属钛。电化学机理研究时主要采用三电极体系，而在工业化生产中，基本采用两电极恒电流或恒电压电解生产金属。为确定适合的工业化生产条件，获取恒电流电解的相关数据十分重要。

对于以 Ti_2CO 固溶体为可溶阳极的 USTB 钛冶炼工艺，两电极电解过程阳极和阴极电化学反应分别为：

阳极：
$$Ti_2CO = Ti^{2+} + \frac{1}{2}CO(g) + 2e \quad (5\text{-}50)$$

阴极：
$$Ti^{2+} + 2e = Ti \quad (5\text{-}51)$$

可以看出，阴、阳极实际发生的是 Ti^{2+} 离子的还原氧化可逆反应，理论上槽电压应为 0V。然而，在实际电解时，由于阴、阳极反应均存在一定的过电位，因而表现出一定的槽压。

在 USTB 法钛冶炼过程，阴极钛产物结构和电流效率是电解过程调节的两个重要方面。金属钛纯度与阴极沉积物的结构形貌（如颗粒尺寸、致密性等）密切相关。一般来说，细小的颗粒容易造成阴极产品中氧含量较高；阴极沉积物颗粒尺寸大，结构致密，可降低熔盐夹杂率和杂质含量。同时，在电解后产物清洗等后续处理中，引入杂质的几率大大降低。因此，如何调节获得大颗粒、致密沉积钛是 USTB 电解工艺获得高质量钛产品的关键和难题。另一方面，为了提高电解速率和效率，降低电耗和提高产量，要求具有高的电沉积电流效率。

5.6.1 阴极钛形貌结构

根据形核理论，电化学沉积物的形貌主要由形核速度和晶核生长速度之间的相互关系决定。恒电流电解过程总电流 I 与形核电流 I_n、晶核生长电流 I_g 存在如下关系：

$$I = I_n + I_g \tag{5-52}$$

可见，形核电流和晶核生长电流是此消彼长的关系。过大的形核电流会造成晶核生长电流过小，从而导致电化学沉积物颗粒细小，难以长大。若要在阴极获得颗粒尺寸大、致密的钛沉积物，必须使晶核生长电流远大于形核电流。熔盐中 Ti^{2+} 浓度、电解初始电流密度等是影响形核与晶核生长之间关系的重要参数。

0.3A/cm^2 电流密度下，分别在 Ti^{2+} 浓度为 2.5wt%、5.0wt% 和 7.6wt% 的 NaCl-KCl 熔盐体系中进行了恒电流电解，并通过扫描电镜观察钛沉积物的形貌，结果如图 5-52 所示。可以清楚地看出，随着熔盐中 Ti^{2+} 浓度的增加，沉积得到的

(a) (b) (c)

图 5-52 不同 Ti^{2+} 浓度的熔盐中阴极电解钛微观形貌[29]

(a) 2.5wt%；(b) 5.0wt%；(c) 7.6wt%

金属钛颗粒尺寸呈现增长的趋势。由于整个电解过程中，电流恒定，因此沉积物颗粒尺寸的变化主要归因于熔盐中 Ti^{2+} 浓度的改变。众所周知，形核主要受阴极极化电位的影响，极化电位越大，形核速度越大。结合图 5-53 电解过程中的电位-时间曲线，可以看出，当熔盐中 Ti^{2+} 的浓度较低时，由于浓差极化相对严重，阴极极化电位高，在此条件下，形核速率大，而晶核生长速率低，从而得到颗粒尺寸较小的沉积物；随着熔盐中 Ti^{2+} 的浓度增加，浓差极化降低，阴极极化电位随之减小，因此成核速率相应减小，而晶核生长速率增大，导致阴极沉积物尺寸增加。

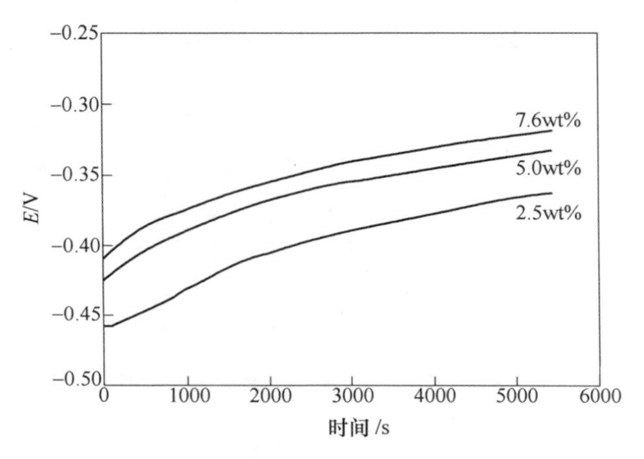

图 5-53　不同 Ti^{2+} 浓度的熔盐中恒电流电解的电位-时间曲线[38]

在 Ti^{2+} 浓度为 7.6wt% 的 NaCl-KCl 熔盐体系中，分别采用 0.05A/cm^2、0.1A/cm^2、0.3A/cm^2、0.5A/cm^{2}和 0.8A/cm^{2}的电流密度进行恒电流电解，并相应调节电解时间以保证电解通过的电量相同。图 5-54 为各电流密度下阴极钛产物 SEM 照片。可以看出，电流密度在 0.05～0.3A/cm^{2}范围内增加时，相应的阴极产物尺寸也随之增加；然而，当电流密度增加至 0.5A/cm^{2}和 0.8A/cm^{2}时，阴极沉积物的尺寸并未进一步增加，而是形成了枝状晶体。由于电解均在 Ti^{2+} 浓度为 7.6wt%的 NaCl-KCl 熔盐体系中进行，在 0.05～0.3A/cm^{2}范围内，电流密度增加并未导致浓差极化明显改变，电解过程的成核电流基本相同，增大的电流主要贡献给了晶核的增长，因此，阴极沉积物的尺寸随电流密度的增加而增加。而当电流密度进一步增加至 0.5A/cm^{2}或 0.8A/cm^{2}时，电化学还原反应速度很快，电极表面附近的 Ti^{2+} 几乎完全被消耗，而熔盐中 Ti^{2+} 的物质传输速度低于其在电极表面的消耗速度，因此电极表面附近的 Ti^{2+} 浓度来不及补充，从而产生了严重的浓差极化，因此电极表面一些尖端的区域 Ti^{2+} 浓度高于其他区域，Ti^{2+} 优先在此区域发生电化学沉积，从而进一步加剧了浓差极化，使电极尖端部位快速生长，最终形成枝状晶。

图 5-54 不同电流密度下阴极电沉积钛产物的微观形貌[29]

(a) 0.05A/cm²; (b) 0.1A/cm²; (c) 0.3A/cm²; (d) 0.5A/cm²; (e) 0.8A/cm²

上述结果表明，为了获取大颗粒、致密的阴极沉积物，强化钛离子传质，降低浓差极化是关键。除了电解工艺参数优化外，另一个可能的解决办法就是对熔盐进行搅拌，以提高 Ti^{2+} 的物质传输速度。因此，采用 Ar 气注入的方式，对含 7.6wt% Ti^{2+} 的 NaCl-KCl 熔盐进行搅拌，在 0.3A/cm² 和 0.5A/cm² 电流密度下恒电流电解，并记录了电解过程电位-时间曲线，如图 5-55 所示。可以对比发现，尽管增加 Ar 气搅拌后，发生电压波动，但相比于无搅拌时，电位有一定程度降低，这主要是由于搅拌强化了 Ti^{2+} 传质，降低了浓差极化。值得注意的是，当增加搅拌后，阴极产品的形貌发生了较大的变化，获得了颗粒尺寸大、结构致密的阴极沉积钛（见图 5-56）。

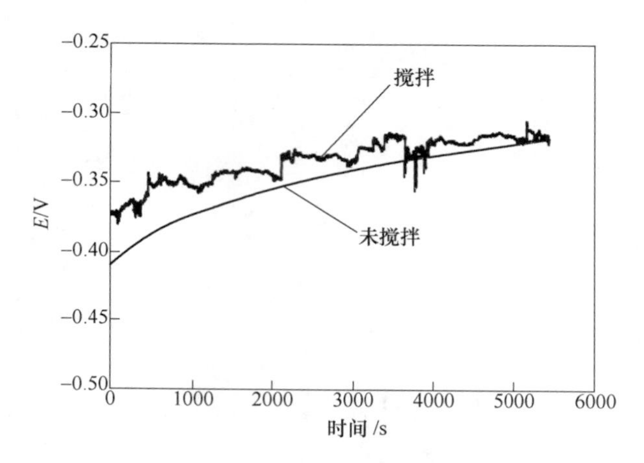

图 5-55　含 7.6wt%Ti^{2+} 的熔盐中未加搅拌和搅拌条件下的电位-时间曲线[29]

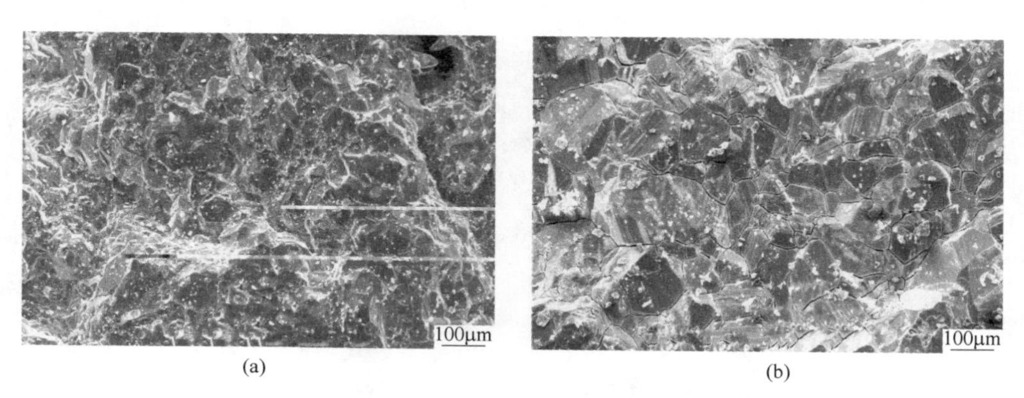

图 5-56　伴有气体搅拌时得到的阴极产品的微观形貌[29]

（a）0.3A/cm^2；（b）0.5A/cm^2

5.6.2　电解过程阴极电流效率

电流效率是电解技术最重要的指标之一，电流效率的高低关系到该技术是否适于工业生产。如果没有引起电解产物损失的副反应，电解过程应遵守法拉第定律：

$$Q = nFz \tag{5-53}$$

式中，Q 为电解过程消耗的电量；n 为反应物物质的量；F 为法拉第常数；z 为交换电子数。

然而，在实际电解时，电极上经常会发生副反应或次级反应，导致所消耗的电量要比按照法拉第定律计算所需的理论电量多。熔盐作为高温反应介质，具有不同于水溶液的诸多优点，如低黏度、良好导电性、较高的离子迁移和扩散速度等，一般熔盐电解提取金属的电流效率为 80%～90%。因此，对于 USTB 工艺，确定最佳电解条件，以最大化电解电流效率十分重要。

电流效率计算为：

$$\eta = \frac{Q_{\text{theoretical}}}{Q_{\text{actual}}} \times 100\% \tag{5-54}$$

式中，Q_{actual} 和 $Q_{\text{theoretical}}$ 分别为实际消耗的电量和按照法拉第定理计算的理论所需电量。实际消耗电量可以根据实验得到；而对于阴极反应的 $Q_{\text{theoretical}}$ 可根据阴极产物的质量得出：

$$Q_{\text{theoretical}} = \frac{m}{M}Fz \tag{5-55}$$

式中，m 为实际得到阴极产物的质量；M 为钛的摩尔质量。

恒电流电解过程中控制阴极电流密度为 0.35A/cm^2，通过调节阳极面积来改变阳极电流密度，研究相应的阴极电流效率。由表 5-8 可以看到，随着阳极电流密度的增加，阴极电流效率减小，这是因为当阳极电流密度增加时，电极反应过电位增大，导致从阳极溶解析出高价钛离子，需要多步还原反应，且理论上还原为金属钛需要更多电子转移数和电量，因而阴极电流效率减小。

表 5-8 阳极电流密度对电流效率的影响（温度 800℃）[38]

阳极电流密度/A · cm^{-2}	阴极电流效率/%
0.40	48
0.30	52
0.20	69
0.15	77

控制阳极电流密度为 0.15A/cm^2，通过调节阴极面积来改变阴极电流密度，研究阴极电流效率，其结果见表 5-9。随着阴极电流密度的减小，阴极电流效率增加。较小的电流密度时，电极/熔盐界面钛离子贫化程度弱，电化学还原浓差极化程度较小，因此电流效率高。

表 5-9　阴极电流密度对电流效率的影响（温度 800℃）[38]

阴极电流密度/A · cm^{-2}	阴极电流效率/%
0. 50	32
0. 35	77
0. 25	80
0. 20	89

一般熔盐电解所采用的温度需要高于熔点 50～150℃，NaCl-KCl 共晶熔点为 645℃，因而 USTB 法电解钛过程的电解温度可控制在 700～850℃范围内。在确定最佳电流密度基础上，控制阴、阳极电流密度分别为 0. 20A/cm^2和 0. 15A/cm^2，研究温度对恒电流电解阴极电流效率的影响规律，结果见表 5-10。800℃时，电解提取金属钛具有最高的电流效率。

表 5-10　电解温度对电流效率的影响[38]

温度/℃	阴极电流效率/%
750	79
800	89
850	59

表 5-11 给出了不同 Ti^{2+}浓度时的阴极电流效率。由表中数据可以看出，当电流密度一定时，随熔盐中 Ti^{2+}浓度的增加，阴极电流效率随之增加，这是因为熔盐中 Ti^{2+}浓度的增加，有助于离子传输，电极表面钛离子贫化现象较弱，浓差极化降低，因此阴极电流效率增加。

表 5-11　不同 Ti^{2+}浓度时的阴极电流效率[38]

电流密度/A · cm^{-2}	Ti^{2+}浓度/wt%	阴极电流效率/%
0. 3	2. 5	62. 4
	5. 0	71. 8
	7. 6	79. 7

电解后，取出电极，发现浸入熔盐的阴极表面附有一层沉积物，其截面如图 5-57 所示。对该截面进行钛、铁元素线扫描，可以发现阴极表面沉积层主要为金属钛。将阴极产物全部从电极表面剥离，并依次用浓度为 2wt%的盐酸、三次蒸馏水清洗后得到淡黄色金属粉末状，如图 5-58（a）所示，扫描电子显微镜表征发现该粉末颗粒大约 200μm，如图 5-58（b）所示。

将 16h 恒流电解收集的所有阴极产物称重，其质量是初始添加到熔盐的 $TiCl_2$ 中钛的 4. 2 倍，说明该阴极产物并不是来自熔盐中初始添加的 $TiCl_2$，而主

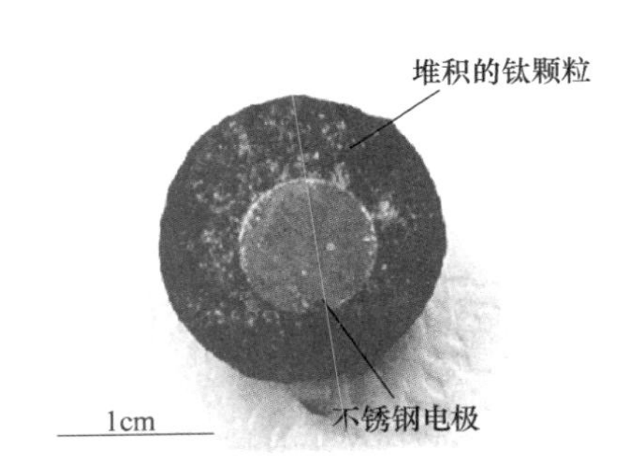

图 5-57 恒流电解后阴极截面形貌[26]

(a) (b)

图 5-58 阴极粉末照片（a）和扫描电镜照片（b）[26]

要是来自可溶性 TiC_xO_y 阳极电化学溶解的钛离子。XRD 分析进一步证实该粉末为金属钛（见图 5-59）。对阴极产物进行了化学成分分析，其结果见表 5-12，电解钛产物碳和氧含量均较低。结合相应的微观形貌可知，当阴极产物为大颗粒、致密钛沉积物时，C 和 O 的含量更低，可满足高纯钛的要求。

表 5-12 阴极产品中的杂质含量[26] （ppm）

元素	高纯钛标准	阴极产品	
		电流密度 0.3A/cm^2	电流密度 0.5A/cm^2
C	50	30	50
O	300	240	290

注：阴极产品在 Ti^{2+} 离子浓度为 7.6wt%，同时伴有 Ar 搅拌条件下制备得到。

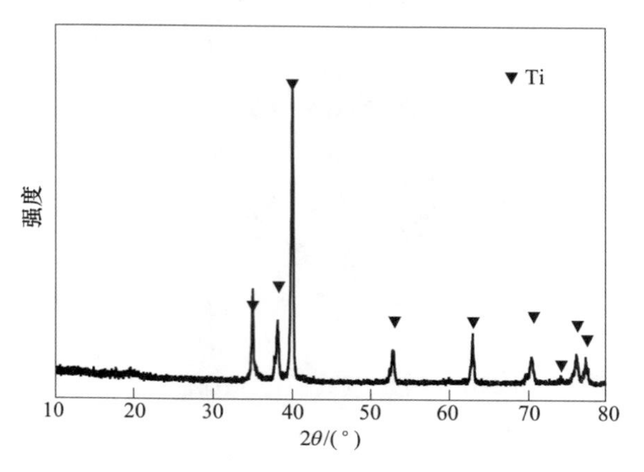

图 5-59　阴极粉末的 XRD 图谱 800℃[26]

参 考 文 献

[1] 朱鸿民，焦树强，顾学范．一氧化钛/碳化钛可溶性固溶体阳极电解生产纯钛的方法［P］. 中国，2005100111684.6，2005-05-08.

[2] Jiao S，Zhu H. Novel metallurgical process for titanium production［J］. Journal of Materials Research，2006，21（9）：2172-2175.

[3] Jiao S，Zhu H. Electrolysis of Ti_2CO solid solution prepared by TiC and TiO_2［J］. Journal of Alloys and Compounds，2007，438（1-2）：243-246.

[4] Jiao S，Ning X，Huang K，et al. Electrochemical dissolution behavior of conductive TiC_xO_{1-x} solid solutions［J］. Pure and Applied Chemistry，2010，82（8）：1691-1699.

[5] Withers J C，Loutfy R O. Thermal and electrochemical process for metal production［P］. U. S. Patent 7410562，2008-08-12.

[6] 王海川，董元篪．冶金热力学数据测定与计算方法［M］. 北京：冶金工业出版社，2005.

[7] Ouensanga A. Thermodynamic study of the Ti-C-O system in the temperature range 1400～1600K［J］. Journal of the Less Common Metals，1979，63（2）：225-235.

[8] 江波．Ti-C-O 固溶体热力学数据测试及结构研究［D］. 北京：北京科技大学，2013.

[9] 橋本雍彦．TiC_xO_yの標準生成 Gibbs 自由エネルギ-の測定［J］. 日本金属学会誌，1989，53，1229-1235.

[10] Maitre A，Cathalifaud P，Lefort P. Thermodynamics of titanium carbide and the oxycarbide Ti_2OC［J］. High Temperature Material Processes：An International Quarterly of High-Technology Plasma Processes，1997，1（3）.

[11] Stull D R，Prophet H. JANAF thermochemical tables［S］. U. S. National Bureau of Standards，1982.

[12] Barin I, Knacke O, Kubaschewski O. Supplement to thermochemical properties of inorganic substances [J]. 1977.

[13] Jiang B, Huang K, Cao Z, et al. Thermodynamic study of titanium oxycarbide [J]. Metallurgical and Materials Transactions A, 2012, 43: 3510-3514.

[14] Hildebrand J H, Scott R L. Regular Solutions [M]. Prentice-Hall, Englewood Cliffs, New Jersey, 1962.

[15] Jiang B, Zhou G, Huang K, et al. Structural stability of β-TiO with disordered vacancies: A first-principles calculation [J]. Physica B: Condensed Matter, 2013, 421: 110-116.

[16] Jiang B, Hou N, Huang S, et al. Structural studies of $TiC_{1-x}O_x$ solid solution by Rietveld refinement and first-principles calculations [J]. Journal of Solid State Chemistry, 2013, 204: 1-8.

[17] Jiang B, Xiao J, Huang K, et al. Experimental and first-principles study of Ti-C-O system: Interplay of thermodynamic and structural properties [J]. Journal of the American Ceramic Society, 2017, 100 (5): 2253-2265.

[18] Wainer E. Cell feed material for the production of titanium [P]. USA Pat. 2868703, 1959.

[19] Maitre A, Tetard D, Lefort P. Role of some technological parameters during carburizing titanium dioxide [J]. Journal of the European Ceramic Society, 2000, 20 (1): 15-22.

[20] White G V, Mackenzie K J D, Brown I W M, et al. Carbothermal synthesis of titanium nitride [J]. Journal of materials science, 1992, 27 (16): 4294-4299.

[21] Shannon R D, Pask J A. Kinetics of the anatase-rutile transformation [J]. Journal of the American Ceramic Society, 1965, 48 (8): 391-398.

[22] Afir A, Achour M, Pialoux A. Etude de la reduction carbothermique du dioxyde de titane par diffraction X a haute temperature sous pression controlee [J]. Journal of alloys and compounds, 1994, 210 (1-2): 201-208.

[23] Shaviv R. Synthesis of TiN and TiN_xC_y: optimization of reaction parameters [J]. Materials Science and Engineering: A, 1996, 209 (1-2): 345-352.

[24] Humphrey G L. The Heats of Formation of TiO, Ti_2O_3, Ti_3O_5 and TiO_2 from Combustion Calorimetry [J]. Journal of the American Chemical Society, 1951, 73 (4): 1587-1590.

[25] Afir A, Achour M, Saoula N. X-ray diffraction study of Ti-O-C system at high temperature and in a continuous vacuum [J]. Journal of alloys and compounds, 1999, 288 (1-2): 124-140.

[26] 焦树强. 一种新型钛冶炼方法的基础研究 [D]. 北京: 北京科技大学, 2006.

[27] Tian D, Tu J, Wang Y, et al. Rapid electrodeposition of Ti on a liquid Zn cathode from a consumable casting $TiC_{0.5}O_{0.5}$ anode [J]. Journal of the Electrochemical Society, 2020, 167: 123502.

[28] Tian D, Wang M, Jiao H, et al. Improved USTB Titanium Production with a Ti_2CO Anode Formed by Casting [J]. Journal of the Electrochemical Society, 2019, 166 (8): E226-E230.

[29] Ning X, Åsheim H, Ren H, et al. Preparation of titanium deposit in chloride melts [J]. Metallurgical and Materials Transactions B, 2011, 42 (6): 1181-1187.

[30] Wang Q, Song J, Hu L, et al. The equilibrium between $TiCl_2$, $TiCl_3$ and titanium metal in NaCl-KCl equimolar molten salt [J]. Metallurgical and Materials Transactions B, 2013, 44B: 906-913.

[31] Song J, Wang Q, Hu G, et al. Equilibrium between titanium ions and high-purity titanium electrorefining in a NaCl-KCl melt [J]. International Journal of Minerals, Metallurgy, and Materials, 2014, 21 (7): 660-665.

[32] Zhu X, Wang Q, Song J, et al. The equilibrium between metallic titanium and titanium ions in LiCl-KCl melts [J]. Journal of alloys and compounds, 2014, 587: 349-353.

[33] Song J, Wang Q, Kang M, et al. The equilibrium between titanium ions and metallic titanium in the molten binary mixtures of LiCl [J]. Electrochemistry, 2014, 82 (12): 1047-1051.

[34] Song J, Wang Q, Kang M, et al. Novel synthesis of high pure titanium trichloride in molten $CaCl_2$ [J]. Int. J. Electrochem. Sci, 2015, 10: 919-930.

[35] Kang M H, Song J, Zhu H, et al. Electrochemical behavior of titanium (Ⅱ) ion in a purified calcium chloride melt [J]. Metallurgical and Materials Transactions B, 2015, 46 (1): 162-168.

[36] 宁晓辉，杜超，苏峰，焦树强，朱鸿民．脉冲参数对 NaCl-KCl-$TiCl_2$ 熔盐中电沉积钛的影响 [J]. 电镀与涂饰，2011，30 (3)：1-3.

[37] Song Y, Jiao S, Hu L, et al. The cathodic behavior of Ti (Ⅲ) ion in a NaCl-2CsCl melt [J]. Metallurgical and Materials Transactions B, 2016, 47 (1): 804-810.

[38] 宁晓辉．可溶阳极熔盐电解钛（USTB）冶炼工艺的基础研究 [D]. 北京：北京科技大学，2006.

[39] Lantelme F. Electrochemistry of Titanium in NaCl-KCl Mixtures and Influence of Dissolved Fluoride Ions [J]. Journal of the Electrochemical Society, 1995, 142 (10): 3451.

[40] 段淑贞，顾学范．KCl-NaCl 熔盐体系中电镀钛的基础研究（一）[J]. 稀有金属，1992，16 (2)：102-105.

[41] 段淑贞，康莹．KCl-NaCl 熔盐体系中电镀钛的基础研究（二）[J]. 稀有金属，1993，17 (5)：348-350.

[42] Ning X, Liu H, Zhu H. Anodic Dissolution Behavior of TiC_xO_y in NaCl-KCl Melt [J]. Electrochemistry, 2010, 78 (6): 513-516.

[43] 莫畏，邓国珠，罗方承．钛冶金 [M]. 北京：冶金工业出版社，1998.

6 高纯钛及其制备方法

高纯金属是指含痕量杂质、具有优异物理化学性质的一种金属材料，其应用已经渗透到国民经济和国防建设的各个领域，支撑着一大批高新技术产业的发展，成为各个国家抢占未来经济发展制高点的重要领域，也是衡量一个国家冶金技术发展水平的重要标志。金属材料的纯度是相对于杂质而言的，杂质的存在将不利于金属本征性能的体现，如杂质会增加金属的脆性、改变电性能等。因此，金属潜在的本征性能需要通过不断提高纯度来发掘。生产上一般以化学杂质的含量作为评价金属材料纯度的标准，即以金属总含量减去杂质总含量的百分数表示，常用 N（即 Nine 的第一个字母）代表，如 99.9999%写为 6N。实际上“高纯”只是相对含义，是目前技术上所能达到的标准。随着提纯技术和检测水平的提高，金属材料的纯度也在不断提高。另外，各种金属的提纯难度不尽相同，对高纯的要求也有显著的差异。

高纯钛通常是指钛含量在 3N5 以上（≥99.95%），氧含量低于 500~800ppm 的金属钛。高纯钛不仅具备与普通钛类似的低密度、高熔点、抗腐蚀、良好的生物兼容性等优点，同时，其优异的可塑性、无毒无害性以及超低含量的杂质是普通钛无法企及的。因此，高纯钛被广泛应用于半导体超大规模集成电路、高端电子、医疗、航空航天等领域。高纯钛优异的物理化学性能也决定了其难以被其他材料替代，是一种具有战略意义的高端金属。本章在介绍高纯钛主要应用领域和国内外生产现状的基础上，重点论述高纯钛化学法（如镁热还原、碘化法、电解精炼等）、物理法（如电子束精炼、区域熔炼、固相电解等）及物理-化学联合法提纯技术基本原理与过程，介绍高纯钛纯度分析方法。

6.1 高纯钛应用与现状

6.1.1 应用领域

相对于工业纯钛而言，高纯钛强度要略低一些，但是其可塑性更好，延伸率可达 50%~60%，断面收缩率可达 70%~80%[1]。高纯钛中的杂质元素可以显著影响其机械性能，间隙杂质元素如碳、氮、氧等可以明显降低钛的可塑性而增加其强度；氧元素在高纯钛中富集会大幅增加钛的电阻率，还会使金属钛 β 相转变温度升高[2,3]。

近年来，随着航空航天、电子信息、生物医疗等高新技术产业的快速发展，高纯钛的应用范围逐渐拓宽，需求量快速增大，采用适当的方法制造高品质、低成本的高纯钛关系到众多行业的发展。相比一般的工业纯钛，高纯钛价格昂贵，主要用来满足特殊行业的使用，例如医疗植入物[4,5]、电子工业[6,7]、高纯钛靶材[8,9]、高真空吸气材料[10]等。

（1）医疗植入物（图 6-1）。钛是无磁性金属，在强磁场中也不会被磁化，并且与人体有良好的生物相容性，可耐受人体苛刻的生理环境（人体 pH 值约为 7.4），无毒副作用。实践证明，人体对钛无排异反应，也不产生凝血现象。因此钛及钛合金可以用来制造人工关节、人工骨、骨固定器件、义齿、齿科嵌、固定桥等人体植入器件。由于钛中杂质元素会在植入人体后缓慢溶出，而其中的某些杂质元素对人体组织有毒害作用，如 V 元素等。因此，医疗用钛的纯度应尽可能高[11]。近年来，以高纯球形钛粉为原料，3D 打印医疗植入件受到广泛关注。

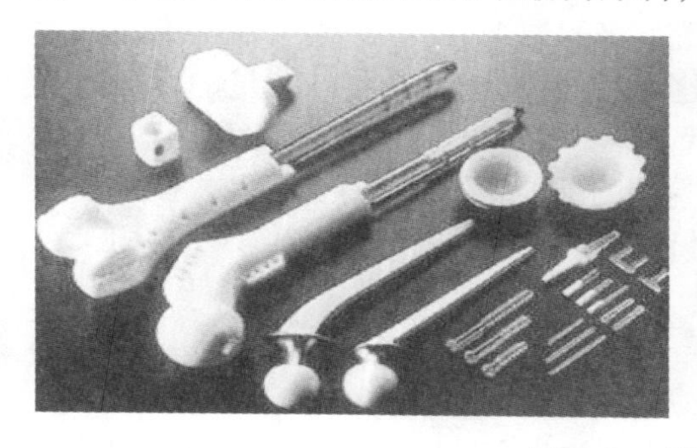
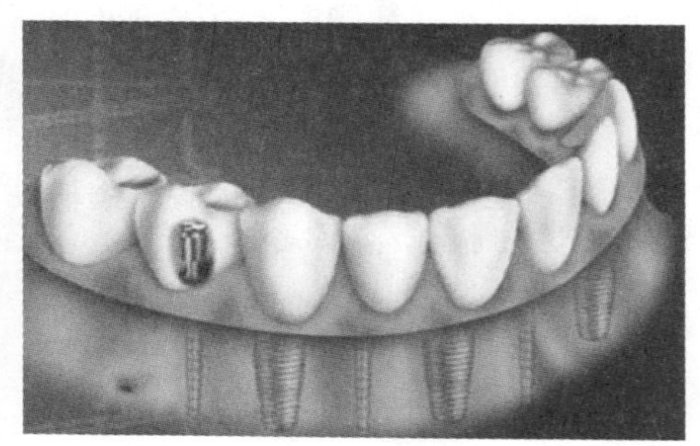

图 6-1　医学用钛实例

（2）超大规模集成电路线路网。近年来，随着半导体、信息等高新技术领域的快速发展，高纯钛在溅射靶材（图 6-2）、集成电路和平板显示器等方面的用量越来越大，对钛材的纯度要求也越来越高。在半导体超大规模集成电路行业，用高纯钛制作 LSI、VLSI 等线路网，可使集成件更轻、更薄、更小。控制电极采用钛硅化合物、钛氮化合物、钨钛化合物等作为扩散阻挡层。制造这些电极材料通常采用溅射法，使用的钛靶材对原料的纯度要求很高。如氧，即使极少量也会使线路变脆，电阻增加，造成线路网熔断。另外，尤其要求碱金属元素和放射性元素的含量极低，碱金属（如 Na、K、Li 等）易扩散迁移，使器件失效；放射性元素（如 U、Th 等）能辐射射线，损坏装置。因此，溅射法所用钛靶材一般要求纯度在 4N5（99.995%）~6N（99.9999%）级。

（3）吸气材料。钛作为一种化学性质非常活泼的金属，在高温下可与许多元素和化合物发生反应。高纯钛对活性气体（如 O_2、N_2、H_2、CO、CO_2、650℃以上的水蒸气）的吸附能力很强，泵壁上的活性 Ti 膜可形成一个具有高吸附能力的活性表面，因此 Ti 作为高能吸气剂在超高真空抽气系统中得到广泛的应用。在升华泵、溅射离子泵使用过程中，高纯钛做吸气剂可使极限工作压强降低至

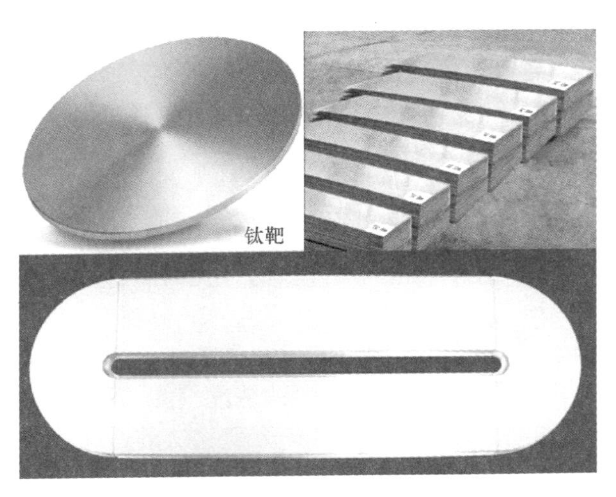

图 6-2 用于靶材的高纯钛

10^{-9} Pa。高纯钛作为吸气材料时，必须深度脱除 C、O 等杂质。西北有色金属研究院已研制出高纯钛吸气材料，并应用于分子束外延设备。

（4）其他应用（图 6-3）。高纯钛具有优异的耐大气腐蚀性能，能够在大气中长时间保持原有金属光泽而不被腐蚀，因此高纯钛是良好的装饰材料。由于高纯钛具有耐腐蚀、不变色、能长久保持良好的光泽而且与人体皮肤接触不致敏等

图 6-3 高纯钛其他应用领域

优良特性，近年来高纯钛已被用来制作高档装饰品以及佩戴物，如手链、手表、眼镜架等。某些装饰品用钛的纯度已经达到 5N 级别。高纯钛还用在特殊合金、功能材料等领域，如制备钛镍形状记忆合金和钛铝金属间化合物时，要求钛的纯度在 5N（99.999%）以上。

6.1.2 国内外生产现状

从表 6-1 可以看出，近年来国内高纯钛的开发与制备技术有较大发展，宁夏德运钛业和宁波创润均已实现高纯钛的批量生产，钛纯度已可稳定在 4N 以上，甚至达到 5N。国外日本大阪钛采用克劳尔法（Kroll）可以制备 4N ~ 5N 的海绵钛，而国内公司采用同样工艺制备的海绵钛纯度仅为 3N；日本住友公司采用新碘化法可以获得 6N 的超高纯钛，而同样研究碘化法的遵义钛业和宝鸡巨成钛业制备的高纯钛纯度在 4N 左右。

表 6-1 国内外生产制备高纯钛情况[12]

生产厂家	工艺与设备	产品形态	纯度	备注
国 内				
宁夏德运钛业和北京科技大学	熔盐电解+电子束	结晶钛、低氧钛、钛锭	>4N	量产
宁波创润新材料有限公司	—	结晶钛、低氧钛、钛粉	>3N5	量产
遵义钛业	碘化法、熔盐电解	结晶钛、钛锭	4N5	实验室阶段
宝鸡巨成钛业	碘化法+真空自耗熔炼、电子束	钛锭	<4N	—
宝钛与中南大学	—	—	5N	尚未量产
国 外				
Honeywell	—	钛锭	4N5-5N	量产
日矿新材料	—	—	6N	量产
大阪钛（OTC）	克劳尔法（Kroll）	钛锭	4N-5N	—
日本钢管综合材料技术研究所	碘化法+电子束熔炼	钛锭	4N 以上	—
日本住友公司	新碘化法	—	6N	—
Osaka Titanium	克劳尔法	海绵钛	4N ~ 5N	量产
Toho Titanium	克劳尔法	海绵钛、钛锭	4N ~ 5N	量产

通过以上比较分析可以看出，要制备高纯度的金属钛有多种工艺的选择。目前，碘化法相对比较成熟。然而，就工艺而言，熔盐电解工艺具有设备简单、能

耗较低等优点，国内宁夏德运钛业公司采用熔盐电解精炼工艺已实现了 4N 高纯钛的批量生产，具有广阔的应用前景。

6.2 钛化学法提纯

化学提纯是利用氧化、还原、分解、配合等化学反应实现杂质分离的技术，包括湿法和火法两类。鉴于钛的化学性质，钛化学提纯主要为火法工艺，包括镁热还原、碘化钛热分解、熔盐电解精炼[13]等。

6.2.1 镁热还原法

镁热还原法（Kroll 法）是 1938 年由卢森堡科学家 W. J. Kroll 提出，并于 1948 年在美国杜邦公司成功实现钛规模化工业生产的方法。该方法采用纯金属镁作为还原剂，将精制 $TiCl_4$ 还原得到海绵状纯金属钛。Kroll 法反应装置和主要工艺流程如图 6-4 所示。

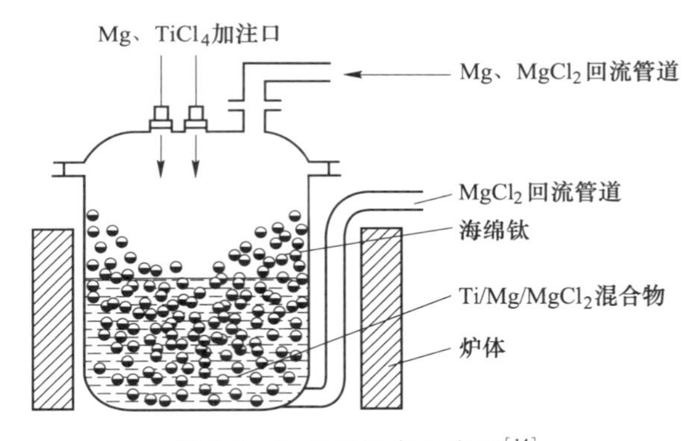

图 6-4 Kroll 法设备示意图[14]

镁热还原工艺中，Mg 与 $TiCl_4$ 的还原反应是在密闭的钢制反应器中进行。首先将纯金属镁放入反应器中并充满惰性气体，加热使镁熔化，在 800~900℃下，以一定的流速通入 $TiCl_4$，使之与熔融的镁反应，主要反应的反应式为：

$$TiCl_4 + 2Mg \xlongequal{} Ti + 2MgCl_2 \tag{6-1}$$

Kroll 法在普通纯度海绵钛生产方面已获得工业应用[15]，然而，若要用该方法制得高纯度的金属钛，必须首先获得高纯 $TiCl_4$ 和高纯 Mg。由于 $TiCl_4$ 中的杂质在还原工序中会按 4 倍的量转移到海绵钛中去，所以生产普通海绵钛时只需 $TiCl_4$ 纯度达到 99.9%以上，而若要获得高纯钛则需 $TiCl_4$ 纯度达到 99.99999%以上。为了获得高纯度的 $TiCl_4$，通常需要利用沸点的差异，采用多级精馏的方法除去高沸点和低沸点的杂质，如 $SiCl_4$、$FeCl_3$、$AlCl_3$ 等，而对于与 $TiCl_4$ 沸点相近的杂质（如 $VOCl_3$）则须用化学方法除去。

此外，还原工序中反应容器等都会对海绵钛的杂质含量有较大影响，比如，杂质铁主要来源于反应器壁，越靠近器壁制备的金属钛中杂质铁含量越高；氧、氮等杂质则来源于空气、反应器内铁锈、原料 $TiCl_4$ 和 Mg 中溶解的氧及氧化物等。Kroll 法可制备 4N~5N 的高纯钛。

6.2.2　碘化钛热分解法

碘化钛热分解法（通常称为碘化法）制备高纯钛是利用钛在低温区和高温区与卤化剂的可逆反应，而杂质元素在该温度区间不参与卤化反应或者分解反应，从而达到杂质分离的目的。碘化法是 1925 年 van Arkn 和 de Boer[16] 为了将钠热还原法获得的纯度一般的金属钛提纯而发明的，是目前生产超高纯度钛的主要方法之一[17]。

图 6-5 为碘化法反应装置示意图，反应容器内分为高温区和低温区，低温区温度由炉温控制，高温区则由额外电源供电加热。高温区发热材料通常为钛丝或钨丝，作为发热材料的同时也作为高纯钛析出的基体。其过程为：首先将纯度低的钛原料（粗钛）与碘一起充填于密闭容器中，在低温区（200~400℃）发生碘化反应，合成四碘化钛，四碘化钛扩散至高温区（1300~1500℃），在钛丝或钨丝上发生热分解反应，析出高纯钛，游离的碘再扩散到低温区，重复上述反应。当温度高于 1000℃ 时，四碘化钛几乎能完全分解。然而，钛的氟化物、氯化物等在合成碘化钛的温度下，与碘不发生反应，因此碘化法可制出高纯金属钛。

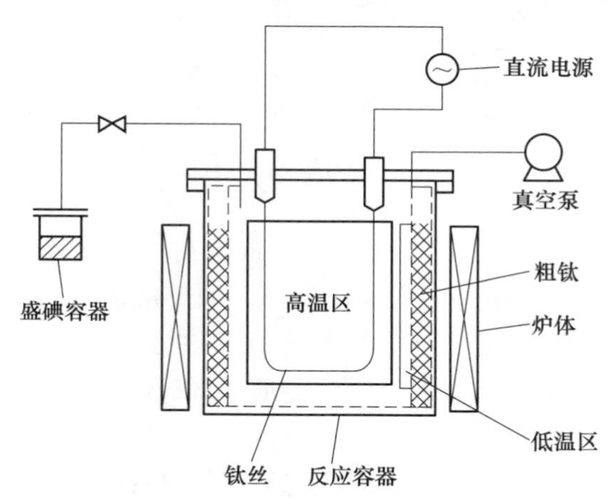

图 6-5　碘化法装置示意图[14]

碘化法制备高纯钛过程反应式为：

$$Ti(粗) + 2I_2 \longrightarrow TiI_4 \quad (6\text{-}2)$$

$$TiI_4 \longrightarrow 2I_2 + Ti(高纯) \quad (6\text{-}3)$$

由于钛是多价金属，在上述反应过程中还存在下列副反应：

$$Ti + I_2 \longrightarrow TiI_2 \quad (6\text{-}4)$$

$$2Ti + 3I_2 \longrightarrow 2TiI_3 \quad (6\text{-}5)$$

$$TiI_4 \longrightarrow TiI_2 + I_2 \quad (6\text{-}6)$$

$$2TiI_4 \longrightarrow 2TiI_3 + I_2 \quad (6\text{-}7)$$

自碘化钛分解法提出以来，工艺不断改进，经历了传统碘化法和新型碘化法两个阶段。传统碘化法是把粗钛与碘单质一起充填于密闭容器中，在特定的温度下发生碘化反应生成 TiI_4，再把 TiI_4 通入加热的钛细丝上进行热分解反应，析出高纯钛，游离的碘再扩散到碘化反应区继续进行反应。传统碘化法可以生产出高纯钛且已工业生产。目前生产纯度要求不是太高的高纯钛时通常采用碘化钛分解法。然而，传统碘化法尚存在如下问题：（1）分解反应通过 TiI_4 和 I_2 的相互扩散进行，扩散速度低，钛析出速度慢，仅约 0.01μg/s；（2）由于是通电加热，沉积层造成电加热丝电阻变化，致使温度控制困难，甚至导致加热丝熔断；（3）反应在密闭、高温条件下进行，容易受到来自反应容器的污染；（4）副反应严重，易产生 TiI_3 和 TiI_2，阻碍了钛的析出，降低了反应速度和生产率；（5）高纯钛在钛丝上析出，生产量小。

副反应产生的 TiI_3 和 TiI_2 会阻碍钛在高温区的析出，并且由于析出基体为细丝，析出表面较小，造成钛析出速率较低。为此，日本住友钛（现大阪钛）发明了一种新型碘化法和装置（见图 6-6），该方法采用 TiI_4 作为卤化剂，带加热装置的钛管作为高纯钛的析出基体，过程主要反应为：

$$Ti(粗) + TiI_4 =\!=\!= 2TiI_2 \quad (6\text{-}8)$$

$$2TiI_2 =\!=\!= Ti(高纯) + TiI_4 \quad (6\text{-}9)$$

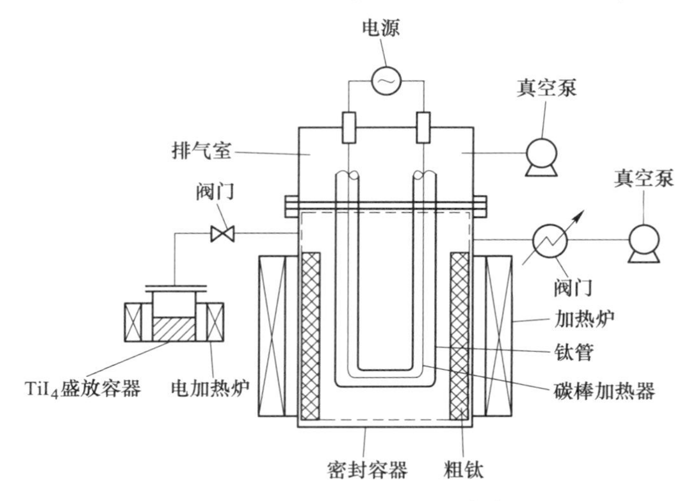

图 6-6 住友钛新型碘化法[19]

新型碘化法制取的高纯钛，一次操作可得到200kg以上的产品，纯度可达6N级，表6-2所示为制得产品的典型成分。

表6-2　碘化法制备的高纯钛实例[18]　　(ppm)

元素	Fe	Ni	Cr	Al	Cu	Na，K	U，Th	O
含量	<0.1	<0.1	0.2	0.2	0.2	<0.1	<0.001	30

与传统碘化法相比，新碘化法工艺简单高效，具有以下优点：（1）以钛管代替了钛丝作为高纯钛的析出表面，钛析出量可增加100倍以上，大大提高了生产效率；（2）采用间接加热方式，不受沉积速度的影响，有利于温度控制；（3）粗钛压制成块，容器可以放入更多钛原料；（4）容器与反应气体接触的部分采用Au、Pt、Ta沉积物，相比Mo沉积物具有更高的耐腐蚀性能和良好的抗破裂能力；（5）TiI_2分解制备高纯钛，分解反应温度比TiI_4低200℃。另外，美国冶金专家将碘化法的合成反应和分解反应分别在两个不同反应容器内进行，大大提高了反应速度和生产效率，同时减少了杂质元素的污染，制得的高纯钛杂质含量极低[20~22]。

6.2.3　高温熔盐电解精炼法

电解精炼是制备高纯度金属的一种普遍方法，通常包括水溶液电解精炼和熔盐电解精炼。由于钛离子还原电位较负，在水溶液电解质中，受析氢反应的限制，钛离子难以电化学还原为金属钛。因此，钛的电解精炼只能采用熔盐电解精炼方法。

高温熔盐电解精炼法是以可溶性的粗金属钛为阳极，以碱金属卤化物为熔盐电解质，在高于熔盐熔点的温度下，通过控制电解电压或电流密度，使阳极溶解的钛离子在阴极电沉积获得高纯度金属钛。选择熔盐作为电解质有很多独特的优点：（1）使用温度较高，电解质中离子迁移速度快，电化学反应迅速，可在较高电流密度下进行电解；（2）熔盐具有良好的导电性能，作为电解质时可以减小电能的欧姆损失；（3）具有较宽的电化学窗口，适于电位较负的钛离子电化学还原。熔盐电解常用卤化物熔盐化合物有NaCl、KCl、LiCl、$MgCl_2$、$CaCl_2$等。然而，单组分熔盐熔点高，需要的电解温度也相应较高。因此，在实际电解精炼过程，一般采用含低价钛离子（$TiCl_2$和$TiCl_3$）的复合氯化物熔盐（如NaCl-KCl、LiCl-KCl、NaCl-KCl-$MgCl_2$等），以降低电解温度，节省能耗。通常钛熔盐电解精炼温度控制在500~1000℃。

电解精炼过程中，可溶性钛阳极在电流作用下以Ti^{3+}或Ti^{2+}离子形式，电化学溶解进入熔盐电解质，并迁移到阴极表面电化学还原为金属钛（见图6-7）。Ti^{3+}和Ti^{2+}在阴极上还原经过$Ti^{3+}\rightarrow Ti^{2+}\rightarrow Ti$或$Ti^{2+}\rightarrow Ti$的反应过程。电解精炼的基本原理是利用钛和杂质的电位差（见表 6-3），导致其在阳极、熔盐和阴极产物中发生不同的转化迁移行为，达到钛精炼提纯的目的，从而制备获得高纯金属钛。电解时，电位比钛正的杂质难以电化学溶解，留在阳极泥中，而电位比钛负的杂质则同钛一起溶入熔盐电解质中，但不能在阴极电化学还原，而是趋于在熔盐中富集，因此精炼效果较好。溶出电位和钛十分接近的杂质元素如 Mn、Al、V、Zr、Zn、Cr、Cd 等元素称之为窗口元素，处于窗口元素的杂质在精炼过程中也会发生阳极溶出的现象，该杂质元素在熔盐中不断富集达到一定浓度时会在阴极析出，从而降低金属钛纯度，是需要重点控制的杂质类型[23,24]。

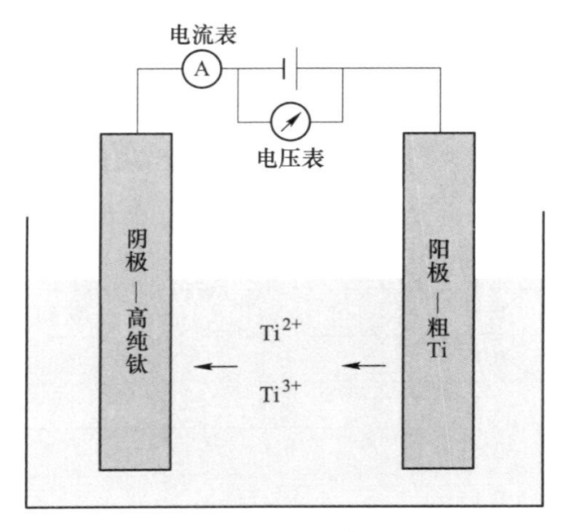

图 6-7 熔盐电解精炼过程

表 6-3 各种杂质元素在氯化物熔盐的电位序列（1100K）[25]

电极反应	参比电极/V			
	Cl^-/Cl_2	Ag^+/Ag	Ti^{2+}/Ti	Ti^{3+}/Ti^{2+}
Ba^{2+}/Ba	-3.53	-2.73	-1.76	-2.02
Cs^+/Cs	-3.44	-2.64	-1.67	-1.93
Sr^{2+}/Sr	-3.41	-2.61	-1.65	-1.91
K^+/K	-3.41	-2.61	-1.65	-1.91
Li^+/Li	-3.36	-2.58	-1.60	-1.85
Ca^+/Ca	-3.26	-2.46	-1.49	-1.75
Na^+/Na	-3.22	-2.42	-1.46	-1.71
Mg^{2+}/Mg	-2.44	-1.64	-0.68	-0.93
Be^{2+}/Be	-1.80	-1.00	-0.03	-0.29

续表 6-3

电极反应	参比电极/V			
	Cl^-/Cl_2	Ag^+/Ag	Ti^{2+}/Ti	Ti^{3+}/Ti^{2+}
Mn^{2+}/Mn	-1.79	-0.99	-0.03	-0.28
Ti^{2+}/Ti	-1.76	-0.96	0.00	-0.25
Al^{3+}/Al	-1.70	-0.90	0.06	-0.19
V^{2+}/V	-1.70	-0.89	0.07	-0.19
Ti^{3+}/Ti	-1.68	-0.88	0.08	-0.17
Zr^{2+}/Zr	-1.65	-0.85	0.11	-0.14
Ti^{3+}/Ti^{2+}	-1.51	-0.71	0.25	0.00
Zn^{2+}/Zn	-1.45	-0.65	0.32	0.06
Cr^{2+}/Cr	-1.37	-0.57	0.39	0.13
Fe^{2+}/Fe	-1.10	-0.30	0.66	0.41
Si^{2+}/Si	-1.09	-0.28	0.68	0.42
Cu^+/Cu	-0.93	-0.13	0.83	0.58
Co^{2+}/Co	-0.88	-0.08	0.88	0.63
Ag^+/Ag	-0.80	0.00	0.96	0.71
Ni^{2+}/Ni	-0.67	0.13	1.09	0.83
Mo^{4+}/Mo	-0.63	0.17	1.14	0.88
Au^+/Au	0.15	0.95	1.91	1.66

工业电解精炼时，阳极材料可以为海绵钛、废杂钛/合金、碳化钛等。第 5 章中 USTB 钛冶炼工艺实际上也可看作以钛碳氧固溶体为可溶阳极的电解精炼过程。

钛熔盐电解精炼研究历史较长，始于 20 世纪 50 年代。目前研究或应用的熔盐体系有 K_2TiF_6-TiF_4、LiCl-KCl-$TiCl_2$、NaCl-KCl-$TiCl_2$-$TiCl_3$、NaCl-KCl-K_2TiF_6、NaCl-K_2TiF_6等。我国于 20 世纪 80 年代开始在熔盐电解精炼回收废钛料、制备粉末冶金用钛粉、熔盐电镀钛等方面进行了广泛的基础性研究，主要的研究机构包括中国科学院化工冶金研究所（现中国科学院过程工程研究所）、中山大学、北京科技大学、上海钢研试验车间等，取得了一系列成果。

熔盐电解精炼法制备高纯钛的优点是操作连续，条件易控制，成本较碘化法低，特别是脱除重金属杂质效果好。图 6-8 所示为日本研究人员 E. Nishimura 和 M. Kuroki 等人发明的一种可连续进行熔盐电解精炼高纯钛装置示意图。该装置可通过阳极加料窗口不断加入粗海绵钛，然后由 $TiCl_4$ 加料管通入定量的 $TiCl_4$，粗海绵钛与 $TiCl_4$ 发生下列反应：

$$Ti + 2TiCl_4 \longrightarrow TiCl_2 + 2TiCl_3 \tag{6-10}$$

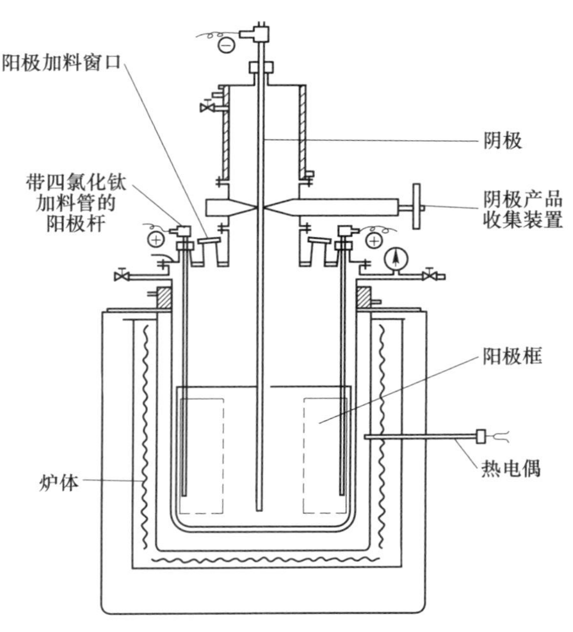

图 6-8 熔盐电解装置示意图[14]

通过上述反应获得含一定浓度低价钛离子的熔盐，并且保证熔盐中钛离子浓度保持在一个合理的稳定范围。电解过程必须控制加料速度和电流密度，以保持电解系统平衡。在电解完成后，将阴极提升至产品收集装置处，对电解钛产物进行回收，完成后阴极可重新进入熔盐中继续电解。采用熔盐电解精炼法生产的高纯钛产品典型成分见表 6-4，可见经熔盐电解，Fe、Cr、Ni 等金属元素含量均大幅下降，说明对此类元素具有良好的精炼效果。

表 6-4 熔盐电解法制备的高纯钛实例 (ppm)

项目	Na	K	Mg	Al	Fe	Cr	Ni	Mn	O	H	N
粗钛	—	—	100	20	100	10	20	20	250	30	30
电解钛	70	<0.02	<0.1	0.1	0.2	0.2	0.1	<1	80	<10	<10

熔盐电解法也存在一些缺点，如：产品易受到污染，由于阴极沉积物通常呈枝晶状，比表面积大，在后续处理过程中易受到空气中的氧、氮影响，造成氧含量增高；高温熔盐存在较大的腐蚀性，设备材料可能会溶解至熔盐中影响产品质量；电解槽构造相对较复杂等。

熔盐电解精炼基本反应过程和高纯钛产品质量控制将在第 7 章和第 8 章进行详细介绍。

6.2.4　离子液体电解高纯钛

离子液体是指在室温或接近室温下呈现液态、完全由阴阳离子所组成的盐，也称为低温熔融盐。相比于卤化物高温熔盐，离子液体作为电解质时具有许多独特的性质：蒸气压低至可以忽略不计，无色无臭，不挥发，不易燃，具有较宽的液态温度范围（-96~400℃）和良好的化学稳定性及导电性（10^{-3}~$10^{-2}\Omega^{-1}$/cm），易通过简单的物理方法再生并可循环重复使用，易回收，不易造成环境污染等。

离子液体融合了高温熔盐和水溶液的优点：具有较宽的电化学窗口，在室温下即可得到在高温熔盐中才能电沉积得到的金属和合金，但没有高温熔盐的强腐蚀性；同时，在离子液体中既可电沉积得到在水溶液中能电沉积的金属，又能电沉积水溶液无法电沉积的金属，如钛、硅、锗和铝。可见，离子液体实现了水溶液电解质无法达到的应用效果，同时也克服了高温熔盐电解质的缺点。因此，离子液体被期望是一种极有发展前景的电解质。

电化学窗口是指室温离子液体开始发生氧化反应的电位（即阳极极限电位）和开始发生还原反应的电位（即阴极极限电位）之间的电位差值，是离子液体作为金属电沉积电解质最为重要的参数。常见离子液体的电化学窗口见表 6-5 和表 6-6。

表 6-5　[EMIN]Cl-$AlCl_3$、BPC-$AlCl_3$ 的电化学窗口[26]

离子液体	酸碱性	阴极极限电位/V	阳极极限电位/V	电化学窗口/V
[EMIN]Cl-$AlCl_3$	中性	-1.8	2.1	3.9
	酸性	0.0	2.1	2.1
	碱性	-1.8	0.8	2.6
BPC-$AlCl_3$	中性	-0.9	2.1	3.0
	酸性	0.0	2.1	2.1
	碱性	-0.9	0.8	1.7

表 6-6　含氟室温离子液体的电化学窗口[26]

离子液体	电极	参比电极	阴极极限电位/V	阳极极限电位/V	电化学窗口/V
[EMIN]BF_4	Pt	Al/$AlCl_3$	-3.0	+2.00	5.00
[BMIN]BF_4	Pt	Pt	-1.6	+3.00	4.60
[BMIN]BF_4	GC	Pt	-1.8	+3.65	5.45
[BMIN]BF_4	Pt	Pt	-2.3	+3.40	5.70

早在 20 世纪 80 年代，研究者就发现 Ti^{4+} 在碱性 $AlCl_3$-BuppyCl 中能被还原为

Ti^{3+}，钛离子与 Cl^- 形成 $TiCl_6^{2-}$ 和 $TiCl_6^{3-}$ 配位化合物的形式；Ti^{4+} 离子可通过两步还原为 Ti^{3+} 和 Ti^{2+} 离子；$TiBr_4$ 于 Lewis 碱性［BMP］TFSI 中，在温度为 180℃，低于 -3.0V 下，可以电沉积得到极薄的金属 Ti 沉积层；在［bmim］（CF_3SO_2）$_2$N 中，通过加入吡咯低聚物添加剂，$TiCl_4$ 可电还原为金属钛；前期工作初步证实在离子液体中，高价钛离子可发生多步电化学还原，从而制备获得金属钛。

显然，在离子液体中电解沉积钛在原理上是可行的。然而，目前仅仅还停留在探索阶段，优化工艺和连续化批量电解生产金属钛仍需大量的研究工作。这也意味着离子液体在电解精炼金属钛方面尚有许多问题亟待解决，离工业化应用尚远。

6.3 钛物理法提纯

粗钛原料中杂质是微量物相，然而在利用化学法提纯金属钛时，主金属钛是主要的反应元素，通常需要使钛进行多化学形态的转变和迁移，来达到提纯的目的，过程处理量大，钛的损失率高。另外，往往需要引入介质和化学试剂，对环境污染大，腐蚀严重，并不可避免地带入杂质。因此，钛纯度难以达到 5N 以上。

物理法提纯是利用钛和杂质元素物理性质的差异，采用蒸发、凝固、结晶、电迁移等物理过程去除杂质，实现金属钛的纯化。物理法的作用对象主要是微量杂质，并且基本不需介质和化学试剂，不存在二次污染问题，可以使钛达到超高纯度。目前，物理法提纯钛通常包括电子束、区域熔炼、固相电解等技术。

6.3.1 电子束精炼法

电子束精炼法以电子束为加热源，在高电压下，电子从阴极发出经阳极加速后形成电子束，在电磁聚焦透镜和偏转磁场的作用下轰击原料，电子的动能转变成热能使原料熔化，可以熔化各种高熔点金属。电子束精炼时，对于蒸气压比基体元素高的杂质，通过将其气化，蒸发去除[27]；对于密度比基体大或熔点比基体高的杂质元素，则被浓缩沉积到冷床底部的凝壳中去除。

电子束熔融精炼一般用来制备高纯难熔金属，如高纯钛、高纯钽、高纯硅等，同时还能用于制备高纯金属单晶材料等。采用该方法的优点是：（1）可对熔炼材料和熔池表面同时加热，因此脱气、精炼可同时进行；（2）采用的是水冷坩埚，因此与炉材的反应和污染少；（3）由于电子束易控制，熔炼速度和能量可任意选择，可进行吨级高纯难熔金属的生产，并且提纯效果好，对一般的低熔点金属元素以及非金属元素都可去除。

早在 20 世纪 50 年代，美国 Tomoscai 公司已将电子束精炼技术发展到工业化生产规模，成为一种特种冶金技术。我国在 60 年代也已经具有了工业化生产的规模。然而，由于电子束熔炼装置复杂、价格昂贵、经济性差，因而没有得到普及。近年来随着 Ti、W、Mo 等高纯难熔金属需求量的增加，电子束熔炼技术重新得到关注和快速发展。

在电子束熔炼钛时，利用钛与杂质蒸气压的差异达到精炼目的，真空度要求为 $(5\sim8)\times10^{-3}$Pa 以下。高真空有利于去除金属钛中的低熔点挥发性金属杂质，蒸气压比钛高的杂质可通过蒸发有效去除，如 Na、K、Ca、Cr；而 Fe、Ni 等重金属元素以及气体元素 O 经电子束熔炼后几乎不减少，因此氧和重金属必须在电子束熔炼前用熔盐电解法或碘化法除去。

如图 6-9 所示，冷床炉在设计上将熔炼过程分为原料熔炼区、精炼区和凝固区 3 个区域。原料熔化成液态后在水冷铜床上流过，进入坩埚凝固成圆形或长方形截面的铸锭。在流经精炼区时，高密度的夹杂物因为重力作用下沉进入低温的凝壳区，并沉积在冷凝区得以去除。低密度的夹杂物上浮到熔池表面，经受高温加热蒸发而去除。当电子束发射功率 11.5～12kW，熔炼速度 0.09～0.14mm/s 时，钛材损失率小于 1%，并能获得氧含量小于 400ppm 的高纯钛[28]。精炼结果见表 6-7。

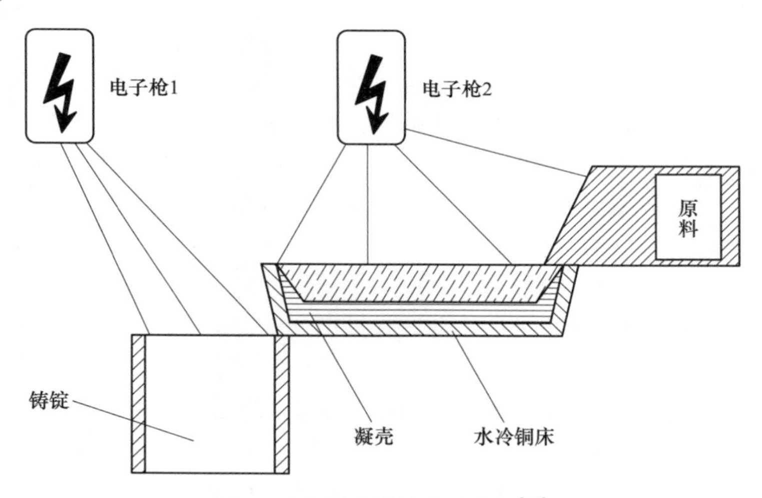

图 6-9　电子束熔炼法示意图[27]

表 6-7　电子束熔炼钛成分[18]　　(ppm)

杂质	Fe	W	As	Al	Mo	Mn	Cr	Cu
精炼前	300	100	200	10	40	30	20	30
一次精炼	10	10	10	10	20	30	<10	10
二次精炼	10	10	10	10	10	20	<10	10

6.3.2　区域熔炼法

区域熔炼（Zone Melting Technique）又称区域提纯，是一种提纯金属、半导体、有机化合物的方法。由 Keek 和 Golay 于 1953 年创立的。如图 6-10 所示，区域熔炼法在整个精炼过程中的任何时刻都只有一部分原料被熔化，熔区由表面张力支撑，故又称“浮区法”。所用原料一般先制成烧结棒，将烧结棒用两个卡盘固定并安放在保温管内，利用高频线圈或聚焦红外线加热烧结棒的局部，使熔区从一端逐渐移至另一端以完成结晶过程。其原理是利用杂质在金属结晶时在凝固态和熔融态的分配系数不同，改变其分布而得到高纯金属。基本操作过程是先在原材料一端建立熔区，熔区由一端缓慢移向另一端，使杂质元素分布在局部小区域内，反复操作此过程可以得到纯度很高的金属。

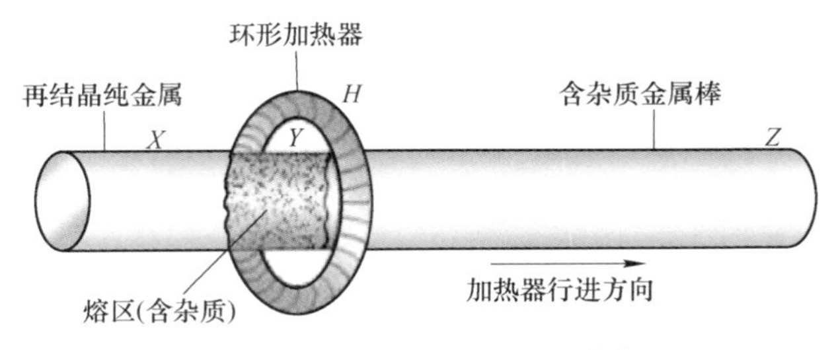

图 6-10 区域熔炼法示意图[29]

区域熔炼法生产高纯钛的最大优点是没有来自容器的二次污染，干扰因素少。然而，由于熔区是利用表面张力维持，大直径难以支撑，目前产品直径一般不大于 20mm，因此生产效率低。表 6-8 为我国西北有色金属研究院采用区域熔炼技术制备高纯钛的成分。

表 6-8 区域熔炼高纯钛成分[18] (ppm)

C	O	N	H	Al	Mg	Si	Sr	Mn	Fe	Ni	Cu	As	Zr	Nb
100	100	50	10	30	1	6	0.5	0.1	17	1	1	0.5	0.4	1

6.3.3 固相电解法

固相电解法又称离子迁移法，是将待提纯金属置于超高真空或惰性气氛下，将直流电通过棒状金属试样使金属处于炙热状态，利用间隙杂质原子迁移率高于金属钛原子迁移率，使杂质元素在电场作用下定向移动，从而实现提纯的目的。通常 O、N、H 等非金属杂质富集于阳极，金属杂质则富集于阴极。由于间隙杂质的离子迁移率比金属原子迁移率大 100 倍，因此离子迁移法去除间隙杂质比去除金属杂质容易得多，可以把 O、N、H、C 等非金属杂质含量降低到一个极低值。

在离子迁移法操作过程中，通常需要将数百安每平方厘米的大电流通过长 100~200mm、直径 3~5mm 的钛棒，使金属钛加热到 (0.6~0.9)T_m(T_m 为钛熔点)，并保持数天，真空度需达到 10^{-8} Pa。日本已利用离子迁移法把 N、O 含量降至了 0.01wt%，美国达到了 0.001wt%。该方法的缺点是控制条件苛刻、精炼时间长、耗能大和产率低。

6.3.4 光激励法

光激励精炼法是目前所有精炼技术中最先进的方法，其原理是在真空室内用电子束轰击待提纯金属使其挥发，再利用激光照射金属蒸气使其选择性离子化，并将金属离子捕获在电极上形成金属层，从而达到提纯分离的目的。光激励精炼法存在的主要问题是许多原子的激励离子化波长还不清楚。但是，波长可调激光的出现为光激励精炼法的发展创造了有利条件。日本已将光激励法列为金属提纯的最重要技术，被认为是一种变革性方法，有望成为提纯钛最有效的技术路径。

6.4 钛联合法提纯

各种化学法和物理法提纯钛均已取得了良好的效果，部分实现或正在实现工业化应用。然而，也可看到，每种提纯方法都有各自的优缺点，对各种杂质元素的分离能力也显著不同，尚没有一种单一提纯方法可以实现所有杂质元素的同步高效分离，高纯钛痕量杂质的深度脱除受到限制。因此，结合各种方法对不同杂质的脱除能力，极为必要发展联合法提纯工艺，这是制备 5N 以上高纯钛的有效途径，也是目前高纯钛实现量产的普遍方式。

6.4.1 热还原—电解精炼—碘化联合法

热还原—电解精炼—碘化联合法是在钠/镁热还原 $TiCl_4$ 制备金属钛的同时，进行熔盐电解精炼，然后再进一步通过碘化法提纯，从而制备获得高纯钛。其中，热还原和电解精炼工艺在同一反应装置内进行。图 6-11 为反应器示意图，工艺流程是先向反应器内装入适量的 NaCl-KCl 电解质，升温，待电解质熔化后，向熔盐中注入精制 $TiCl_4$ 和还原性金属 Mg 或 Na，发生反应（6-11）或（6-12），从而制取海绵钛。

Kroll 法：
$$TiCl_4 + 2Mg \longrightarrow Ti + 2MgCl_2 \tag{6-11}$$

Hunter 法：
$$TiCl_4 + 4Na \longrightarrow Ti + 4NaCl \tag{6-12}$$

制得的海绵钛聚集在坩埚（Mo 或 Ni）底部，然后采用电解精炼的方法进行提纯。电解时，以坩埚（Mo 或 Ni）作为阳极，坩埚与海绵钛接触，以钛棒作为阴极，在施加适宜的电流密度后，由于坩埚的溶出电位远高于钛金属，Kroll 法或 Hunter 法制备的海绵钛会以 Ti^{2+} 或 Ti^{3+} 形式电化学溶解进入熔盐中，同时，不断通入的 $TiCl_4$ 会和 Kroll 法或 Hunter 法制备的海绵钛发生化学反应，如式

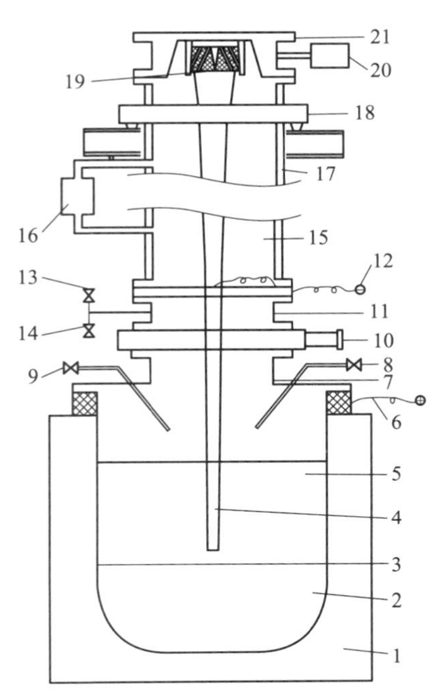

图 6-11 热还原—电解精炼—碘化联合法生产高纯钛装置示意图[25]

1—炉体；2—海绵钛；3—电解槽；4—钛阴极；5—盐池；6—阳极连接；7—盖板；8—$TiCl_4$ 加入；9—预留；10—闸门阀；11—过渡区；12—电流分配环；13—真空管路；14—氩气进气管；15—接收器；16—抽空系统；17—热套；18—接收车；19—绞车卷筒；20—绞车电机；21—绞车外壳

(6-13) 和式 (6-14) 所示：

$$TiCl_4(g) + Ti(s) = 2TiCl_2 \quad (6-13)$$

$$TiCl_4(g) + TiCl_2 = 2TiCl_3 \quad (6-14)$$

熔盐中的 Ti^{2+}、Ti^{3+} 迁移到阴极，在阴极还原为高纯金属钛。电解精炼完毕后，将阴极连同结晶钛提出盐面，待温度降为室温后，将阴极从电解槽中取出，用稀盐酸酸洗处理后，烘干，得到的电结晶钛再用碘化法进行二次精炼提纯。热还原法、电解精炼法和碘化法联合制备的高纯钛质量稳定、纯度高，O 含量可低于 50ppm，这对于极易吸 O 的钛金属来说十分难得。同时，Be、Mn、Zr、Al、V 总重小于 1ppm，Yd、Zn、Cr、Cd、B、Sn 总重小于 1ppm。

热还原—电解精炼—碘化联合法虽然可获得高纯度的金属钛，但是每批次的产量极其有限，不可连续生产，生产效率较低，生产成本高，这些缺点制约了其广泛应用。

6.4.2 熔盐电解精炼—电子束熔炼联合法

熔盐电解精炼和电子束熔炼联合法是以 Kroll 法海绵钛为原料，作为可溶阳极进行电解精炼，除去大部分电位与钛差异较大的金属和非金属杂质，获得较高纯度的金属钛，然后再利用电子束熔炼法除去蒸气压高的痕量杂质，从而获得高纯金属钛。

该方法可以用于制作半导体装置表面线路网用的高纯钛。早期研究者发现Kroll 法和碘化法制备的高纯钛，每次电弧熔炼均会使氧含量增大，而用电子束熔炼，在真空条件下氧含量可以显著降低。具体为以熔盐电解制备的金属钛晶体，在真空下，于1000℃以上进行脱气，然后在小于5×10^{-3}Pa 的高真空下熔炼、铸锭，得到的高纯钛氧含量可低于200ppm，满足大规模集成电路线路网对高纯钛的要求。表6-9为典型熔盐电解—电子束熔炼工艺制备的高纯钛杂质含量。

表 6-9　熔盐电解—电子束熔炼工艺高纯钛杂质含量[18]　　(ppm)

工艺	O	Fe	Cr	Ni	Na	K	U	N	H	C
下岛	100~150	0.4~0.8	0.3~0.5	0.1~0.2	0.05	0.05	0.001	—	—	—
ACTA	250	4	1	1	0.1	0.1	0.5	5	5	0

6.4.3　电子束熔炼—电子束区域熔炼联合法

电子束熔炼—电子束区域熔炼联合法已用于高纯钛生产，包含以下两个步骤：首先电子束熔炼，使钛中间隙杂质和可蒸发微量元素有效去除；然后再通过电子束区域熔炼深度除杂。该联合法的具体优点有：

（1）充分利用了电子束炉能够快速高效去除大量杂质的特点，减轻了区域熔炼过程的负担，相应提高了电子束区域熔炼的提纯效果；

（2）电子束熔炼提纯后，钛料进入区域熔炼炉，由于挥发性杂质低，有助于熔炼区稳定，有助于提供钛棒直径的均匀性，提高成品率；

（3）整个工艺过程都是在电子束环境、高真空条件下进行，对挥发性杂质的深度去除效果较佳，能够获得高纯度的金属钛。

6.5　高纯钛分析方法

纯度对金属的性能和应用有非常重要的影响。目前在高纯金属分析领域常用且有效的方法有原子吸收光谱法（AAS）、电感耦合等离子体发射光谱法（ICP-AES）、电感耦合等离子体质谱法（ICP-MS）和辉光放电质谱法（GD-MS）。

6.5.1　原子吸收光谱法（AAS）

原子吸收方法主要有火焰原子化吸收光谱和电热原子化吸收光谱。火焰原子化是通过火焰燃烧试样完成原子化；电热原子化是试样溶液被注入到密闭的小体积石墨管中，按照设定程序迅速升温至2000℃，完成原子化过程。

原子吸收光谱法的优点有：（1）检出限低，火焰原子吸收能达到 ng/mL；（2）精度高，火焰原子吸收一般小于1%，石墨炉原子吸收在3%~5%之间；（3）样品用量小；（4）应用广泛，价格低廉。原子吸收光谱法在高纯金属分析领域中也存在一些不足：（1）不能同时进行多元素分析，而在痕量元素分析中，元素一般较多，这会给元素测定带来诸多不便，因此其应用会受到限制；（2）对难熔金属的测定结果不能令人满意。

6.5.2 电感耦合等离子体光谱法（ICP-AES）

ICP-AES 是通过待测元素跃迁形成特征谱线，并以此进行定性和定量分析的方法。ICP-AES 在难熔金属基材料的分析中应用广泛，如钛系合金的中间产物、钼铁、钛基合金及复合材料、钼精矿、钼矿石、高纯钛等。经实验测定，与离子色谱联用的 IC-ICP-AES 技术，对各元素检出限较 ICP-AES 有大幅提高，多数元素都有三个数量级以上的改善。ICP-AES 针对高纯钛中杂质的检出限在 0.001~0.015mg/L，与已知值的相对误差为 0.9%~6.1%。

ICP-AES 法样品消耗少，能快速、简单地完成样品测定，可同时完成多元素检测。然而，ICP-AES 法谱线干扰严重，基体影响明显，大多情况需要分离基体或基体匹配与背景扣除。ICP-AES 在不采用联机技术或基体分离的情况下，其检出限局限在 ng/mL，对纯度较高的金属进行杂质测定有困难。近些年由于 ICP-MS 的出现，ICP-AES 法在高纯材料检测中的应用逐渐被取代。

6.5.3 电感耦合等离子体质谱法（ICP-MS）

电感耦合等离子体质谱法（ICP-MS）是一种受到高度认可的痕量元素分析测试方法。该法是以液体进样，通过常规或超声雾化器，并以电感耦合等离子体源作为离子源，生成不同质荷比的离子。在电场中，不同质荷比的离子得以分离，各种离子分别聚焦得到质谱图，通过谱图对待测元素进行定性以及定量测定。ICP-MS 的应用已经从最初的地质学拓展到了金属分析、半导体分析、环境学、地质学、核科学、生物医药学、农业和食品领域。

ICP-MS 法要求样品分解、蒸发、再溶解，离心去除氟化物。然后经四级杆电感耦合等离子体质谱（ICP-QMS）或扇形磁场电感耦合等离子体质谱（ICP-SFMS）完成杂质的测定。该方法是一种非常有效的分析量小珍贵样品的方法。

采用离子交换色谱与电感耦合等离子体质谱（ICP-MS）联机技术，使溶液中 Ti 低于 1mg/L，有效地降低了钛的基体效应，可对高纯钛中 Mg、Cr、Fe、V、Mn、Co、Ni、Cu、Zn、Sr、Cd、Ba、TI、Pb 等痕量杂质元素进行测定。高纯钛溶解后进入阳离子交换柱，经氢氟酸淋洗，然后用 HNO_3 洗脱，再进入电感耦合等离子体质谱进行测定，检出限在0.00099~0.85μg/L，测定下限为0.0033~2.8μg/L，精密度在2.5%~7.0%之间。

ICP-MS的优越性：（1）选择性强，图谱简单；（2）试样在常压下进样，方便与其他分析技术联用；（3）检出限低，分析速度快，可同时进行多元素测定；（4）动态范围宽；（5）可进行同位素比测定及有机物中金属元素的形态分析；（6）离子处于低电位，可配用简单的质量分析器（如四级杆和时间飞行质谱计）。ICP-MS也存在一些不足：（1）样品需要复杂的前处理，转变成溶液，容易引入污染，并带来一定的稀释效应；（2）ICP-MS受到的质谱干扰较多，基体效应也比较明显。

6.5.4 辉光放电质谱法（GD-MS）

GD-MS可以对固体样品直接进行分析。真空火花源质谱法（SSMS）也是固体样品分析方法，其对元素周期表中大多数元素都有较高的灵敏度，检出限能达到10^{-9}量级，但其能量分散大，离子流不够稳定。另一种固体分析技术二次离子质谱法（SIMS）存在很强的基体效应，且不同元素的分析信号有很大的灵敏度差异。

辉光放电质谱法（Glow Discharge Mass Spectrometry，GDMS）是以辉光放电源作为离子源，并与双聚焦质谱仪联用，对固体样品进行分析的方法。作为固体样品直接进行有效分析的方法，GDMS在冶金、材料、地质等多个领域，尤其是在分析化学领域获得普遍应用。近20年，由于直流辉光放电（DC-GD）、脉冲辉光放电质谱法（pulsed-GD）和射频辉光放电（rf-GD）离子源的发展，使得辉光放电质谱法得到更加广泛的应用。常规分析方法一般都需要对样品进行复杂的前处理，如样品的溶解，某些情况还需分离待测物质或基体，在此过程中污染的引入在所难免。然而，辉光放电质谱为固体进样方式，且仅需简单的样品前处理，可以有效降低杂质的引入，避免污染。如今GD-MS可进行快速多元素的分析，如金属分析、半导体分析、非导体分析、气体分析、有机物分析、表面及深度分析等，其线性动态范围很宽，是当前理想的痕量分析手段。

GD-MS在高纯金属分析领域优势如下：（1）基体效应低。使用相对灵敏度因子进行元素的分析，不需要与基体匹配的标准物质和拟合标准曲线；（2）检测范围广；（3）测试速度快，全元素分析也只需要几分钟；（4）可进行深度剖面分析；（5）线性响应范围宽；（6）谱线较单纯，基体的谱线干扰较弱；（7）样品的前处理简单，不需要溶样，能避免杂质的引入。

参 考 文 献

[1] 劳金海. 高纯度钛的物理和机械性能 [J]. 钛合金信息, 1997 (2): 16-17.

[2] Ouchi C, Iizumi H, Mitao S. Effect of ultra-high purification and addition of interstitial elements on properties of pure titanium and titanium alloy [J]. Material Science and Engineering, 1998, 243: 186-195.

[3] Baur G, Lehr P. The specific influence of oxygen on some physical properties mechanical characteristics and plastic deformation dynamics of high purity titanium [J]. Journal of the Less Common Metals, 1980, 69: 203-218.

[4] 吕宇鹏, 朱瑞富, 等. 医用钛及钛合金种植体材料的研究进展 [J]. 中国口腔种植学杂志, 2000 (5): 43-49.

[5] 顾汉卿, 徐国风. 生物医学材料学 [M]. 天津: 天津科技翻译出版公司, 1993.

[6] 吴全兴. 高纯钛作为电子材料的应用 [J]. 钛工业进展, 1996 (6): 32-33.

[7] 李小渝. 用于超大规模集成电路的高纯度阴极喷镀钛靶 [J]. 钨钼材料, 1989 (2): 20-23.

[8] Sawada S, Hideaki F, Masavn N, et al. High purity titanium sputtering targets [P]. US5772860, 1998-6-30.

[9] 刘正红, 陈志强. 高纯钛的应用及其生产方法 [J]. 稀有金属快报, 2008, 27: 3-7.

[10] 张以忱, 黄英. 真空材料 [M]. 北京: 冶金工业出版社, 2005.

[11] 石英江. 高纯钛的生产及应用 [J]. 上海金属 (有色分册), 1993, 14: 26-32.

[12] 吴全兴. 高纯钛的生产技术 [J]. 钛工业进展, 2000 (4): 15.

[13] 周志辉, 融盐电解精炼制备高纯钛的工艺研究 [D]. 长沙: 中南大学, 2011.

[14] Kroll W J. The production of ductile titanium [J]. Trans. Am. Electrochem. Soc., 1940, 78: 35-47.

[15] 李大成, 周大利, 刘恒. 镁热法海绵钛生产 [M]. 北京: 冶金工业出版社, 2009.

[16] 今井富士雄. 高纯钛的精炼与应用 [J]. 国外稀有金属, 1990, 38: 28-32.

[17] 孙康. 钛提取冶金物理化学 [M]. 北京: 冶金工业出版社, 2001.

[18] 郭学益, 田庆华. 高纯金属材料 [M]. 北京: 冶金工业出版社, 2010.

[19] 胡国静. 熔盐电解精炼制备高纯钛金属 [D]. 北京: 北京科技大学, 2012.

[20] 李有观. 生产高纯度钛粉的新工艺 [J]. 世界有色金属, 2005 (3): 6-7.

[21] Lam R F K. High purity titanium refining by thermal decomposition of titanium iodide. The Minerals Metals& Materials Society (TMS) and ASM International eds [M]. New York: Wiley Press, 1997: 9, 14-18.

[22] Chen X H, Wang H, Liu Y M, Fang M. Thermodynamic analysis of production of high purity titanium by thermal decomposition of titanium anode [J]. Transactions of Nonferrous Metals Society of China, 2009, 19: 1348-1352.

[23] 哥宾客 B T, 安琪平 J I H, 奥列索夫 O T, 等. 钛的熔盐电解精炼 [M]. 高玉璞, 译. 北京: 冶金工业出版社, 1981.

[24] 吴全兴. 电子束熔炼制取高纯钛及其应用 [J]. 钛工业进展, 1995 (4): 21-22.

[25] Rosenberg H，Winters N，Xu Y. Apparatus for producing titanium crystal and titanium [P]. US6024847，2000-02-15.

[26] 刘亚伟. 离子液体中钛铝合金的电沉积研究 [D]. 昆明：昆明理工大学，2010.

[27] 吴全兴. 电解法制取高纯钛 [J]. 钛工业进展，1995 (4)：20-21.

[28] Vutova K，Vassileva V. Investigation of electron beam melting and refining of titanium and tantalum scrap [J]. Journal of Materials Processing Technology，2010，210：1089-1094.

[29] 李文良，罗远辉. 区域熔炼制备高纯金属的综述 [J]. 矿冶，2010，19：57-62.

7 钛熔盐电解精炼基本过程

近几十年来，通过熔盐电解精炼的方法制备各种高纯金属，受到广泛关注。相比于水溶液电解质，熔盐电解质的分解电压高得多。理论上，任何一种金属都能通过熔盐电解方法获得，而且许多析出电位负于H^+的金属离子（如铝、稀土、碱/碱土金属、难熔金属等）只能在熔盐中发生电化学还原。从熔盐中电解精炼高纯金属钛已被广泛研究。正如6.2.3节介绍，钛熔盐电解精炼过程，是在电场作用下，以可溶性钛（通常为海绵钛或回收的废钛料）为阳极，电化学溶解产生低价钛离子并进入熔盐电解质中，然后在阴极电化学还原-结晶，制备获得高纯度金属钛。因此，钛在阳极、熔盐和阴极间迁移转化的电化学反应过程以及钛离子在熔盐电解质中的赋存形态和价态，均将明显影响钛电解精炼效率和提纯效果。本章围绕钛熔盐电解精炼电化学反应、离子迁移与转化等基本过程，重点介绍低价钛氯化物熔盐制备与钛离子平均价态平衡转化特征，阐述可溶钛阳极化学/电化学反应过程及对阴极钛产物粒度的影响规律，讨论关键熔盐组分（如碱金属阳离子、氟离子等）对低价钛平衡转变的调节行为，概述钛阴极电沉积过程和产物后处理流程。

7.1 熔盐电解质与钛离子形态

熔盐电解质是一种离子导体，是熔盐电解精炼的载体，承担着电解精炼过程中钛从阳极向阴极迁移的介质作用。常用的电解质一般是二元或者三元系熔盐，其熔点远低于单一组元电解质[1,2]。采用二元或三元电解质无论从生产操作，还是从节约能源角度都是有利的。表7-1列出了常用熔盐体系的物理性质，表7-2是部分熔盐体系中不同价态氯化钛的溶解度。可以看出，相比于$TiCl_3$和$TiCl_2$，四价的$TiCl_4$在所有熔盐中的溶解度均较低，这也是钛熔盐电解和精炼过程，较少使用$TiCl_4$的原因之一。目前，钛熔盐电解精炼基本采用二元碱金属氯化物熔盐电解质。

表 7-1 常用熔盐电解质物理性质[3]

电解质体系	组成/mol%	熔点/℃	工作温度/℃	电导率/$S \cdot cm^{-1}$
NaCl-KCl	50：50	658	727	2.42
LiCl-KCl	59：41	352	450	1.57
$AlCl_3$-NaCl	50：50	154	175	0.43

续表 7-1

电解质体系	组成/mol%	熔点/℃	工作温度/℃	电导率/$S \cdot cm^{-1}$
$MgCl_2$-NaCl-KCl	50 : 30 : 20	396	475	1.18
LiF-NaF-KF	46.5 : 11.5 : 42	459	500	0.95
AlF_3-NaF	25 : 75	1009	1080	3.00
NaOH-KOH	51 : 49	170	227	1.4
$NaNO_3$-KNO_3	50 : 50	228	250	0.51

表 7-2　$TiCl_4$、$TiCl_3$ 和 $TiCl_2$ 在部分熔盐中的溶解度[4,5]

熔盐体系	温度/℃	溶解度/wt%		
		$TiCl_4$	$TiCl_3$	$TiCl_2$
$MgCl_2$	900	1.5	—	40
KCl	800	2.12	54.0	—
LiCl	800	1.4	22.0	—
NaCl	900	1.2	>60	69
NaCl-KCl（50 : 50）	900	5.8	>37	35
LiCl-KCl（41 : 59）	900	4.8	—	—

7.1.1　低价钛熔盐电解质制备与平均价态

电解精炼时，金属钛阳极发生电化学溶解，以低价钛离子（Ti^{2+}和/或 Ti^{3+}）形式溶解进入熔盐。由于溶解的低价钛离子之间存在的歧化反应以及阴极严重的浓差极化，会造成电流空耗，导致阳极溶解效率和阴极沉积效率均降低。因此，在电解前需要配制含低价钛离子的熔盐电解质，以尽可能避免该问题。低价钛离子盐的制备主要是利用海绵钛与四氯化钛在熔盐中反应制备获得。

为获得含氧量较低的低价钛氯化物熔盐，需要事先对熔盐电解质进行脱氧和脱水处理。通入 HCl 气体预脱氧，其原理是[6~8]：HCl 会与溶解在电解质中的氧离子反应生成水，如反应（7-1）所示，然后在真空下将电解质加热到 200～300℃保温一定时间，使水分以蒸汽的形式挥发除去。

$$2HCl(g) + O^{2-} = H_2O(g) + 2Cl^- \tag{7-1}$$

利用氧势滴定法可以测定熔盐中残余的含氧量，以确定除氧效果。待测电解质含氧量可由式（7-2）求算：

$$E = E^{\ominus} + \frac{2.3RT}{2F} p_{O^{2-}} \tag{7-2}$$

其中，$p_{O^{2-}} = -\log(a_{O^{2-}})$。利用 EMF 法可测定出电位，即获得含氧量。研究发现，当未有 HCl 通入时，熔盐中含氧量约为 $10^{-1.78}$mol%；随着 HCl 的通入，含氧量

迅速减少到 $10^{-3.6}$mol%；通入 100min 后，改以氩气通入，盐中含氧量又增至 $10^{-2.72}$mol%。这是由于氩气中含有水分，导致了氧离子含量的增加。因此，经 HCl 除氧后，熔盐中含氧量可由 $10^{-1.78}$mol%降至 $10^{-2.72}$mol%。

脱氧脱水后，将熔盐加热到 700~850℃，然后依靠负压往反应器中注入液态 $TiCl_4$ 与熔盐中覆于底部的海绵钛进行反应。工业生产中低价钛电解质制备装置如图 7-1 所示。当 $TiCl_4$ 以气体形式通入含有充足海绵钛的熔盐后，抽取熔盐，发现 Ti^{3+}浓度随着时间的延长浓度变大，然后趋于稳定。图 7-2 为 CsCl-KCl、NaCl-KCl、LiCl-KCl 熔盐体系中静置和氩气搅拌对钛离子平衡时间的影响，发现静置情况下，Ti^{3+}浓度在 6~8h 左右达到了平衡，即实现了 Ti^{3+}浓度稳定；当以氩气搅拌时，3~4h 熔盐中钛离子即达到了平衡。综上所述，利用氩气虽在一定程度上引入氧离子，但可以加快实现钛离子在熔盐中的平衡。因此，在制备熔盐时，采用氩气对熔盐进行搅拌以实现钛离子快速平衡。

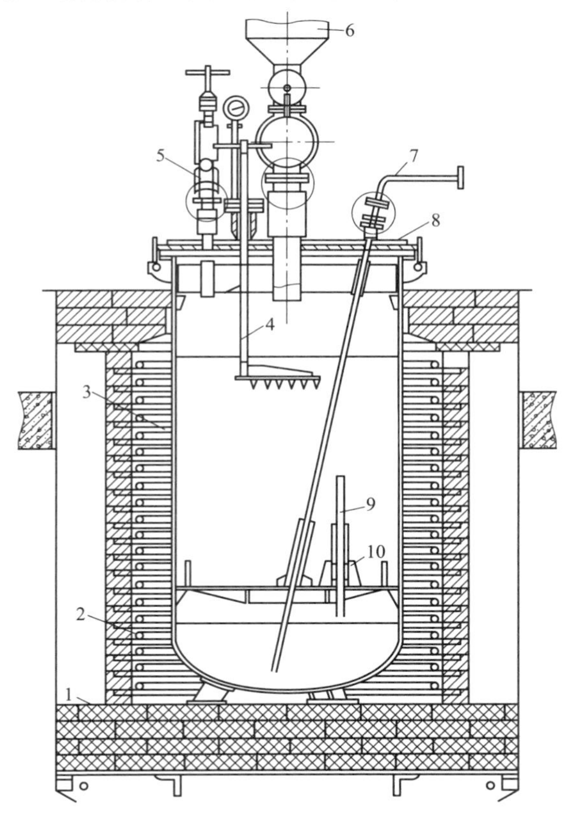

图 7-1 低价钛盐制备装置[9]

1—炉子；2—加热器；3—反应器；4—导料管；5—取样器；6—加料储料器；
7—通四氯化钛导管；8—反应器上盖；9—排熔盐导管；10—格孔板

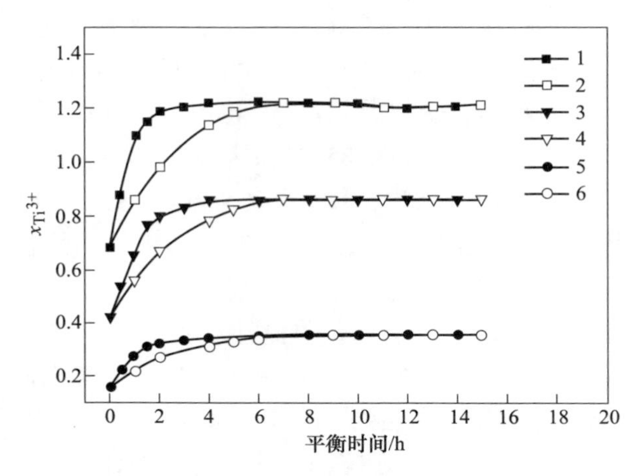

图 7-2　700℃下各种熔盐体系中 $TiCl_2$ 初始浓度为 4.2mol%时，Ti^{3+} 浓度的平衡时间[2]

1—CsCl-KCl 体系有搅拌；2—CsCl-KCl 体系无搅拌；3—NaCl-KCl 体系有搅拌；
4—NaCl-KCl 体系无搅拌；5—LiCl-KCl 体系有搅拌；6—LiCl-KCl 体系无搅拌

图 7-3 为熔盐中 $TiCl_4$ 与金属钛反应机理示意图。由图可知，$TiCl_4$ 与海绵钛反应的过程涉及三种状态和四个主要反应。三种状态是指气、液、固三态。在高温下 $TiCl_4$ 以气体形式通入液态熔盐中，继而与覆于底部的海绵钛发生气固反应。反应产物 $TiCl_2$ 或 $TiCl_3$ 以液态形式溶于熔盐中。在该过程发生的主要反应是：

$$3TiCl_4 + Ti = 4TiCl_3 \tag{7-3}$$

$$TiCl_4 + Ti = 2TiCl_2 \tag{7-4}$$

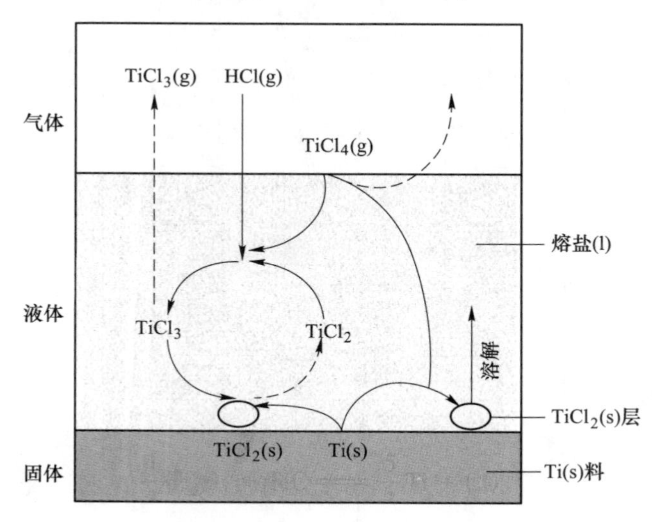

图 7-3　熔盐中 $TiCl_4$ 与金属钛反应机理示意图[2]

$$TiCl_4 + TiCl_2 = 2TiCl_3 \quad (7\text{-}5)$$

$$2TiCl_3 + Ti = 3TiCl_2 \quad (7\text{-}6)$$

控制加入 $TiCl_4$ 与海绵钛的量，在 NaCl-KCl 和 LiCl-KCl 电解质体系中可获得含不同浓度低价钛的氯化物熔盐。一般在氯化物熔盐中，钛离子主要以二价形式存在，如：在 NaCl-KCl 熔盐中平均价态为 2.17，在 LiCl-KCl 熔盐中平均价态约为 2.10。表 7-3 为在 NaCl-KCl 熔盐中，不同初始浓度的钛离子与其平均价态。低价钛离子氯化物熔盐的制备，有助于降低浓差极化，提高电解精炼效率，同时可电沉积大粒度结晶钛，从而提高钛纯度。

表 7-3 NaCl-KCl 熔盐中不同初始浓度下钛离子浓度与平均价态[10]

总钛量/wt %	摩尔分数/mol%		平均价态
	Ti^{2+}	Ti^{3+}	
8.65	8.68	2.09	2.19
5.56	5.72	1.23	2.18
4.16	4.22	0.86	2.17
3.24	3.46	0.71	2.17
2.13	2.30	0.45	2.16
1.21	1.46	0.25	2.15

7.1.2 熔盐中钛离子平衡

钛离子在熔盐中存在多种价态，主要包括 Ti^{2+}、Ti^{3+} 和 Ti^{4+} 等。多种价态钛离子在熔盐中共存，将可能造成价态不稳，导致电解精炼过程稳定性差，产品品质均一性难控制。受熔盐组成、温度、电解工艺等条件的影响，各种价态钛离子间将发生动态的平衡转化，可能涉及如下反应：

$$3Ti^{2+} = Ti + 2Ti^{3+} \quad (7\text{-}7)$$

$$4Ti^{3+} = Ti + 3Ti^{4+} \quad (7\text{-}8)$$

$$2Ti^{3+} = Ti^{2+} + Ti^{4+} \quad (7\text{-}9)$$

在电解精炼过程中，熔盐电解质中的上述平衡转化反应将一定程度上影响阴极还原和阳极溶解反应。高价态的钛离子在阴极容易被电化学还原为低价态钛离子，而低价态钛离子也会迁至阳极被电化学氧化为高价态钛离子，这种现象会造成电流空耗，直接结果是电流效率降低，同时也会造成阴极产物形貌和粒度难以控制。因此，明确熔盐中多形态钛离子的平衡转化，对制备和调节低价钛氯化物熔盐十分重要。

由于氯化物熔盐中钛离子主要以二价形式存在，因此反应（7-7）是主要的转化反应。在 $NaCl\text{-}SrCl_2$ 熔盐体系中[11]，反应（7-7）转化的平衡常数可用式（7-10）表示。

$$K_c = \frac{x_{Ti^{3+}}^2 x_{Ti}}{x_{Ti^{2+}}^3} = \frac{x_{Ti^{3+}}^2}{x_{Ti^{2+}}^3} \tag{7-10}$$

式中，x_i表示对应离子的摩尔分数。分别利用量氢法和化学滴定法测定熔盐中的Ti^{2+}和Ti^{3+}的浓度，从而计算出平衡常数，得出的结果见表7-4。可以看出，平衡常数值随着总钛离子浓度增加而减小。

表7-4　$NaCl-SrCl_2$熔盐体系中的平衡常数[11]

总 Ti/wt%	K_c
1.68	1.21
2.45	0.99
3.96	0.67
4.38	0.63
4.95	0.56

在NaCl-KCl熔盐体系中，存在与$NaCl-SrCl_2$熔盐中相似的平衡转化行为，即熔盐中反应（7-7）的平衡常数也是随着总钛离子浓度增加而减小。利用反应（7-7）的逆反应，即反应（7-11），研究了NaCl-KCl熔盐中钛离子的平衡转化[5,12]。

$$TiCl_3 + 1/2Ti = 3/2TiCl_2 \tag{7-11}$$

分析结果表明，Ti^{2+}含量占多数，反应（7-11）的平衡常数表示为$K_c = (x_{Ti^{2+}})^{3/2}/x_{Ti^{3+}}$。其中，$x_i$为组分$i$的摩尔分数（认为熔盐组分为$TiCl_2$、$TiCl_3$、NaCl和KCl，忽略熔盐中的$TiCl_4$）。从图7-4可以看出，$K_c$随着钛离子浓度的增大而增大。

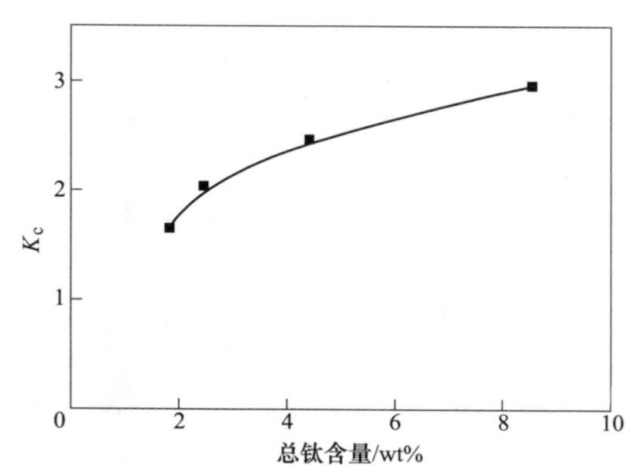

图7-4　平衡常数K_c值与钛离子浓度关系[12]

（NaCl-KCl共晶盐，700℃）

理论上，熔盐中 $TiCl_2$ 和 $TiCl_3$ 浓度较低，若按照亨利定律，平衡常数的值只和温度相关，不应随反应物组分的变化而变化。日本学者 Sekimoto 等人[13]通过改进量氢法和滴定法测量钛离子的实验装置，尽可能排除影响钛离子浓度测定的各种因素后，同样得出类似的结论。

为了提高检测准确度，通常需要对熔盐进行脱氧预处理。然而，即使经过长时间真空脱水后，NaCl-KCl 熔盐中仍然含有近 800ppm 的 O^{2-}。在熔盐中 Ti^{3+} 极易和 Cl^-、O^2 生成 TiOCl 不溶物。采样时 TiOCl 会随熔盐一起进入取样器内，在测定 Ti^{3+} 浓度时，实际包含了 Ti^{3+} 和 TiOCl。然而，实际上仅有游离的 Ti^{3+} 参与反应，因此测定的 Ti^{3+} 浓度高于有效 Ti^{3+} 浓度，导致计算的平衡常数偏大。因此，在进行平衡实验之前，还需对所用熔盐进行 HCl 脱氧处理。在此基础上，采用原位分光光度法直接测定了熔盐中的 TiOCl 的溶度积，并重新评价了平衡常数测量结果，修正后的平衡常数值为 $K_c = 0.08$，用摩尔分数表示时 $K_c = 1.87$。

北京科技大学朱鸿民等[14,15]使用 HCl 气体对 NaCl-KCl 熔盐电解质进行除氧处理，并改进了熔盐中在线取样的方法，采用如图 7-5 所示装置进行采样，使所取熔盐最大程度上反映实际熔盐中的平衡状态，并将所得平衡常数结果与 Sekimoto 进行了对比，如图 7-6 所示。相比而言，所得的平衡常数值平稳很多。考虑到 TiOCl 的溶度积，采用了函数拟合方法测得了较为准确的平衡常数值，在

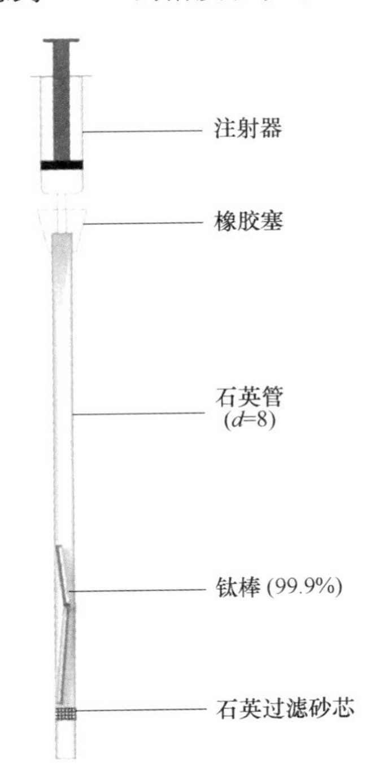

图 7-5 熔盐电解质在线取样装置

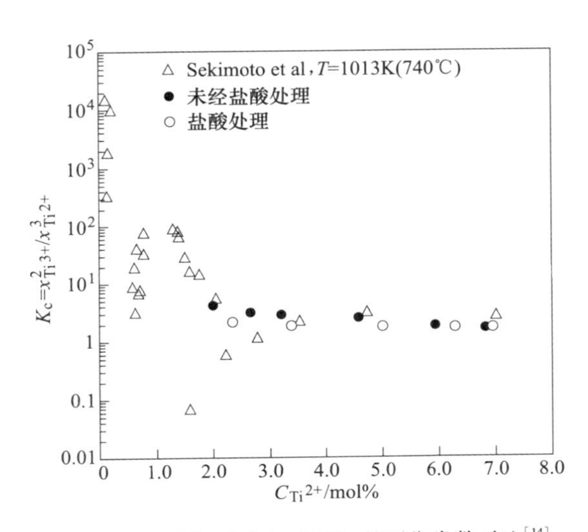

图 7-6 HCl 除氧后反应（7-7）的平衡常数对比[14]

NaCl-KCl 体系中 750℃时，平衡常数值为 1.52。

对于 LiCl-KCl 熔盐体系，图 7-7 为反应（7-11）的平衡常数，可以看出，在同一温度下，随着二价钛离子的浓度增加，K_c值越来越小；而在同一钛离子浓度下，平衡常数随温度升高而增加。由此可知，该反应是一个吸热的反应。

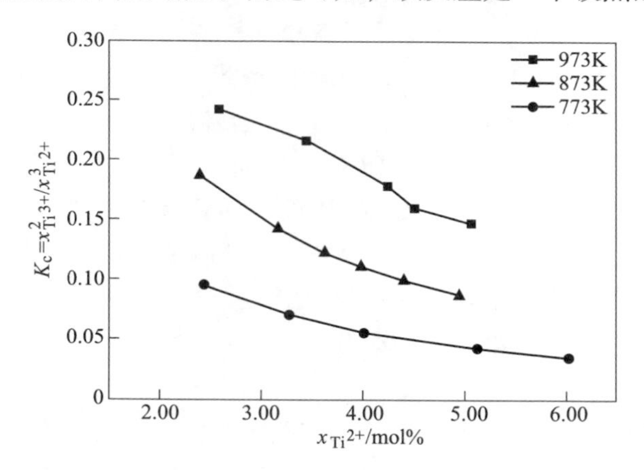

图 7-7　不同温度下平衡常数与 Ti^{2+} 浓度的关系[2]

7.1.3　各价态钛离子定量检测

在氯化物熔盐中钛离子存在 Ti^{2+}、Ti^{3+} 和 Ti^{4+} 多种价态，为了制备成分可控的熔盐电解质，进行各种价态钛离子浓度的定量检测是必要的。氯化物熔盐电解质中 Ti^{2+}浓度通常使用量氢法测量。所谓量氢法就是将待测电解质溶于稀盐酸中，电解质中的 Ti^{2+}将与 H^+发生反应（7-12），量取所得氢气体积，便可以算出电解质中 Ti^{2+}浓度。电解质与稀盐酸反应后，电解质中原有的 Ti^{2+}已经全部转化为 Ti^{3+}，溶液中现有的 Ti^{3+}为电解质中原有 Ti^{3+}和 Ti^{2+}总和。利用硫酸高铁铵滴定法测定溶液中的 Ti^{3+}含量，减去 Ti^{2+}含量便可以计算出原有熔盐中 Ti^{3+}浓度。

$$2TiCl_2 + 2HCl \xlongequal{} H_2(g) + 2TiCl_3 \qquad (7\text{-}12)$$

图 7-8 为测量 Ti^{2+}和 Ti^{3+}浓度的装置示意图。测量时，在三口烧瓶 2 内倒入真空脱氧处理后的稀盐酸（1mol/L），并通入高纯氩气 1h，使稀盐酸溶液中的 H_2 饱和，可有效防止待测试样与稀盐酸溶液反应产生的 H_2 溶解于水溶液中，造成所测得 H_2 体积偏小，从而确保测量结果的准确性。待通入 H_2 饱和后，将阀门 1 关闭，将待测试样 7 倒入稀盐酸溶液中，电解质中含有的 Ti^{2+}与 H^+发生反应（7-12）。待反应结束后测量 H_2 的体积，然后根据式（7-13）计算出电解质中的 Ti^{2+}质量分数。

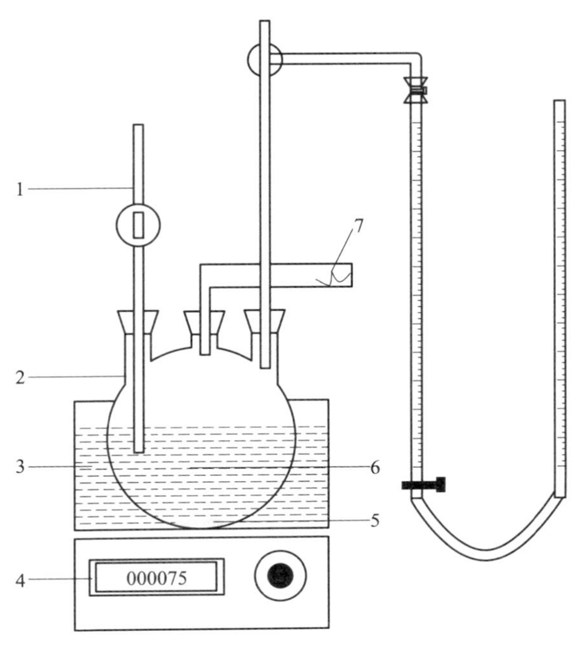

图 7-8 测量 Ti^{2+} 和 Ti^{3+} 浓度装置示意图[2]

1—氢气控制阀门；2—三口烧瓶；3—恒温水浴锅；4—磁力搅拌器；
5—磁子；6—稀盐酸；7—待测样品

$$Ti^{2+} = \frac{2 \times 47.8 \times (P - P_{H_2O}) \times V_{H_2} \times 100}{RTw} \tag{7-13}$$

式中 P_{H_2O}——测试条件下水蒸气分压，Pa；
P——测试条件下大气压，Pa；
T——测试温度，K；
w——试样质量，g；
R——气体常数，8.314J/(mol · K)。

待试样 7 溶解完毕后，进一步测量试样中 Ti^{3+} 离子浓度。向刚刚量氢法测量 Ti^{2+} 的溶液中加入约 1g 硫氰酸钾，打开磁力搅拌装置，使用配制的 0.05mol/L 的硫酸高铁铵溶液进行滴定，直到溶液变红并且 30min 不褪色为止，记录此时硫酸高铁铵消耗的体积，并按式（7-14）计算 Ti^{3+} 浓度。

$$Ti^{3+} = \frac{2 \times V_{Fe^{3+}} \times 0.05 \times 47.8 \times 100}{w} - Ti^{2+} \tag{7-14}$$

熔盐中 Ti^{4+} 浓度利用分光光度仪测定。测定时应首先用标准溶液进行标定，如图 7-9（a）所示，在各种钛浓度范围内，当波长为 388nm 时，吸收最大。因此，测试的波长设定在 388nm。利用钛离子标准液体绘制 Ti^{4+} 浓度测定的标准曲线。如图 7-9（b）所示，在 $y = 0.005 + 0.2888x$ 的拟合线上，其拟合度达到 0.99992，可满足 Ti^{4+} 浓度的精确测定。

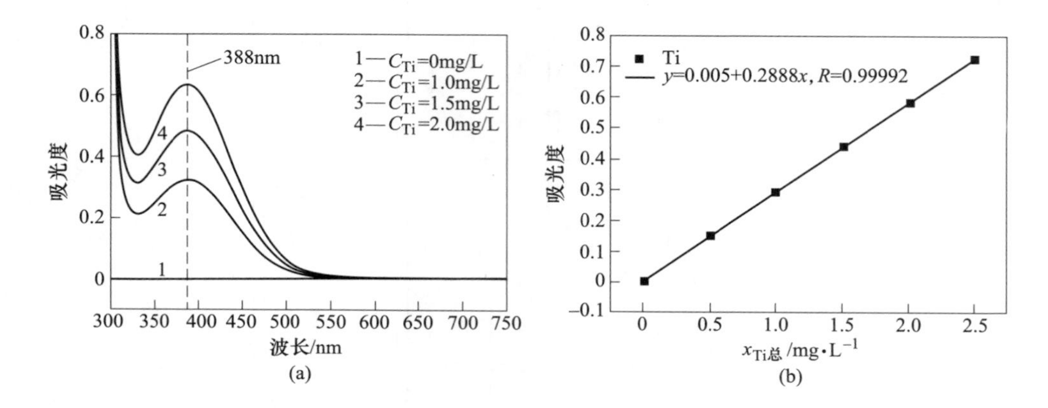

图 7-9　分光光度计测定 Ti^{4+} 浓度标线[2]

（a）钛标液波长-吸光度图谱；（b）吸光度-浓度标准曲线

7.2　钛阳极过程

7.2.1　钛阳极上的化学/电化学反应

在钛熔盐电解精炼过程中，为了提高电解效率，在正式电解前，有时会向熔盐中通入 $TiCl_4$，当温度超过 400℃，$TiCl_4$ 会与阳极 Ti 发生如下化学反应：

$$3TiCl_4 + Ti = 4TiCl_3 \tag{7-15}$$

$$TiCl_4 + Ti = 2TiCl_2 \tag{7-16}$$

$$TiCl_4 + TiCl_2 = 2TiCl_3 \tag{7-17}$$

$$2TiCl_3 + Ti = 3TiCl_2 \tag{7-18}$$

上述反应的平衡常数与温度的关系见表 7-5，反应（7-15）~（7-18）实质就是加入的 $TiCl_4$ 溶解进入熔盐体系的过程，而反应（7-18）则是钛与熔盐中的 Ti^{3+} 和 Ti^{2+} 之间的平衡反应。表 7-5 的结果表明，在工业电解温度下（一般采用 800~900℃），阳极钛与 $TiCl_4$ 反应生产低价钛离子熔于熔盐的反应平衡常数很大，反应（7-15）~（7-17）很容易进行；降低温度有利于阳极钛与 $TiCl_4$ 的溶解；根据反应（7-18）的化学平衡常数，在稳定状态下，熔盐中 Ti^{2+} 离子的浓度会大于 Ti^{3+} 浓度，并且在较低温下可以更快获得 Ti^{2+}。Ti^{2+} 离子的浓度大，则电解结晶过程速度更快，更容易析出晶体，这也是采用 700℃ 以下温度加入四氯化钛的原因。

表 7-5 钛与钛离子反应过程的平衡常数与温度的关系[2]

$\lg K=A+BT^{-1}$	反应	不同温度下的 lgK 值			
		800K	900K	1000K	1100K
$\lg K=4.09+10347/T$	(7-15)	17.02	15.59	14.44	13.5
$\lg K=-1.798+7968/T$	(7-16)	8.16	7.06	6.17	5.45
$\lg K=3.041+1194/T$	(7-17)	4.53	4.37	4.24	4.13
$\lg K=-5.038+6774/T$	(7-18)	3.43	2.49	1.74	1.12

当通电电解时，作为阳极的海绵钛将发生电化学溶解，进入熔盐中的钛离子价态主要取决于阳极电流密度。当阳极电流密度低时，钛主要以二价形式进入熔盐；当阳极电流密度较高时，熔盐中三价钛的浓度会提高。如果要获得适合工业化应用的高纯钛，需要控制溶出钛的价态接近+2，因此需要采用较低的电流密度，促使海绵钛生成二价钛离子。然而，受 $TiCl_4$ 加入导致的化学反应影响，Ti^{2+} 和 Ti^{3+} 在电解槽不同位置的分布是不均匀的。阳极区域钛离子的价态在垂直方向上存在一定的区别，如图 7-10 所示[16]。在区域 A，由于 Ti^{4+} 与阳极溶解形成的 Ti^{2+} 反应，产生 Ti^{3+} 离子；在区域 B，除了金属钛在阳极电解析出 Ti^{2+} 以外，由于 A 区域产生的 Ti^{3+} 在扩散作用下迁移至 B 中，因此该区域也主要为二、三价的钛离子；区域 C 中钛主要是由海绵钛溶解形成的二价钛离子。在电场作用下，熔盐中的离子发生电迁移，因此在阴极区也形成一个自上而下的价态分布。电解槽中不同价态钛离子的这种垂直分布，也将导致阴极电沉积钛产物分布不均，即阴极板下层析出的金属钛明显多于中上层，这是因为二价钛离子是简单离子，更容易电化学还原为金属钛。

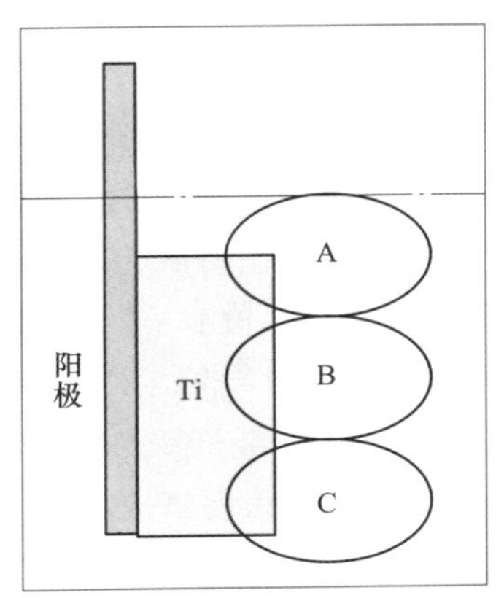

图 7-10 阳极附近钛离子价态分布图[16]

为了进一步研究电解精炼过程钛离子价态的变化，对电解前期、中期、后期的熔盐分别取样，进行 XPS 价态分析，通过分峰处理，可获得钛的存在价态及相应的含量[16]。在电解前期（未通电电解时），钛的化合价主要是4价，占有的原子比高达87.6%，而三价钛的含量占12.37%，并没有二价钛离子的出现，这可能是在电解温度900℃下，生成二价钛离子的平衡常数较小，反应较缓慢，因此二价钛离子的生成量较少，并且二价钛非常活泼，容易在高温下与氧反应，生成四价钛，部分结合能与TiO_2一致，故四价钛的化合物有两种，分别是$TiCl_4$和少量的TiO_2。该结果表明在电解前期，不通电的情况下生成Ti^{2+}的速率缓慢，熔体中的低价态主要为Ti^{3+}；在电解中期（电解20h），熔体中存在三种价态的钛离子，Ti^{3+}的浓度较电解前有所提高，达到18.47%，四价钛浓度依旧很高，原因是在高温取样的时候混入了空气，导致二价钛离子氧化，少量未氧化的钛离子在常温下发生水解，生成了TiOH；而电解后期TiOH的原子百分比高达93.05%，原因主要是在破碎熔盐时，空气潮湿，Ti^{2+}发生水解。因为反应体系中海绵钛是过量的，理论上随着电解的进行，熔体中的Ti^{2+}将逐渐增加，但XPS未能检测到二价钛离子，根据所得化合物种类，以及制备样品中闻到刺激性气味判断，可能存在如下反应：

$$3TiCl_2 + H_2O = TiOH + 2HCl + Cl_2(g) \tag{7-19}$$

通过XPS分析，认为在保证海绵钛过量的情况下，电解前期，钛离子主要以四价钛离子为主；在反应中期，主要是以三价钛离子为主；在电解后期，主要是以二价钛离子为主。

通入直流电，在不考虑低价钛与金属钛反应的情况下，阳极海绵钛可能发生下列反应：

$$Ti - 2e = Ti^{2+} \tag{7-20}$$

$$Ti - 3e = Ti^{3+} \tag{7-21}$$

$$Ti - 4e = Ti^{4+} \tag{7-22}$$

阳极框内的海绵钛由于电化学作用，失去电子进入熔盐。从阳极溶解出的钛离子向阴极的传质主要有电迁移、对流和扩散三种方式，受钛离子浓度、电压、熔盐黏度、界面浓度梯度等因素共同影响。在离子迁移过程中，二价、三价钛离子还会与熔盐反应，生成络合离子，如二价钛离子在熔盐中会生成$[TiCl_4]^{2-}$、$[TiCl_3]^-$等，三价钛离子会形成$[TiCl_6]^{3-}$、$[TiCl_4]^-$等。络合离子的产生会影响钛离子在阴极的电解析出，其中二价钛离子形成的络合离子的稳定性较差，容易分解为简单离子，因此应当提高可溶钛浓度来提高二价钛离子的浓度，以有利电结晶过程。

海绵钛中常见的杂质有Fe、Cr、Mn、Al、Mo、V、Si、Ni、C、N和O等，各种杂质金属离子和钛离子的平衡电极电位已列于6.2.3节的表6-3中。Fe、Ni、Mo等的电极电位明显正于钛离子的电位，在阳极溶解过程中，这些金属杂质主要残留在阳极中；而与钛电极电位相近的Mn、Zr将会与阳极一起溶解进入熔盐中；阳极中以固溶体形式存在的 O 将在阳极溶解时形成氧化物，如 TiO_2、Ti_2O_3 等形式；C 将以单质碳或碳化物（如 TiC）的形式存在；N 则以氮化物（如 TiN）的形式残留在阳极中；Si 则会形成不溶于熔盐电解质的 $SiCl_4$ 气体，从熔盐中挥发分离。

为真实了解电解过程中杂质离子的来源和去向，中南大学进行了半工业试验[16]，电解温度 850℃，控制钛离子浓度为 4.0wt%，阴极电流密度 8000A/m^2，电解时间 21h 和 41h。表 7-6 为半工业试验过程中熔盐取样分析结果和电解后阴极产品的杂质含量，同时对电解前和电解 15h 时杂质金属离子在阴极的析出电位进行计算，列于表 7-7。电解进行中的熔盐取样采用充氢气将部分熔盐通过不锈钢管道压出。

表 7-6 熔盐中杂质离子的含量[16] （%）

元素			Mn	Al	Cr	Fe	Ti
原料海绵钛			0.0057	0.0022	0.0045	0.0310	
3-16#	熔盐	电解前	0.0010	0.0010	0.0010	0.0026	3.8
		3h	0.0010	0.0010	0.0022	0.0085	
		21h	0.0014	0.0010	0.0010	0.0016	
	阴极钛		0.0017	<0.0010	<0.0010	0.0077	
3-17#	熔盐	电解前	0.0010	0.0010	0.0010	0.0028	4.0
		15h	0.0010	0.0010	0.0010	0.0075	
		41h	0.0015	0.0010	0.0010	0.0010	
	阴极钛		0.0021	<0.0010	<0.0010	0.0035	
3-18#	熔盐	电解前	0.0010	0.0012	0.0010	0.0021	4.0
		15h	0.0010	0.0010	0.0022	0.0069	
		41h	0.0015	0.0010	0.0012	0.0016	
	阴极钛		0.0023	<0.0010	<0.0010	0.0045	

表 7-7 析出电位的计算（以 100g 熔盐计算）[16]

杂质		NaCl	KCl	Fe^{2+}	Al^{3+}	Mn^{2+}	Cr^{2+}	Ti^{2+}
物质的量/mol		0.677	0.677	3.76×10^{-5}	4.45×10^{-4}	1.82×10^{-5}	1.92×10^{-5}	0.0836
总物质的量 Σ		1.438						
金属离子的摩尔分数		—	—	2.615×10^{-5}	3.095×10^{-5}	1.266×10^{-5}	1.335×10^{-5}	0.058
析出电位/V	电解前			−1.39	−1.57	−1.95	−1.51	−1.49
	15h			−1.33	−1.58	−1.95	−1.49	−1.49

注：表中各金属杂质组成均以氯化物计算。

可以发现，电解过程中杂质锰在熔盐中的含量随着电解时间增加略有升高。锰的标准电极电位比钛更负，在阳极将优先溶出，由于原料中锰杂质含量并不高，因此熔盐中的锰离子浓度变化不大，而其析出电位负于钛的析出电位，因此大部分将在熔盐中富集；然而，随着电解时间的增加，熔盐中 Mn 离子含量上升，当其达到一定浓度后，会有少量在阴极析出。铝离子的析出电位与钛离子相当接近，理论上可与钛共同溶解和析出；然而，电解过程中熔盐中杂质铝的含量变化很小，并且最终产品中的铝含量均低于 10ppm，由此推测阳极溶解过程中，大部分的铝杂质并没有大量进入熔盐，而是仍然残留在阳极泥中，只有少量进入到了阴极产品中。

杂质铁浓度变化最大，在电解中期均有升高现象，在电解后期则下降。根据计算的析出电位，Fe^{2+}的析出电位最正，理论上不能与钛共同溶解进入熔盐，即使进入熔盐也将优先在阴极析出，因此熔盐中的铁含量应当是随着电解进行不断降低。试验中观测到的反常现象可能是由于采用不锈钢管取样，其与熔盐发生反应导致样品中铁含量比实际熔盐中要高。从阳极原料、阴极产品以及熔盐中的铁含量变化来看，阳极海绵钛中的杂质铁只有很少一部分进入阴极产品中，为了进一步降低阴极产品的铁杂质含量，有必要对熔盐进行预电解净化。

阳极海绵钛和熔盐中的其他非金属杂质如 C、N 和 O 等，理论上这类杂质元素不会参与阳极的溶解反应[17,18]。然而，熔盐中存在的此类杂质很容易参与阴极反应或者与阴极析出的金属钛发生反应。如：熔盐中存在的碳酸盐杂质会在阴极发生电化学还原反应：

$$CO_3^{2-} + 4e \longrightarrow C + 3O^{2-} \tag{7-23}$$

$$CO_3^{2-} + 2e \longrightarrow CO_2^{2-} + O^{2-} \tag{7-24}$$

$$CO_2^{2-} + 2e \longrightarrow C + 2O^{2-} \tag{7-25}$$

上述反应的存在会造成阴极钛产品中 C 和 O 含量升高。此外，熔盐中少量的有机物杂质、因高温挥发的真空密封脂等均有可能污染阴极产品。因此在电解之前需要对熔盐进行一系列预处理，如氯气鼓泡干燥、预电解等，来获得较纯净的熔盐。

7.2.2　氟离子对钛阳极电位的影响

在熔盐电解精炼过程，为了提高设备产率，降低生产成本，需要在较高的阳极电流密度下进行熔盐电解精炼。特别是，当熔盐电解精炼不合格废钛制取-28～+80目或-28～+180 目优质钛粉时，需要较大的阳极电流密度。然而，阳极电流密度太大，造成过电位增大，阳极溶解电位正移，将使电位较高的铁发生溶解，进而污染阴极钛产品，使电解精炼过程不能正常进行。因此，提高不使铁溶解的极限阳极电流密度十分重要。为此，必须设法使钛的电极电位向负值方向偏移。在含有钛离子的氯化物熔盐中加入氟离子后，能形成稳定的氟钛络合物，将有可能使钛的电极电位负移，从而提高极限阳极电流密度[19~21]。在较大阳极溶解电流密度下，仍能使钛和铁维持较大的电位差。钛高速溶解的同时，铁不发生溶解，从而实现钛和铁的高效分离，进而能在广泛的电流密度范围内控制阴极金属钛产物的结构和粒度等。因此，明确含有 Ti 离子的氯化物熔盐中，氟离子对钛的平衡电极电位和极限阳极电流密度的影响十分重要。

研究者[19]发现在含有 2.54%钛离子的 KCl-NaCl 熔盐中，钛阳极的平衡电极电位是-1.32V(*vs.* Cl_2/Cl^-)，此时，阳极电流密度为 0.6A/cm^2 时，即达到 Fe 的溶解电位；当在熔盐中加入 F：Ti=1.5：1 的 NaF 后，钛阳极平衡电极电位负移 0.2V，此时阳极电流密度达 2.3A/cm^2 时，才有可能发生 Fe 的溶解，比未加入 NaF 时，阳极电流密度增加 1.7A/cm^2。

在含有 3.93%钛离子的 NaCl-KCl 熔盐中，钛阳极平衡电极电位是-1.27V(*vs.* Cl_2/Cl^-)，此时阳极电流密度仅为 0.3A/cm^2，就能达到 Fe 的溶解电位；加入同样比例 NaF 后，钛阳极平衡电极电位负移 0.1V，极限阳极电流密度比未加入 NaF 时增加 0.2A/cm^2。

上述结果说明，尽管熔盐中低价钛浓度不同，但加入氟化钠后，Ti 阳极平衡电极电位值均发生负向偏移，而且均一定程度提高了钛溶解的极限阳极电流密度，抑制了铁的溶解，显然这对于熔盐电解精炼制取优质钛粉具有重要的支撑作用。

在 NaCl-LiCl-$TiCl_2$ 熔盐中加入氟离子（F^-），主要是形成稳定的［$NaTiF_3$］、［$NaTiF_4$］和［$NaTiF_6$］等氟钛络合物。任何络离子都会进行电离，电离的程度决定了它在熔盐中的稳定性。根据电离平衡原理，通过实验可以求出平衡常数。平衡常数越大，表示这个络离子越容易电离，也就是说它越不稳定，所以，该平衡常数又称为不稳定常数。如 $Fe(CN)_6^{3-}$ 的不稳定常数是 $K_d=10^{-44}$，具有极高的稳定性。钛的络合物与铁氰酸盐类似，因此可以认为，在熔盐中加入氟离子（F^-）后，所形成的氟络合物同样具有很高的稳定性。由于稳定氟钛络离子的形成，使阳极电极电位向负向偏移，相比 Fe，钛更易发生氧化溶解，从而达到与杂质 Fe 高效分离的目的。

7.2.3 阳极电流密度对阴极钛晶粒的影响

在钛的熔盐电解精炼过程中，阴极钛结晶粒度对钛产品纯度有较大影响，结晶粒度大，比表面积小，杂质含量特别是氧含量将显著降低。对于金属电解精炼过程，结晶粒度除了与阴极过程、介质环境等有关外，与阳极过程也息息相关。

从获得大颗粒钛结晶的角度出发，许多研究者认为允许的阳极电流密度不宜超过 0.15A/cm^2，这主要是基于阳极几何面积进行的计算。实际上，阳极往往具有一定的粗糙度，真实的阳极电流密度应由阳极的实际表面积来决定。为此，高玉璞等[22~25]采用致密阳极，研究了钛电解精炼过程阳极电流密度对平均粒度的影响。

用钛板制成圆环形可溶阳极，可以认为其初始阳极电流密度是真实的。实验条件：

电解质	NaCl ∶ KCl = 7 ∶ 3
阴极电流密度	1.06A/cm^2
低价钛浓度	3%
电解时间	1.5h
电解温度	800℃
阳极电流密度范围	0.04~0.32A/cm^2

当阳极电流密度从 0.04A/cm^2 增至 0.32A/cm^2 时，阴极金属的平均粒径由 1.11mm 降至 0.46mm，表明电解精炼钛时，阴极金属的平均粒径随着阳极电流密度的增加而逐渐减小。众所周知，随着电流密度的增加，槽电压将增大。槽电压由下述各项组成：

$$U = E + \Delta\varepsilon_{阳} + \Delta\varepsilon_{阴} + IR \tag{7-26}$$

式中，U 为电解槽的端电压；E 为钛阳极、电解质、钛阴极组成的原电池的电动势；$\Delta\varepsilon_{阳}$为阳极极化所造成的过电位；$\Delta\varepsilon_{阴}$为阴极极化所造成的过电位；IR 为电解槽内欧姆电压降。

由于电解过程，除了阳极电流密度，阴极电流密度、电解温度等其他因素均没有改变。因此，槽电压的升高，应该归因于阳极电流密度的增加导致阳极极化程度的增大。

采用动密封且充有氦气的石英管取样，分析熔盐中的 Ti^{2+} 和 Ti^{3+}。随着阳极电流密度的增加，熔盐中 Ti^{3+} 的相对浓度增加，也就是 $Ti^{2+}/(Ti^{2+}+Ti^{3+})$ 变小。在阳极极化的条件下，当阳极电流密度较低时，首先发生平衡电位值较负的反应，即 $Ti-2e = Ti^{2+}$，$E^{\ominus} = -1.76V(vs. Cl^-/Cl_2)$；当阳极电流密度较高时，发生平衡电位较正的反应，即 $Ti-3e = Ti^{3+}$，$E^{\ominus} = -1.68V(vs. Cl^-/Cl_2)$。也就是说，随着阳极电流密度的增加，将发生各种价态钛离子的共溶解。

在 NaCl-KC1 熔盐中，三价钛络合阴离子 $(TiCl_6)^{3-}$ 比二价钛络合阴离子 $(TiCl_3)^-$稳定得多。因此，高阳极电流密度下产生的 Ti^{3+}在熔盐中多以 $(TiCl_6)^{3-}$ 存在，而 Ti^{2+}基本上以相对简单阳离子形态存在。由于 $(TiCl_6)^{3-}$ 在熔盐中的扩散速度较小，阴极还原过程就伴随着强烈的浓差极化。此外，金属离子在熔盐中形成络离子时，放出一定的能量，其能级下降；而在阴极析出时，则需要较大的阴极极化值。因此，在钛的电解精炼时，随着阳极电流密度的增加，阴极钛离子电化学还原过电位将增大，从而造成钛电结晶成核速率增大，而晶粒长大速率降低，导致钛粉粒度减小。另一方面，即使在阴极有负电位保护下，阴极沉积的钛金属表面上也会发生二次化学反应：

$$2Ti^{3+} + Ti \Longrightarrow 3Ti^{2+} \tag{7-27}$$

该反应的进行将破坏钛结晶的正常生长。显然，熔盐中钛离子的实际平均价态越高，上述反应进行的趋势和速度也将越大，从而使阴极金属钛产物的平均粒度减小。

根据 Tafel 公式，电流密度与阳极电位呈正相关。李兆军等在含 2wt%～4wt%钛离子的 NaCl-KCl 熔盐中，测定了 800℃时阴极钛产物平均粒度与纯钛阳极电位的定量关系，发现两者存在如下关系：

$$L_{cp} = -1.098E_w - 1.606 \tag{7-28}$$

式中，L_{cp}为钛产物平均粒度，mm；E_w为阳极电位，V。可以看出，E_w前的系数为负值，表明随阳极电位升高，钛平均粒度减小。

阳极电位对阴极钛粒度的影响同样是通过改变熔盐中钛离子的平均价态来实现的。为此，测定了熔盐中钛离子的平均价态 N 与阳极电位的关系。采用钼指示电极来测定熔盐中钛离子平均价。在 800℃时，该体系中钼电极电位 E_1与熔盐中钛离子的平均价 N 的关系为：

$$\ln[(N-2)/(3-N)] = 10.817(E_1 + 0.593) \tag{7-29}$$

发现熔盐中钛离子平均价态对阳极电位 E_w存在依赖关系，两者具有如下关系式：

$$E_w = 1.729 + 0.095\ln[(N-2)/(3-N)] \tag{7-30}$$

根据钛阳极上 E_w-N 的半对数关系曲线，可以推导分析发现，当平均价态 N 在 2.0～2.2 区间时，可从式中计算出阳极电位 E_w<-1.86V，此时熔盐中主要以 Ti^{2+}为主，即阳极反应主要为 $Ti-2e = Ti^{2+}$；同样道理，当平均价态在 2.8～3.0 区间时，此时阳极电位为 E_w>-1.60V，熔盐中主要以 Ti^{3+}为主，即阳极反应主要为 $Ti-3e = Ti^{3+}$；当阳极电位控制在-1.86～-1.60V 之间时，生成 Ti^{2+}和 Ti^{3+}的阳极反应共同存在，但总的趋势是随着阳极电位的正移，Ti^{3+}的生成量逐渐增大；另外，阳极反应溶解产生的 Ti^{2+}若不能迅速离开阳极表面，将被进一步氧化生成 Ti^{3+}。

与阳极电流密度对钛产物粒度的影响类似，随着阳极电位正移，阳极电化学溶解产生的三价钛离子增多。相比于多以简单离子形式存在的二价钛离子，三价钛离子多是以络离子形式存在，阴极还原过电位高，从而造成阴极沉积物的成核速度增加，产品粒度变小。因此，控制阳极电位是调节阴极钛产品粒度的一种有效措施。

7.3 熔盐组分调节钛离子平衡转变行为

在钛电解精炼氯化物熔盐电解质中，主要存在着 Ti^{2+}和 Ti^{3+}离子，两者通过反应（7-7）发生平衡转化，决定了电解质中钛离子的分布和浓度。熔盐电解质组分将显著影响钛离子的平衡转化和存在形态，进而改变钛离子电化学还原行为以及钛产物结构和纯度。

7.3.1　碱金属阳离子对平衡转变反应的影响

钛熔盐电解精炼通常采用二元碱金属氯化物（如 LiCl、NaCl、KCl 和 CsCl）作为熔盐电解质，在碱金属氯化物熔盐中各价态钛离子是以 $TiCl_6^{2-}$、$TiCl_6^{3-}$ 等络离子和 Ti^{2+} 形式存在。碱金属离子和正电性钛离子对负电性氯离子都有库仑力作用，二者对氯离子的吸引存在竞争关系。碱金属离子对氯离子的吸引力与碱金属离子半径密切相关，离子半径越小对氯离子吸引力则越大。碱金属离子对氯离子引力大小关系为：$Li^+ > Na^+ > K^+ > Rb^+ > Cs^+$。$Li^+$ 由于对 Cl^- 有很强吸引力，有利于改善熔盐中低价钛离子的稳定性，随着熔盐中碱金属离子半径增大，高价钛离子稳定性增强。

图 7-11 为 LiCl-KCl 与 LiCl-CsCl 熔盐体系，不同温度下 $TiCl_2$ 的稳定性。可看到，熔盐中 Ti^{2+} 的含量与钛离子浓度、熔盐成分和温度紧密相关。相比于 LiCl-CsCl 熔盐，在 LiCl-KCl 熔盐更利于 Ti^{2+} 的存在，这是由于 K^+ 离子比 Cs^+ 离子具有更小的离子半径，对 Cl^- 吸引力强的缘故。在含 CsCl 的熔盐体系中，由于 Cs^+ 较大的离子半径，CsCl 能明显地促进 $TiCl_6^{3-}$ 的稳定存在，Ti^{3+} 阴极还原时需得到三个电子：$Ti^{3+} + 3e = Ti$，极化过电位大，将电沉积粒径小的钛颗粒。因此，熔盐电解质一般由 LiCl、NaCl 和 KCl 中的两种组成。

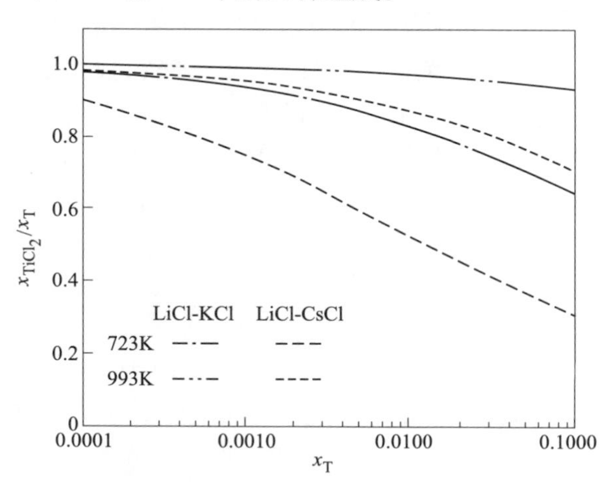

图 7-11　两种熔盐体系和温度下的 $TiCl_2$ 摩尔浓度[26]

据此推测，具有最小碱金属离子半径的 LiCl，对熔盐中钛离子的价态将具有更大的影响。在 700℃时，NaCl-KCl-$TiCl_x$ 熔盐体系中反应（7-7）的平衡常数值为 0. 24，而在 LiCl-KCl-$TiCl_x$ 体系中的平衡常数值只有 0. 07，二者的平衡常数相差 3 倍之多，意味着 LiCl 能显著影响 K_c值。

图 7-12 为在保持钛离子总浓度不变的情况下，LiCl-KCl-$TiCl_x$ 体系中 LiCl 含量对表观平衡常数和平均价态的影响。可以看出，无论在 750℃还是在 700℃下，随着 LiCl 摩尔分数的增加，K_c值逐渐变小。相应地，熔盐中钛离子的平均价态也逐渐降低。很显然，LiCl 改变了熔盐中不同价态的钛离子的相对含量。从趋势上看，相对 NaCl 和 KCl，LiCl 的增加更有利于 Ti^{2+}的稳定存在[27~30]。

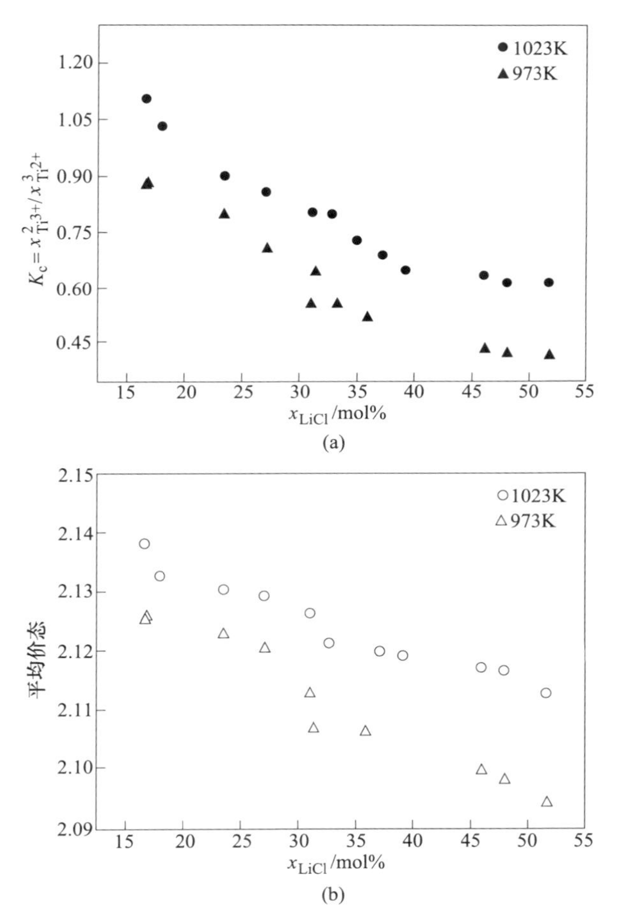

图 7-12 LiCl 摩尔比对表观平衡常数和钛离子平均价态的影响[21]

一般来说，高价的钛离子（Ti^{4+}和 Ti^{3+}）在熔盐中将与卤化物离子形成诸如 $TiCl_6^{2-}$或 $TiCl_6^{3-}$的络合离子，这些络合离子会与碱金属离子形成一种对 Cl^-的竞争关系。碱金属离子半径越小，更易于 Cl^-结合，而导致高价钛络离子不稳定性增强。对于非单一相的碱金属盐，其阳离子对 Cl^-的结合能力与其配比有关。极化力 P 一般用来描述这种阳离子与熔盐中阴离子极化能力的半定量关系[31~33]，即：

$$P = \sum x_i \frac{Z_i}{r_i^2} \tag{7-31}$$

式中，i 表示阳离子；x_i表示对应阳离子的摩尔分数；Z_i表示阳离子的带电量；r_i表示阳离子的半径。常见的碱金属阳离子半径见表 7-8。因此，可计算出对应浓度 LiCl 熔盐体系的混合极化力，并做出 K_c-P 和平均价态-P 的关系图，如图 7-13 所示。

表 7-8　阳离子半径及极化力大小[31]

阳离子	离子半径/nm	极化力
Li^+	0.076	1.73
Na^+	0.102	0.96
K^+	0.138	0.53
Sr^{2+}	0.118	1.44

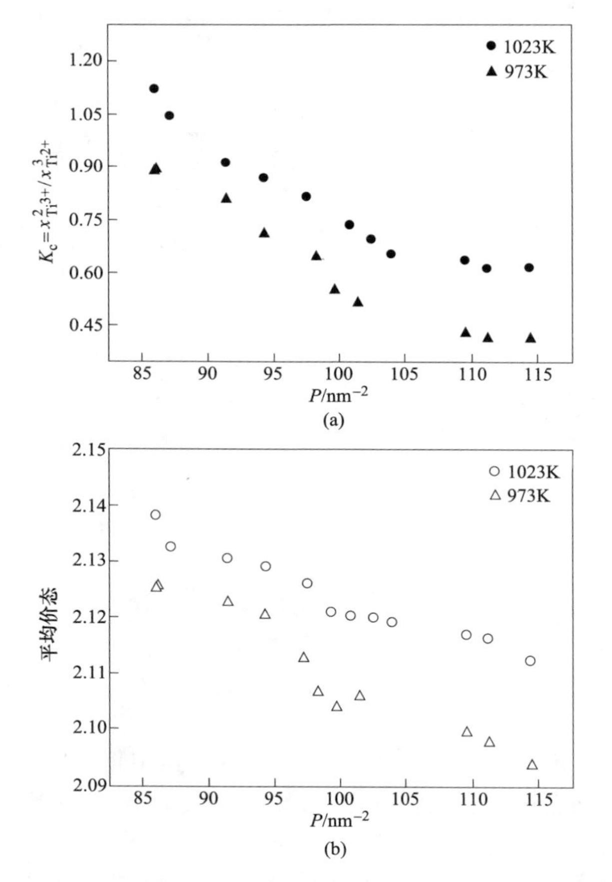

图 7-13　极化力与钛离子的反应平衡常数和平均价态的关系[21]

平衡常数随着极化力的增加，逐渐减小，对应的平均价态也逐渐降低。极化力反映的是熔盐中所有碱金属阳离子对阴离子极化能力的大小。随着极化力增大，熔盐中阳离子对 Cl^- 的结合能力增大，相应地 Ti^{3+} 与 Cl^- 结合力减小。因此，增加熔盐中 LiCl 含量，不利于 Ti^{3+} 络合离子的稳定性，意味着二价钛离子更加稳定。

7.3.2 氟离子存在下钛离子转变行为

在卤化物熔盐中，高价钛离子以络合离子的形式存在，与氯离子相比，氟离子与钛离子的络合作用要强很多，所以氟离子对钛离子电化学性质将有很大的影响[34,35]。在熔盐中，由于钛具有多种价态，并且存在平衡转化反应，导致熔盐电解的阴极沉积过程极为复杂。氟离子在熔盐中与钛离子以络合离子形式存在，不同价态的钛离子稳定性随氟离子加入将会呈现不同的转变行为。

在阴极电沉积过程中，沉积出的金属钛只要和熔盐接触，金属钛将会与熔盐中的钛离子发生化学反应[36,37]，如：金属钛与三价钛离子反应：$2Ti^{3+}+Ti=3Ti^{2+}$。KCl-NaCl 共晶熔盐体系中，在氩气保护 700℃ 条件下，当 K_2TiF_6 浓度高于 2.7mol%时，金属钛与四价钛反应：$3Ti^{4+}+Ti=4Ti^{3+}$；当 K_2TiF_6 浓度低于 0.8mol%时，该反应为：$Ti^{4+}+Ti=2Ti^{2+}$。

同样条件下，在 NaCl+KCl+3wt%K_2TiF_6+KF 熔盐体系中，KF 含量小于 3wt%时[38]，发生如下反应：$Ti^{4+}+Ti=2Ti^{2+}$；在 KF 含量高于 10wt%时，钛与四价钛反应生成三价钛：$3Ti^{4+}+Ti=4Ti^{3+}$。在 NaCl+KCl+3wt%K_2TiF_6+3wt%KF 体系中，钛阴极还原过程为：$Ti^{4+}\rightarrow Ti^{3+}\rightarrow Ti^{2+}\rightarrow Ti$；阳极溶解过程为：$Ti\rightarrow Ti^{2+}\rightarrow Ti^{3+}\rightarrow Ti^{4+}$；当 KF 的含量升高到 10wt%时，阴极还原过程发生明显改变，首先发生一电子还原反应：$Ti^{4+}+e=Ti^{3+}$，然后三价钛离子一步得三个电子生成金属钛 $Ti^{3+}+3e=Ti$；金属钛阳极溶解则发生逆反应，即首先失去三个电子 $Ti=Ti^{3+}+3e$，然后进一步失去一个电子 $Ti^{3+}=Ti^{4+}+e$。可见，当氟在熔盐中的比例增加时，熔盐中无论是发生钛的化学反应，还是进行电化学还原反应，均没有二价钛离子的出现。

随着熔盐中 NaF 的量增加，钛离子电化学还原电位显著负移，且只表现为三价钛离子的还原反应，并无二价钛离子的还原步骤；随着 F/Ti 的增加，熔盐中的平均价态也随之增加，当氟的量增加到一定程度时，基本上无二价钛离子的存在。显然，氟离子含量的增加有利于高价态钛离子的稳定存在[20,26,39~41]。

7.4 钛阴极过程

从可溶性钛阳极溶解的钛离子进入熔盐后，将迁移到阴极表面发生选择性电化学还原，从而获得高纯金属钛。金属钛的纯度和电流效率取决于钛离子与杂质离子电化学还原的竞争关系，也取决于结晶钛形貌结构，均与钛离子阴极电化学过程和电结晶行为密切相关。

高温熔盐中钛离子的阴极电沉积历程遵循常规金属电沉积过程，通常包括如下主要步骤：

（1）熔盐中钛离子（或钛络合离子）从熔盐本体向电极界面传输；

（2）钛离子在电极表面得电子还原形成吸附原子，聚集成二维临界晶核，为晶核生长提供台阶；

（3）钛原子在台阶上吸附并沿台阶扩散到扭结，最后进入晶格成核，并进一步长大为晶粒。

金属的电沉积发生在电极和电解质溶液的界面上，含有新相的形成，基本过程就是金属成核和结晶生长及其竞争关系。电结晶钛形貌粒度虽然受到晶体内部结构的对称性、结构基元之间的成键作用力以及晶体缺陷等因素的影响，但在更大程度上受到电沉积条件的影响。钛电结晶过程中，晶核形成与晶体长大是平行进行。只有晶体长大速度大于晶核形成速度，晶粒才能快速长大，获得大粒度钛产物。决定晶核形成速度的主要因素是过电位，晶核的形成几率 W 与过电位 η_k 的关系式为[42,43]：

$$W = B\exp(-b/\eta_k^2) \tag{7-32}$$

式中，B 和 b 为常数。由上式可知，结晶过电位越低，晶核的形成几率越小，晶核形成速度就越小，而生长速度增大，晶核尺寸和沉积物粒度增大。因此，凡是影响过电位的因素对电结晶粒度，进而对产物纯度都有影响。

前述章节讨论的阳极溶解过程、熔盐电解质组成、钛离子存在形态及平衡转化、阴极电沉积工艺参数等的改变均会对钛离子的电化学还原过电位产生显著影响，从而具有调节结晶钛粒度和纯度的作用。如[44,45]：在 NaCl-KCl 熔盐体系中，低价钛离子在铂电极和低碳钢电极上电沉积析出时均存在形核和晶核长大过程，形核过程为瞬时形核，随后的长大过程受扩散控制。随着阴极过电位增大，晶核密度增大，选择适宜的阴极过电位在低碳钢上可以获得良好的钛沉积层。同时，过电位的变化也会改变钛离子与杂质金属离子在阴极电化学还原的竞争关系，对钛离子选择性还原制备高纯度金属钛具有至关重要的作用。

基于阴极过程控制，来调节钛结晶粒度、纯度和电沉积效率，以制备高纯金属钛，将在第 8 章进行详细介绍。

7.5　阴极钛产物湿法后处理

粗钛熔盐电解精炼金属钛产物往往为枝晶状，一般具有较高的夹盐率。因此，电解获得的阴极沉积物中，除了金属钛外，通常含有一定比例的熔盐电解质，包括碱金属卤化物和少量钛的低价氯化物，夹盐率最高可达到 40%以上。

为了获得高纯金属钛，需要实现结晶钛与电解质的分离，湿法后处理是最简单、有效的方法。因此，在钛电解精炼中，熔盐电解质需要采用水溶性的碱金属氯化物，如 NaCl-KCl 和 LiCl-KCl 体系。湿法后处理包括下述工序：破碎、浸洗、磨碎、湿法分级、脱水、烘干和包装。

7.5.1 破碎

从阴极刮落的沉积物为枝晶状，通常生长为较大的结合体。为了提高后续处理过程的可操作性，并提高浸洗效果，需要预先对阴极沉积物进行破碎，可采用颚式破碎机将其破碎为 5mm 左右的块体。块体过大影响后续浸洗效果，过小则增加产物氧含量。

7.5.2 浸洗

破碎后的阴极沉积物送入浸洗搅拌槽。尽管碱金属氯化物熔盐电解质可直接通过水洗去除，但由于熔盐中含有少量低价钛氯化物和微量金属杂质氯化物，水洗时易发生水解反应，生成金属氢氧化物沉淀，降低最终金属钛纯度。

因此，浸洗包括弱酸浸洗和水洗两阶段。第一阶段，在 1%的盐酸溶液中进行浸洗，将大部分熔盐电解质和金属氯化物去除。液固比为 5 : 1，时间 30min。由于钛离子主要以二价的形式存在于熔盐电解质中，在浸洗过程中，伴随氢气的析出反应。因此，浸洗需要在搅拌和排气通风条件下进行。

$$TiCl_2 + HCl \xlongequal{} TiCl_3 + 1/2H_2 \tag{7-33}$$

第二阶段，弱酸液排出后，在搅拌条件下，用清水对金属进行 3~5 次冲洗，以去除残余电解质和盐酸。冲洗后的水不等澄清即及时排出。

7.5.3 磨碎

浸洗后的金属钛送至棒磨机进行磨碎，目的是把大块结合体磨细，并分离大颗粒和细小颗粒。为了避免杂质引入，与金属接触的磨具均采用钛质材料。在金属、棒和水质量比为 1 : 1 : 1 条件下进行磨碎。根据金属加入量确定磨碎时间。

7.5.4 湿法分级、烘干和包装

磨碎金属粉根据粒度分级要求，通过网筛进行湿法筛分。分级钛粉通过离心或真空过滤脱水，然后装入铝制加热盘，层厚低于 50mm，放入真空干燥箱，在 80℃下烘干 3h。烘干结束后，在真空下冷却至室温，取出进行包装。

由于钛粉，特别是细小颗粒，比表面积大，具有较高的化学活性，是一种易自燃爆炸的物质，特别是在悬浮状态，具有较大的危险性。自燃温度与钛粉化学成分、粒度、颗粒形状、表面氧化程度、制备方法等有关。因此，在烘干、包装、储存和运输等工序中，必须严格按安全规程进行操作。

参 考 文 献

[1] 段淑贞，乔芝郁．熔盐化学原理与应用［M］．北京：冶金工业出版社，1990.

[2] 宋建勋．碱金属氯化物熔盐中钛离子电化学行为研究［D］．北京：北京科技大学，2014.

[3] Ginatta M V, Orsello G, Berruti R. Method and cell for the electrolytic production of a polyvalent metal [P]. US5015342, 1991-05-14.

[4] 莫雯静，高新华．低价氯化钛盐的制备与分析［J］．北京钢铁学院学报，1988（10）：90-95.

[5] 黎锡强．金属钛还原 $TiCl_4$ 制备低价氯化物［J］．稀有金属，1987（1）：11-14.

[6] Ferry D, Castrillejo Y, Picard G. Acidity and purification of the molten zinc chloride (33.4 mol%)-sodium chloride (66.6 mol%) mixture [J]. Electrochimica Acta, 1989, 34 (3-4): 313-316.

[7] 王新东，段淑贞．电化学滴定法确定氟化物熔盐中氧化物量［J］．北京科技大学学报，1993，15（5）：526-530.

[8] Castrillejoa Y, Martíneza A M, Haarbergb G M, et al. Oxoacidity reactions in equimolar molten $CaCl_2$-NaCl mixture at 575℃ [J]. Electrochimica Acta, 1997, 42 (10): 1489-1494.

[9] 哥宾客 B T，安琪平 J I H，奥列索夫 O T，等．钛的熔盐电解精炼［M］．高玉璞，译．北京：冶金工业出版社，1981.

[10] Kreye W C, Kellogg H H. Equilibrium between titanium metal, $TiCl_2$ and $TiCl_3$ in NaCl-KCl melts [J]. Journal of the Electrochemical Society, 1957, 104: 504-508.

[11] Mellgren S, Opie W. Equilibrium between titanium metal, titanium dichloride, and titanium trichloride in molten sodium chloride-strontium chloride melts [J]. Journal of Metals, 1957 (2): 266-269.

[12] 黎锡强．氢还原 $TiCl_4$ 制备 $TiCl_3$ 的研究［J］．稀有金属，1987（2）：68-70.

[13] Sekimoto H, Nose Y, Uda T, et al. Revaluation of equilibrium quotient between titanium ions and metallic titanium in NaCl-KCl equimolar molten salt [J]. Journal of Alloys and Compounds, 2011, 509: 5477-5482.

[14] Wang Q Y, Song J X, Hu G J, et al. The equilibrium between titanium ions and titanium metal in NaCl-KCl equimolar molten salt [J]. Metallurgical and Materials Transactions B, 2013, 44B: 906-913.

[15] 胡国静．熔盐电解制备高纯钛金属［D］．北京：北京科技大学，2012.

[16] 周志辉．融盐电解精炼制备高纯钛的工艺研究［D］．长沙：中南大学，2011.

[17] 吴全兴．高纯钛的制取［J］．加工技术，1996（5）：14-16.

[18] 吴全兴．电解法制取高纯钛［J］．钛工业进展，1995（4）：20-21.

[19] 徐永兰，刘平安，高玉朴．在含有钛离子的氯化物熔盐中氟离子对钛阳极电极电位的影响［J］．化工冶金，1986（2）：29-32.

[20] Lantelme F, Salmi A. Electrochemistry of titanium in NaCl-KCl mixtures and influence of dissolved fluoride ions [J]. Journal of the Electrochemical Society, 1995, 142 (10): 3451-3456.

[21] 朱晓波 . 熔融碱金属卤化物中电解制备高纯钛研究 [D]. 北京：北京科技大学，2012.
[22] 高玉璞，郭乃名，王春福 . 电解精炼过程中结晶粒度影响因素的研究及制取合格 Ti 粉的条件 [J]. 过程工程学报，1980 (3)：70-85.
[23] 高玉璞，郭乃名，王春福 . 电解精炼制取合格钛粉的研究 [J]. 稀有金属，1983 (2)：16-20：
[24] 高玉璞，郭乃名，王春福 . 钛熔盐电解精炼过程中阳极电流密度对结晶粒度的影响 [J]. 稀有金属，1987 (1)：7-10.
[25] 李兆军，高玉璞，郭乃名 . 钛电解精炼中阳极过程的研究 [J]. 稀有金属，1989 (4)：307-310.
[26] Lantelme F，Kuroda K，Barhoun A. Electrochemical and thermodynamic properties of titanium chloride solutions in various alkali chloride mixtures [J]. Electrochimica Acta，1998，44：421-431.
[27] Song Jianxun，Hu Guojing，Wang Qiuyu，et al. Preparation of high purity titanium by electrorefining in NaCl-KCl melt [C]. The 4th Asian Conference on Molten Salts and Ionic Liquids，44th Symposium on Molten Salt Chemistry，Japan，2012：120-126.
[28] Song Jianxun，Wang Qiuyu，Kang Minho，et al. The equilibrium between $TiCl_2$，$TiCl_3$ and metallic titanium in molten binary mixtures of LiCl [J]. Electrochemistry，2014，82 (12)：1047-1051.
[29] Song Jianxun，Hu Guojing，Wang Qiuyu，et al. The equilibrium between titanium ions and electrodeposition of high purity titanium in NaCl-KCl melts [J]. International Journal of Minerals，Metallurgy and Materials，2014，21：660-665.
[30] Zhu Xiaobo，Wang Qiuyu，Song Jianxun，et al. The equilibrium between metallic titanium and titanium ions in LiCl-KCl melts [J]. Journal of Alloys and Compounds，2014，587：349-353.
[31] Fukasawa K，Uehara A. Electrochemical and spectrophotemetric study on neodymium ions in molten alkali chloride mixtures [J]. Journal of Alloys and Compounds，2011，509：5112-5118.
[32] Fukasawa K，Uehara A，Nagai T，et al. Electrochemical and spectrophotemetric study on trivalent neodymium ion in molten binary mixtures of LiCl and alkali earth chlorides [J]. Journal of Nuclear Materials，2011，414：265-269.
[33] Fukasawa K，Uehara A，Nagai T，et al. Thermodynamic properties of trivalent lanthanide and actinide ions in molten mixtures of LiCl and KCl [J]. Journal of Nuclear Materials，2012，424 (1-3)：17-22.
[34] Song Jianxun，Wang Qiuyu，Zhu Xiaobo，et al. The influence of fluoride ion on the equilibrium between titanium ions and electrodeposition of titanium in molten fluoride-chloride salt [J]. Materials Transactions，2014，55：1299-1303.
[35] Song Jianxun，Wang Qiuyu，Wu Jinyu，et al. The influence of fluoride ions on the equilibrium between titanium ions and titanium metal in fused alkali chloride melts [J]. Faraday Discussions，2016，190：421-432.
[36] Chen G，Okido M，Oki T. Electrochemical studies of titanium ions (Ti^{4+}) in equimolar KCl-

NaCl molten salts with 1wt% K_2TiF_6 [J]. Electrochimica Acta, 1988, 32 (5): 1637-1642.

[37] Chen G, Okido M, Oki T. Electrochemical studies of the reaction between titanium metal and titanium ions in the NaCl-KCl molten salt system at 973K [J]. Journal of Applied Electrochemistry, 1987, 17: 849-856.

[38] Chen G, Okido M, Oki T. Electrochemical studies of titanium in fluoride-chloride molten salts [J]. Journal of Applied Electrochemistry, 1988, 18 (1): 80-85.

[39] Lantelme F, Berghoute Y, Salmi A. Cyclic voltammetry at a metallic electrode: application to the reduction of nickel, tantalum and niobium salts in fused electrolytes [J]. Journal of Applied Electrochemistry, 1994, 24 (4): 361-367.

[40] Lantelme F, Berghoute Y. Transient electrochemical techniques for studying electrodeposition of Niobium in fused NaCl-KCl [J]. Journal of Electrochemical Society, 1994, 141: 3306-3311.

[41] Lantelme F, Barhoun A, Kuroda K. Role of the oxoacidity and ligand effect in the electrospinning of titanium in fused salts [J]. Journal of Electrochemical Society, 1997, 38: 159-172.

[42] Scharifker B, Hills G J. Theoretical and experimental studies of multiple nucleation [J]. Electrochimica Acta, 1983, 28: 879-889.

[43] 周绍民. 金属电沉积原理与研究方法 [M]. 上海：上海科学技术出版社, 1987.

[44] 段淑贞, 顾学范, 乔芝郁, 等. NaCl-KCl 熔盐体系中电镀钛的基础研究（一）[J]. 稀有金属, 1992, 16: 102-105.

[45] 段淑贞, 康莹, 顾学范, 等. NaCl-KCl 熔盐体系中电镀钛的基础研究（二）[J]. 稀有金属, 1993, 17: 348-350.

8 熔盐电解精炼高纯钛质量控制

钛熔盐电解精炼过程，少量金属杂质，特别是与钛平衡电位相近的金属，将与钛同时从阳极溶解，并在阴极共电沉积，造成金属钛纯度降低。杂质元素在粗钛和阴极沉积钛中的存在形式，将影响其阳极溶出和阴极电沉积过程。杂质在钛中的存在形式（如固溶体或化合物）取决于其与金属钛间的相互作用行为，并与杂质原子的电子结构、原子半径、晶格类型、电负性等因素紧密相关。钛与常见杂质元素间的反应特征见表 8-1。Cr、Mn、Fe、Co、Pd、Ni 等金属杂质通常会与 Ti 生成化合物相，这些杂质相中金属的真实溶出电位与纯金属单质溶出电位存在一定差别，因此会影响该元素在电位序列中的位置。

表 8-1 金属钛与杂质元素反应分类[1]

分类	元　　素	钛的反应特征
间隙元素	C、O、N、B、H	与 Ti 包析反应形成间隙固溶体，更多溶于 α-Ti
替代元素	Al、Ca	与 Ti 包析反应形成替代式固溶体，更多溶于 α-Ti
	Zr、Sn	中性元素，在 α、β-Ti 中均有较大的固溶度
	Mo、V、Ta、Nb	无限固溶于 β 相，无化合物
	Cu、Ag、Au、Ni、Si	与 Ti 发生共析相变，生成化合物相，易形成珠光体片层结构
	Cr、Mn、Fe、Co、Pd	与 Ti 发生共析相变，生成化合物相

图 8-1 列出了不同杂质元素还原电位[1]。Mg 和 Mn 的还原电位低于金属钛，在精炼过程中会与钛一起溶出。其中，Mg 的溶出电位偏离钛金属高达 0.68V，一般不会在阴极电化学还原析出，精炼效果较好；Mn 的溶出电位与钛金属十分接近，当 Mn 离子在熔盐中积累到一定量时，会与钛离子在阴极同时电沉积，对于含锰较高的钛一般精炼除锰效果不理想。Al、V、Zr、Zn、Cr、Cd 等杂质元素的还原电位也与金属钛十分接近，称之为窗口元素，处于窗口元素的杂质很容易与钛离子同时溶出并同时在阴极析出，影响金属钛纯度。Fe、Si、Ni 的溶出电位明显高于钛，在精炼过程中主要留在阳极泥中，在适宜的电解条件下可获得 Fe、Si、Ni 含量很低的钛结晶。

另一方面，结晶钛粒度和结构对产物纯度也有明显的影响，粒度较小的结晶钛比表面积大，在后处理过程，易与氧发生反应，造成钛产品氧含量增高。因

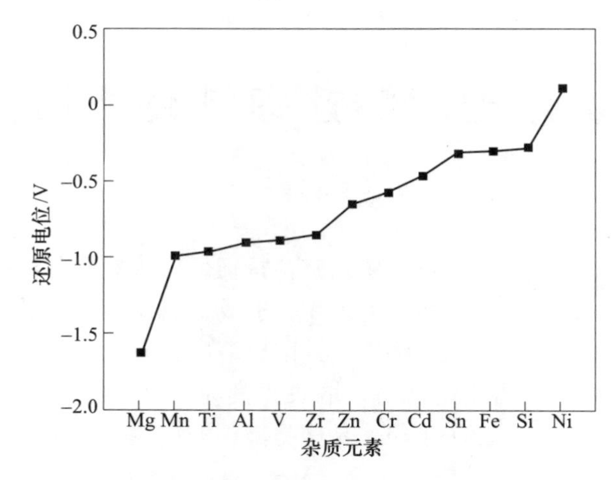

图 8-1　杂质元素还原电位序列图（参比电极 Ag/AgCl）[2]

此，钛的选择性电沉积和结构调节是实现精炼钛纯度控制的关键，两者均与电解精炼过程熔盐体系、电解工艺等因素紧密相关。

氯化物是钛电解精炼的主要熔盐体系，本章主要针对 NaCl-KCl、NaCl-KCl-KF、LiCl-KCl 三种熔盐体系，重点介绍电解精炼工艺和氟离子对电沉积钛纯度、粒度、夹盐率以及阴极电流效率的影响规律，将为掌握低氧、高纯钛晶体制备方法奠定坚实基础。

8.1　NaCl-KCl 熔盐体系

NaCl-KCl 熔盐是钛电解精炼常用的一种电解质，在该体系中可以电沉积获得大晶粒金属钛。早在 20 世纪 60 年代，苏联全苏铝镁研究院就在质量比为 1 ∶ 1 的 NaCl-KCl 电解质中，电解精炼海绵钛废料制备高纯度金属钛，并完成半工业规模试验，确定了主要参数和指标：

可溶钛浓度	2%～6%		
电解温度	700～850℃		
阳极电流密度	0.2～0.4A/cm^2		
阴极电流密度	0.2～1.2A/cm^2		
每棒电解时间	2～6h		
阴极电流效率	0.35～0.55g/(A · h)		
阳极材料回收率	80%～90%		
沉积物中夹盐率	20%～40%		
阴极钛粒度	+1mm	−1+0.25mm	−0.25mm
	60%～40%	30%～45%	10%～15%

8.1.1　结晶钛纯度

众所周知，在天然含钛矿物中，钛和铁通常共伴生，如典型的钒钛磁铁矿，在 Kroll 法生产的海绵钛中，往往含有一定量的铁，主要来源于 $TiCl_4$、Mg 等原料和反应、破碎等铁质设备。在国标（GB/T 2524—2002）中，特级海绵钛的铁含量为≤0.06%。尽管铁的电位较钛正，但在海绵钛电解精炼过程中，仍不可避免在阴极钛产物中引入铁杂质，进而影响高纯钛的使用性能。如：在使用高纯钛制作半导体集成电路表面线路时，杂质 Fe 会造成集成电路薄膜界面发生漏损并且使结合力变差[3,4]，因此，对高纯钛纯度，特别是铁含量要求较高。

钛晶体杂质含量主要与阴极电流密度、反应器材质、电解质纯净程度等因素有关。图 8-2 为在钛离子浓度为 4.16wt%、阳极电流密度（j_a）为 0.05A/cm^2 条件下，阴极电流密度（j_c）与结晶钛中 Fe 含量的关系[5]。可以清楚地看到，随着阴极电流密度的增加，结晶钛中 Fe 含量会升高，尤其是在以 304 不锈钢作为坩埚时最为明显。随着阴极电流密度升高，阴极浓差极化增强，过电位升高，造成熔盐中铁离子在阴极析出的速率增加。由图 8-1 所示电位序列可知，Fe 电位较高，在精炼过程中一般不会在阳极溶出，而是留在阳极泥中。也就是说，阴极析出的铁元素理论上并非来源于阳极，而是来源于电解质中原有的铁杂质。同时，坩埚材质对 Fe 含量有明显的影响，结晶钛中的 Fe 元素偏高主要可能是由于熔盐电解质被与其直接接触的铁质反应器污染，造成熔盐中 Fe 含量升高，进而导致结晶钛中 Fe 含量升高。另一方面，在电解质制备过程中，通常使用 304 不锈钢反应器和 304 不锈钢 $TiCl_4$ 导管，这些含铁装置都会不同程度上污染电解质。从图 8-2 中可以看出，在使用高纯石墨坩埚时，Fe 含量明显降低，可维持在 30ppm 以下。所以选择合适反应器材料对获得高纯钛结晶也至关重要。

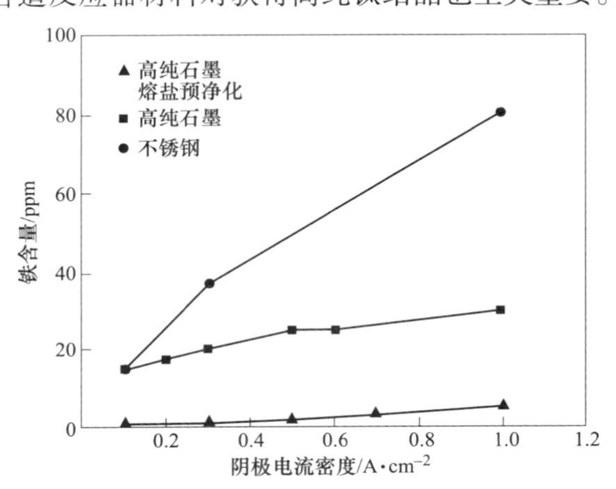

图 8-2　阴极电流密度对结晶钛中 Fe 含量的影响[5]

为获得低 Fe 含量的高纯金属钛，在低价钛熔盐电解质制备过程中，改用高纯石墨坩埚和石英 $TiCl_4$ 导管，以避免其对电解质的污染。NaCl-KCl 共晶盐在 Ti 与 $TiCl_4$ 反应之前，先经过高温真空脱水、HCl 高温化学除氧净化处理，然后以高纯石墨作为阴、阳极，在 2.7V 槽压下进行预电解净化处理。同时，将 $TiCl_4$ 导管直接插入高纯石墨坩埚底层的海绵钛中，在微负压（-0.01MPa）条件下通入 $TiCl_4$，使 $TiCl_4$ 与 Ti 发生反应。电解质制备过程不再使用不锈钢反应器，虽然会使 $TiCl_4$ 和 Ti 难以充分反应，但是可以避免反应器对电解质的污染。测定所制备的低价钛盐浓度，然后添加经过净化处理后的 NaCl-KCl 共晶盐稀释成所需钛离子浓度的电解质。电解质净化处理对降低结晶钛中铁元素十分有效，如图 8-2 所示，以高纯石墨为坩埚，电解质净化处理后所得结晶钛中 Fe 含量可维持在 5ppm 以下。在电流密度较小时，Fe 含量甚至可降低至 1ppm 以下，满足 5N 级高纯钛的要求。

根据图 8-1，Mn、Al 和 V 是典型的窗口金属杂质。表 8-2 为各种阴极电流密度时，钛产物中 Mn、Al、V 等典型窗口金属杂质元素的含量，括号内为粗钛中 Mn、Al 和 V 含量。可以看出，电解精炼对于三种金属杂质元素的去除效果均非常明显。在相同阳极电流密度（j_a=0.05A/cm^2）下，随着阴极电流密度的增加，产物中 Mn、Al、V 的含量增加，尤其以 Mn 的增加最为显著。在同样条件下，随着阴极电流密度增大，钛离子电化学还原速度增加，电极表面钛离子快速消耗，难以得到及时补充，浓差极化增大，造成界面区富集的金属杂质与钛离子的浓度比明显提高，导致金属杂质离子与钛离子在阴极发生共电沉积，致使阴极钛产物中杂质含量增大。

表 8-2　不同阴极电流密度下阴极产物中 Mn、Al、V 的含量（5.2wt% Ti）[5]

j_c/A · cm^{-2}	Mn(50)	Al(55)	V(70)
0.1	10	8	8
0.3	14	8	10
0.5	20	9	13

表 8-3 为不同阳极电流密度溶解钛过程，阴极电沉积钛产物中 Mn、Al、V 的含量，可以很明显看出，阳极电流密度越大，阴极钛产物中的金属杂质元素含量越高。根据 Tafel 公式，阳极电流密度增大，过电位增大，造成窗口金属杂质与钛同时溶出，进入熔盐电解质，并在熔盐中富集，当浓度达到一定程度后，将与钛离子共电沉积，造成阴极产物中杂质含量增高。另一方面，阳极电流密度增大，阳极溶解进入熔盐中的钛离子平均价态增高，阴极电化学还原极化增大，也有助于杂质离子的共电还原。因此，在可以保证阳极粗钛正常溶解的情况下，需要保持较小的阳极电流密度。

表 8-3 不同阳极电流密度下阴极产物 Mn、Al、V 的含量（5.2wt% Ti）[5]

j_a/A · cm^{-2}	Mn(50)	Al(55)	V(70)
0.05	10	8	8
0.1	16	16	12
0.2	22	20	15

以高纯石墨为坩埚，海绵钛为阳极（置于 304 不锈钢篮筐中），工业钛板（99.3%~99.5%）为阴极，NaCl-KCl 电解质经过高温真空脱水、HCl 高温化学净化和预电解净化处理，在钛离子浓度为 8.65wt%，表观阳极电流密度为 0.05A/cm^2，阴极电流密度为 0.5A/cm^2 条件下，电解 2h 可得到大颗粒致密结晶钛。结晶钛元素成分列于表 8-4[5]。

表 8-4 结晶钛杂质元素含量[5]

元素	高纯钛（4N5）	阳极粗钛	精炼后结晶钛	除杂率/%
C	50	140	22	84.3
O	300	750	30	96.0
N	50	150	10	93.3
Fe	10	350	1	99.7
Cr	5	100	5	95.0
Mn	5	50	7	86.0
V	7	55	4.5	91.8
Al	5	70	7.5	89.3
Si	5	50	2	96.0
Ni	10	70	1	98.6
Mg	1	150	5	96.7

对于电位较高的 Fe、Ni、Si、Cr 等元素除杂率高达 95%以上，这是因为在电解时采用了较小的阳极电流密度，阳极极化较小，Fe、Ni、Si、Cr 等不易随钛离子同时溶出，趋于留在阳极泥中，而熔盐电解质经过净化处理后已十分纯净，所以对 Fe、Ni、Si、Cr 精炼效果十分理想，其中，Fe、Ni、Si 可满足 5N 级高纯钛的要求。Mg 元素的还原电位低于 Ti，会随着钛离子溶入电解质，但是 Mg 的还原电位负于钛高达 0.68V，在适宜的阴极电流密度下可以控制 Mg 离子不在阴极析出，除杂率高达 96.7%。值得注意的是，对于窗口元素 Mn、Al、V 等，虽然很难控制其阳极溶出和阴极还原过程，但是仍然获得了较好的除杂效果。电解质经过净化处理后十分纯净，相比于低价钛离子，Mn、Al、V 金属离子在电解质中含量极少，导致其真实还原电位显著负移，因此可实现钛的选择性电沉积。只有当阳极溶解出来的 Mn、Al、V 等活性离子在熔盐电解质中缓慢聚集到一定浓

度时，部分 Mn、Al、V 离子才会随着钛离子一起在阴极析出。电解质起到一定的缓冲作用，从而达到精炼除杂的效果。对于窗口元素的精炼效果均达到 85%以上。当电解时间变长时，结晶钛中窗口元素含量会相应地增加，此时需要对熔盐进行更换或净化除杂。

总体上讲，利用熔盐电解精炼法可以获得 4N5 级高纯钛，部分元素 Fe、Ni、C、N、O 均达到 5N 级高纯钛要求，其中氧含量可以降至 30ppm，这比一般 5N 级高纯钛的氧含量低得多。在熔盐电解精炼的基础上，再结合电子束熔炼、区域熔炼等多种精炼方法，可制备出 6N 级高纯钛。从图 8-3 的 EDS 能谱图上，可以看到结晶钛几乎没有任何杂峰，说明结晶钛已达到高纯的标准[5]。

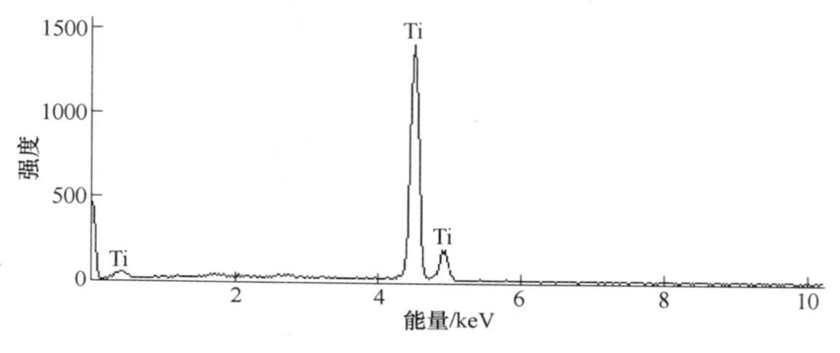

图 8-3　结晶钛 EDS 能谱图[5]

8.1.2　结晶钛粒度

电子工业对高纯钛中氧含量有较高的要求，氧含量升高会使钛电阻增加，塑性降低，易断裂。结晶钛中 O 含量除了受电解槽气氛影响外，主要是由结晶钛颗粒大小所决定的。从图 8-4 可看到，随着结晶钛平均粒度减小，含氧量急剧增

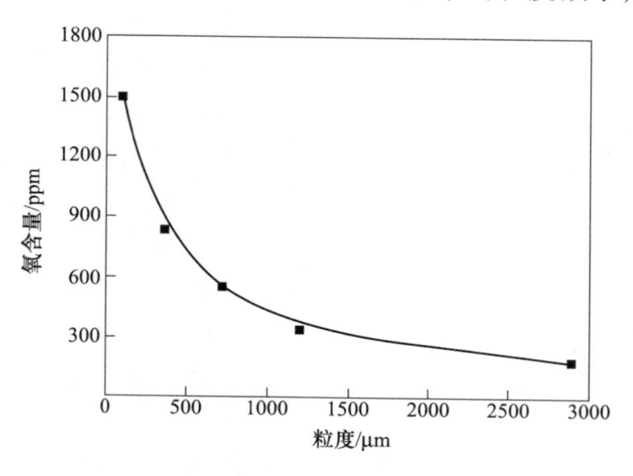

图 8-4　结晶钛平均粒度对氧含量的影响[5]

大，甚至达到1500ppm，高于钛原料的含氧量[5]。粗钛原料中的氧元素是以氧化物形式存在的，利用O^{18}同位素示踪技术证实，在电解精炼过程中，氧元素会留在阳极泥中而不会溶出[6]。当结晶钛为细小粉末时，比表面积大，活性较高，在对电解产物进行后续湿法处理和干燥过程中极易被氧化。另外，阴极产物会夹带熔盐电解质，在后续处理过程中会有部分电解质水解为难溶的 $Ti(OH)Cl_2$、TiOCl 粉末，并与结晶钛粉混合而难以分离，污染阴极产物，造成氧含量升高[6]。大颗粒结晶夹盐率较低，产生的水解不溶物相对较少。由于水解不溶物粉末与大颗粒结晶钛粒度相差较大，所以很容易将其筛分分离，而细小颗粒的结晶钛则难以分离。要获得 4N 级及纯度更高的结晶钛，必须控制结晶形貌，提高结晶钛粒度。

大的结晶粒度可以有效降低氧含量。由形核理论可知电结晶粒度取决于形核速度与晶核生长速度之间的相互竞争关系。晶核密度 N_0 与过电位 η 存在式（8-1）的关系[7,8]：

$$N_0 = a\exp\left(-\frac{b}{\eta^2}\right) \tag{8-1}$$

过电位即电沉积电流密度增大，将导致晶核形成速度大于晶核生长速度，晶核密度增加，难以长大，电解产物颗粒细小；相反，过电位较小时，晶核生长速度增大，已经形成的晶核将不断地长大，此时电解产物为大颗粒结晶或致密体[9]。因此，影响钛离子电化学还原过电位的因素，如电流密度、钛离子浓度、钛离子形态等，均可起到调节结晶态粒度的作用。

图 8-5 为工业钛板为阳极，阳极电流密度 j_a 为 0.05A/cm^2，阴极电流密度 j_c 为 0.5A/cm^2，NaCl-KCl 熔盐体系中低价钛离子浓度对结晶钛平均粒度的影响规律[5]。可以看出随着钛离子浓度增加结晶钛粒度增大。钛离子浓度增加改善了传

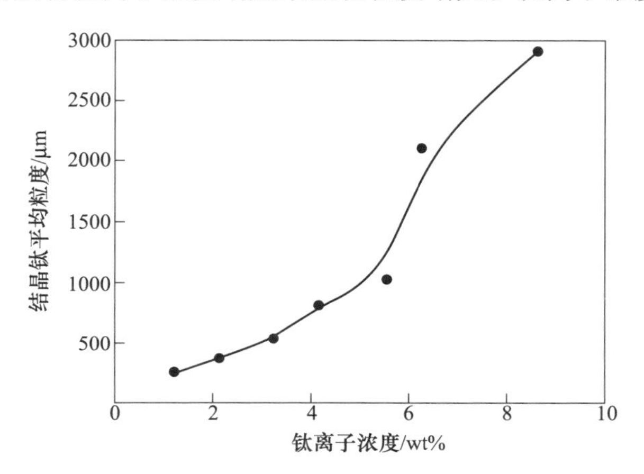

图 8-5　钛离子浓度对结晶钛平均粒度的影响[5]

质过程，因而降低了浓差极化过电位。在总电流不变的前提下，过电位降低，可减小形核速度，而加速晶核生长，因此，结晶钛粒度增大。不同钛离子浓度下所得结晶钛 SEM 照片如图 8-6 所示[5]。可以直观清晰地看到，随钛离子浓度增大，结晶钛粒度增大。特别是在钛离子浓度为 8.65wt%时，施加适宜的机械搅拌可获得硕大致密体。对电解质进行适宜的机械搅拌能够进一步改善传质过程，促进晶核生长，除了大颗粒致密的结晶钛（见图 8-6（g））外，靠近阴极板处还有部分致密薄膜状结晶钛，如图 8-6（h）所示。

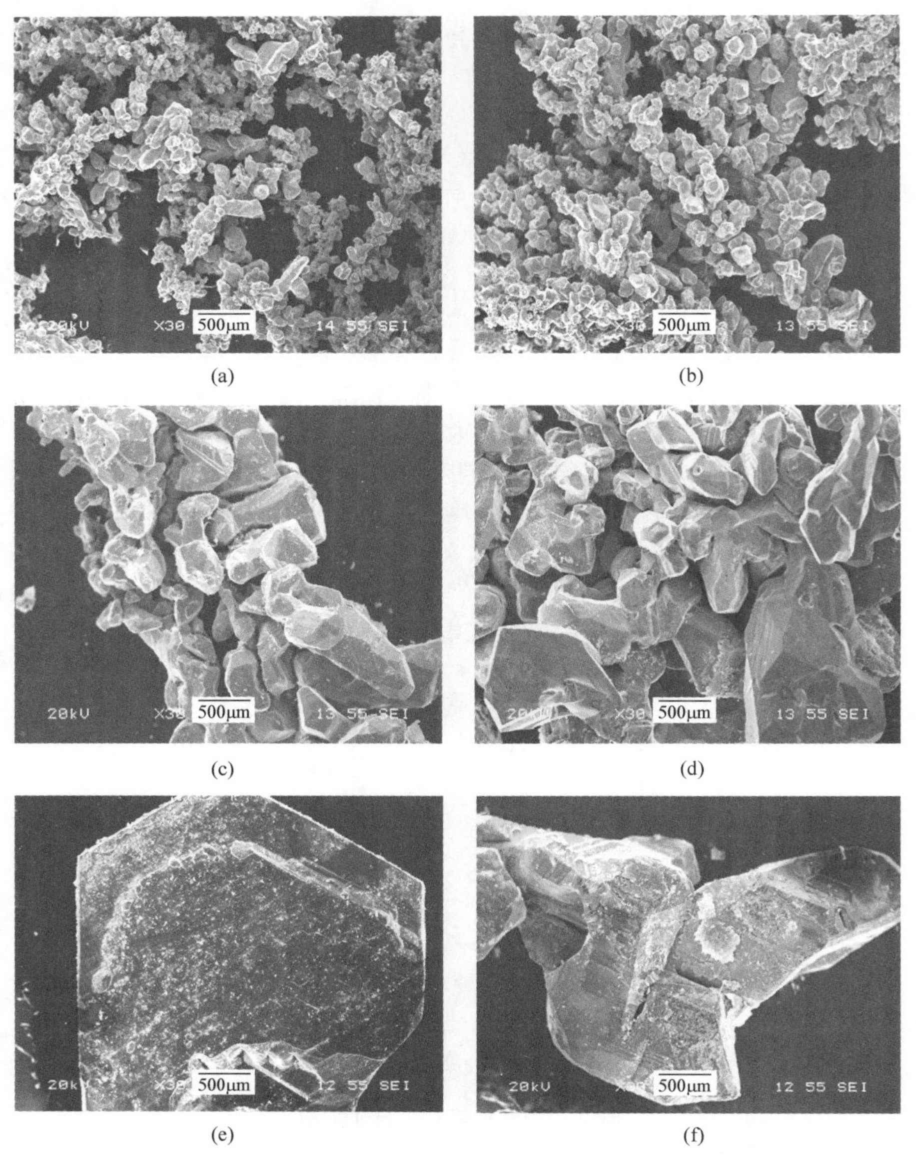

(a)　(b)
(c)　(d)
(e)　(f)

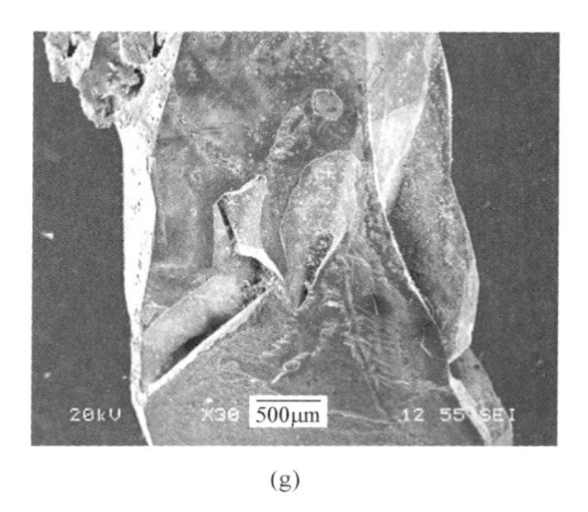

(g)

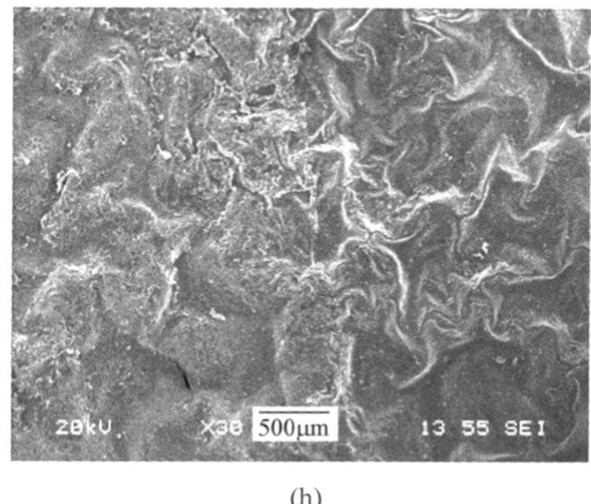

(h)

图 8-6　不同钛离子浓度时结晶钛 SEM 形貌[5]

（a）1.21wt%；（b）2.13wt%；（c）3.24wt%；（d）4.16wt%；

（e）5.56wt%；（f）8.65wt%；（g）（h）8.65wt%+机械搅拌

图 8-7 为在钛离子浓度为 8.65wt%时的 NaCl-KCl 熔盐电解质中，固定 ja 为 0.05A/cm^2、不同 jc 和固定 jc 为 0.5A/cm^2、不同 ja 时的结晶钛平均粒度[5]。可以看出，固定 ja 为 0.05A/cm^2 时，随着阴极电流密度的增加，结晶钛颗粒先增大然后又变小；固定 jc 为 0.5A/cm^2 时，随着阳极电流密度的增加，结晶钛颗粒不断细化。

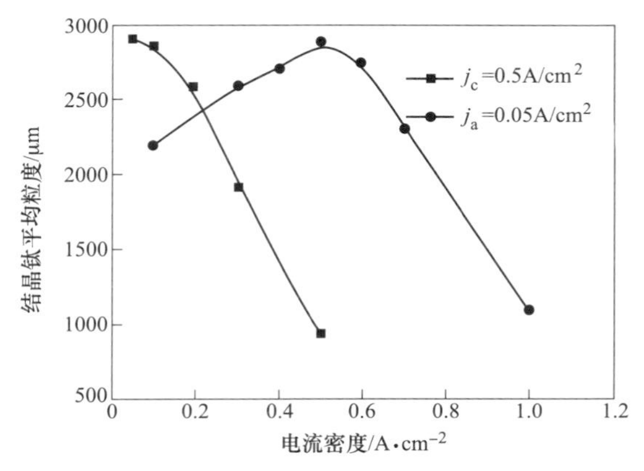

图 8-7　阴、阳极电流密度对结晶钛粒度的影响[5]

（[Ti]=8.65wt%）

由式（8-1）可知，理论上过电位增加将有利于形核，使晶核密度增大。固定 j_a，当 j_c<0.5A/cm^2 时，电沉积速率低，且熔盐中钛离子浓度较高，离子传质过程能够及时补充电极表面钛离子的消耗。因此，随电流密度增加，阴极过电位变化相对较小，也就是说增加的电流绝大多数贡献于晶核生长，所以结晶钛颗粒不断变大。当 j_c超过 0.5A/cm^2 时，电极表面 Ti^{2+}被严重消耗，不能得到及时有效的补充，

造成严重浓差极化，导致过电位升高，形核占主导地位，产生大量晶核，但是难以长大。固定j_c时，随着j_a的增加，阳极过电位升高，阳极溶解的钛离子由 Ti^{2+}形式为主逐渐转变为以 Ti^{3+}形式为主，同时熔盐中的部分 Ti^{2+}也会被阳极氧化为 Ti^{3+}，使阴、阳极之间电解质中的Ti^{3+}浓度升高。Ti^{2+}是以简单阳离子形式存在，而 Ti^{3+}是以络离子 $TiCl_6^{3-}$、$TiCl_4^-$ 形式存在，相对稳定。阴极还原时，三价钛络合离子相对于简单 Ti^{2+}有较高的过电位，有利于形核，使晶核密度增加，而晶核生长则相对缓慢，导致结晶钛颗粒变细。如果要想获得大颗粒、致密的结晶钛，需要选择高的钛离子浓度、低的阳极电流密度和大小适宜的阴极电流密度。

8.1.3　阴极电流效率

电流效率是电化学冶金最重要的经济技术指标之一，反映了生产过程中的能耗和效益水平。在获得理想电解产品的同时，提高电流效率对降低成本、提高经济效益至关重要。

电流效率计算公式为：

$$\eta = \frac{M_{\text{actual}}}{M_{\text{theoretical}}} \times 100\% \tag{8-2}$$

式中，M_{actual}与$M_{\text{theoretical}}$分别为实际获得电解产物质量和按照法拉第定律计算理论应获得的产物质量。

$$M_{\text{theoretical}} = \frac{ItM_{\text{Ti}}}{nF} \tag{8-3}$$

式中，I 为实际电解电流；t 为实际电解时间；M_{Ti}为金属钛原子质量；n 为离子转移数；F 为法拉第常数。

影响电流效率的主要因素是熔盐中钛离子形态和浓度、电流密度、钛-钛离子平衡转化反应等因素。表 8-5 为在钛离子浓度为 3. 24wt%、j_a为 0. 05A/cm² 以及j_c分别为 0. 3A/cm² 和 0. 4A/cm² 时，在有、无足量海绵钛饱和条件下钛电沉积电流效率[5]。从表中数据可以清楚地看到，熔盐中加入足量的海绵钛饱和电解质后，可以明显地提高电流效率。在熔盐电解质中金属钛与钛离子之间存在着平衡转化反应，在有过量海绵钛存在条件下，熔盐中钛离子平均价态可稳定在约 2. 2；在没有海绵钛饱和的情况下，电解 2h 后，熔盐中钛离子平均价态升高至约 2. 4，也就是说三价钛离子浓度大幅升高，此时在阴极还原的三价钛离子的比例

表 8-5　海绵钛饱和 NaCl-KCl 熔盐电解质对电流效率的影响[5]

Ti/wt%	j_a/A · cm^{-2}	j_c/A · cm^{-2}	电流效率/%	
			无海绵钛饱和	海绵钛饱和
3. 24	0. 05	0. 3	74	81
3. 24	0. 05	0. 4	69	77

也会升高，还原难度增大。同时，按 Ti^{2+}电化学还原为基准计算电流效率，电流效率必然会相应下降。

图 8-8 为在不同钛离子浓度条件下，固定 j_a为 0.05A/cm²，阴极电流密度 j_c对钛电沉积电流效率的影响[5]。可以看出，钛离子浓度增加，有利于提高电流效率。然而，在所有钛离子浓度下，都存在着最佳的阴极电流密度范围，钛离子浓度越高，则相应的最佳电流密度也升高。钛离子浓度为 2.13wt%、4.16wt%和 8.65wt%时，最佳 j_c分别约为 0.2A/cm²、0.3A/cm² 和 0.4A/cm²。阴极电流密度过低和过高都会使结晶钛细化，与阴极基体附着力变弱，增加了钛粉的损失率，使表观电流效率下降。

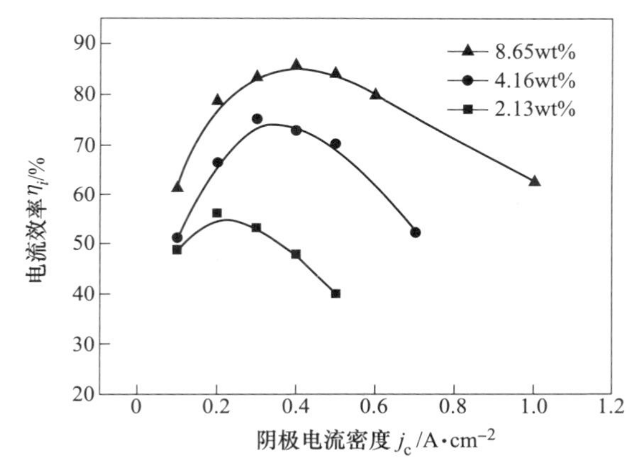

图 8-8 不同钛离子浓度下，阴极电流密度对电流效率的影响[5]

图 8-9 为在固定阴极电流密度为 0.3A/cm²，钛离子浓度为 4.16wt%时，阳极电流密度对阴极电流效率的影响[5]。可看到，阳极电流密度的增加会使电流效率

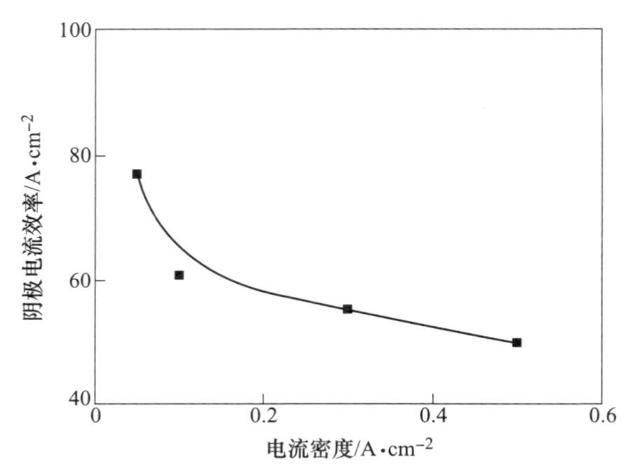

图 8-9 阳极电流密度对阴极电流效率的影响[5]

(j_c=0.3A/cm²; [Ti]=4.16wt%)

显著下降。随着阳极电流密度增加，阳极极化增强，阳极过电位升高，以 Ti^{2+} 溶出为主的阳极过程向以 Ti^{3+} 溶出为主逐渐转变，同时熔盐中原有的 Ti^{2+} 也会在阳极被氧化为 Ti^{3+}，造成熔盐中 Ti^{3+} 浓度不断升高。Ti^{3+} 在阴极还原的比例升高，被还原为 Ti^{2+} 后，其中一部分 Ti^{2+} 进一步还原为钛金属，另一部分 Ti^{2+} 则再次迁移到阳极重新被氧化为 Ti^{3+}，造成了电流空耗。当以 Ti^{2+} 电化学还原为基准计算电流效率时，电流效率必然明显下降。同时，阳极电流密度增加，由于熔盐中低价钛平均价态增大，使结晶钛细化，比表面积增大，易于与熔盐中 Ti^{3+} 发生反应，造成电沉积钛损失。另外，钛细粉与阴极基体附着力变弱，阴极沉积的结晶钛粉末会有部分脱落于熔盐中，在后期处理过程中损失率增加。为获得高的阴极电流效率，应该选择较小阳极电流密度。

8.1.4　沉积钛夹盐率

熔盐电解金属产物多数为钛粉末或枝晶，电解结束后，固态熔盐往往夹杂在粉末状产物的缝隙中，因此在阴极板上获得的产物为结晶钛和熔盐的混合体。熔盐夹杂过多将增加电解钛后续处理难度和影响钛产品纯度。夹盐率与结晶态粒度紧密相关，图 8-10 为结晶态平均粒度与夹盐率的关系[5]。结晶钛粒度越小，夹盐率越高。这是因为结晶钛为板状致密体或大颗粒致密结晶时，金属钛颗粒之间的空隙少且较大。液态熔盐很容易滴落，只需将阴极提出熔盐液面，在 700℃以上高温区静置 30min，便可以将夹盐率控制在较低水平。当结晶钛平均粒度达到 2900μm 时，其夹盐率可降至 10%左右，这不仅有利于获得低氧含量的结晶钛，也使后期湿法处理变得简单；结晶钛平均粒度在 250μm 左右时，夹盐率高达 80%，此时结晶钛几乎全部被电解质所包覆，处理后所得结晶钛氧含量较高，严重影响结晶钛质量。处理高夹盐率阴极产物时，操作繁琐，需要反复更换酸液，

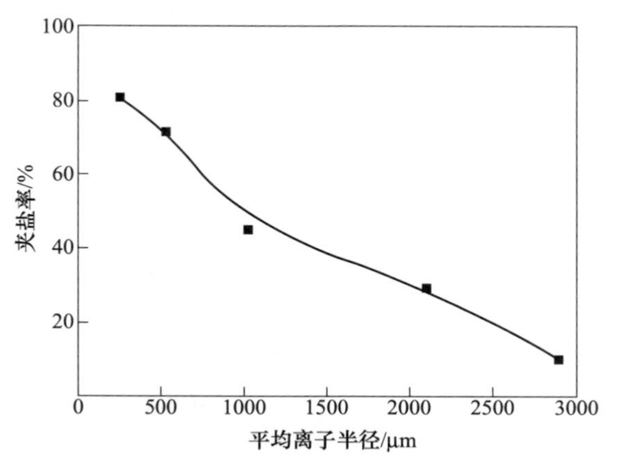

图 8-10　结晶钛平均粒度与夹盐率关系[5]

不断过滤，增加了处理成本。夹盐率较低时，阴极产物未经稀盐酸湿法处理便可以得到具有金属光泽的产物（见图 8-11）[5]。

图 8-11 阴极产物（未经湿法处理）[5]

（$j_a=0.05A/cm^2$；$j_c=0.3A/cm^2$；[Ti]=4.16wt%）

由于阴极产物夹盐率与结晶钛粒度直接相关，所以可以通过控制阴极产物粒度的方式来控制夹盐率，控制过程与 8.1.2 节相同。结晶钛粒度越大，夹盐率就越小，氧含量也随之减小，结晶钛质量也越高。所以，为获得高纯钛金属必须控制电解条件以电沉积大颗粒或板状致密结晶钛。工业应用时需要对电解钛进行二次熔炼。将 4N5 高纯钛在非自耗式电弧炉进行熔炼，得到了光亮银白色的金属球体，如图 8-12 所示[5]。

图 8-12 电弧熔炼后的高纯金属钛[5]

8.2 NaCl-KCl-KF 熔盐体系

正如 7.1.2 节所讨论，为了加速钛的溶解，需要提高阳极电流密度，但极易引起杂质铁同时溶解。在氯化物熔盐中加入氟离子，形成稳定的氟钛络合物，可使钛的电极电位负移[10]。在提高阳极极限电流密度的同时，能抑制铁溶解反应，实现钛和铁的有效分离。然而，氟离子的加入将会改变熔盐中钛离子的平衡转化行为和钛电沉积特征。

一般来说，制作含氟的低价钛氯化物熔盐主要有两种方法：一是利用 K_2TiF_6 为基本钛源[10~12]；二是向制备的低价钛氯化物熔盐中添加一定量的碱/碱土金属氟化物[13,14]。第一种方法优点是无需利用 $TiCl_4$ 制作低价钛盐，只需要直接购买市售的 K_2TiF_6 即可配置，且钛离子浓度可精确调控，缺点是 K_2TiF_6 本身含有一定量的氟，不易实现氟的比例调控。基于这个缺点，氟-氯电解质的制备主要是以 NaCl-KCl-$TiCl_2$ 为基质，在其中添加不同量的 KF 来调整熔盐体系中电解质配比。由于在熔盐中，各碱金属离子及卤离子均以自由的导电离子形式存在，这种方法实质与 K_2TiF_6 作为钛源并无本质差异，也可实现氟浓度的有效调控。

8.2.1　F/Ti 比对钛离子平衡形态的影响

在氯化物熔盐中存在氟离子时，钛离子将与氟离子形成稳定的络合物。氟离子与钛的相对比例关系，显著影响钛离子在熔盐中的存在形式以及钛离子之间的平衡转化反应。定义氟离子与钛离子的摩尔比为 F/Ti：

$$\mathrm{F/Ti} = \frac{n_{\mathrm{F}^-}}{n_{\mathrm{Ti}^{n+}}} \tag{8-4}$$

在卤化物熔盐中，高价钛离子是以络合离子的形式存在的。F^- 的半径是卤素阴离子中最小的，与 Cl^- 相比，其与钛离子的络合作用强得多。正因如此，氟离子与钛离子之间的络合离子更稳定，具有更低的化学势，因此 F^- 将明显影响熔盐电解质的性质以及金属钛与钛离子之间的平衡转化行为[14]。

在 NaCl-KCl-$TiCl_x$ 中加入不同量的 KF，升温至 750℃，图 8-13 为三价钛离子浓度随时间的变化曲线。在初始二价钛离子浓度相同的情况下，Ti^{3+} 浓度占比逐渐升高，当时间为 15h 左右时，钛离子浓度基本稳定，而且 F/Ti 比对平衡时间的长短无显著影响。熔盐到达指定温度时，由于氟的加入，Ti^{3+} 会优先与氟离子络合成为 TiF_6^{3-} 类型的络合物，络合反应如式（8-5）所示：

$$\mathrm{Ti}^{3+} + 6\mathrm{F}^- = \mathrm{TiF}_6^{3-} \tag{8-5}$$

该络合过程将促使金属钛与钛离子之间的平衡反应向三价钛离子生成方向转化。一般来说，反应达平衡的快慢取决于反应物本身性质、反应物浓度、温度等。对于同一个反应，由于钛离子初始浓度相同，达到平衡所需时间基本是没有差别的。从图 8-13 也可以看出，对于同样的初始浓度，不同 F/Ti 比，最终平衡时的 Ti^{3+} 浓度却有所不同，F/Ti 比高，稳定时 Ti^{3+} 的浓度更高。很显然，F/Ti 对熔盐中各种钛离子的浓度有一定影响[5]。

待达到平衡时间后，取样测量各低价钛离子浓度。根据测得的二价钛和三价

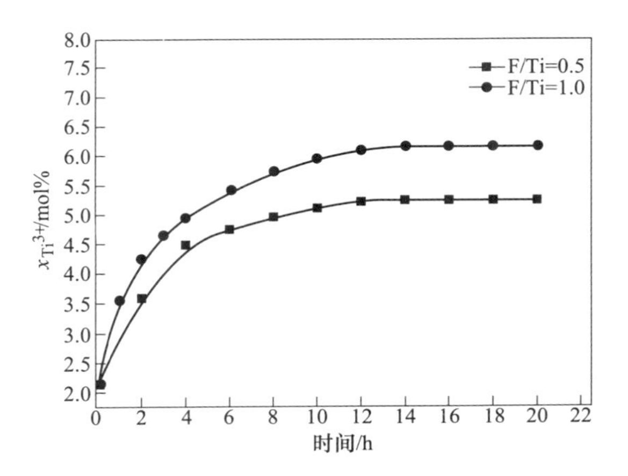

图 8-13 Ti^{3+}的浓度与反应时间的关系[5]

钛浓度计算熔盐中钛离子平均价态 n，定义平均价态[15]：

$$n = \frac{2x_{Ti^{2+}} + 3x_{Ti^{3+}}}{x_{Ti^{2+}} + x_{Ti^{3+}}} \tag{8-6}$$

不同 F/Ti 比时，熔盐电解质中钛离子平均价态如图 8-14 所示[16]。随着 F/Ti 比的增加，钛离子平均价态近似线性增加，表明 Ti^{3+}浓度显著增加，而 Ti^{2+}浓度显著下降；当 F/Ti 达到 2.14 以上，平均价态大于 3，意味着几乎没有 Ti^{2+}存在，并且出现 Ti^{4+}。

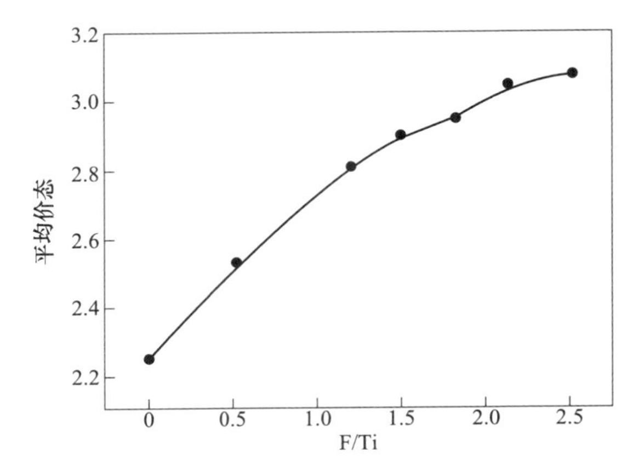

图 8-14 不同 F/Ti 比时熔盐中钛离子的平均价态[16]

在不含氟的熔盐中，四价钛离子与钛金属的化学反应主要为：$Ti^{4+} + Ti = 2Ti^{2+}$，并且存在歧化反应 $3Ti^{2+} = Ti + 2Ti^{3+}$，Ti^{2+}和 Ti^{3+}处于一种稳定的平衡状态；F^-引入后，促进了上述反应正向移动，从而使 Ti^{3+}的浓度增加；当 F^-浓度进一步增加时，金属钛与四价钛的化学反应主要为：$3Ti^{4+}+Ti = 4Ti^{3+}$，并且出现更易与F^-结合的Ti^{4+}，进而形成Ti^{3+}和Ti^{4+}间的平衡。因此继续增加F^-，Ti^{4+}浓度必然逐渐增加。从另一个角度来说，F^-和Cl^-相比，由于半径相对较小，与钛离子（包括Ti^{2+}、Ti^{3+}和Ti^{4+}）的结合力要大得多，因此，F^-可以与钛离子形成络合力更大的TiF_6^{3-}和TiF_6^{2-}。Ti^{2+}离子半径比Ti^{3+}、Ti^{4+}大，F^-与高价钛离子结合力更强一些，因此，高价钛离子在有F^-存在时，更易稳定存在。

8.2.2　氟-氯熔盐钛离子电化学行为

图 8-15 为在 NaCl-KCl 熔盐中，F/Ti 比为 4.0 时的循环伏安曲线[17]。在−1.25～−0.75V 电位扫描范围内，循环伏安曲线上只有一对氧化还原峰，即O_3/R_3，还原峰电位为−1.05V。从方波伏安法曲线上，也发现只有一个还原峰，峰电位与循环伏安曲线基本一致，如图 8-16 所示[17]。可以求得此时的电子转移数n为 1.00。根据图 8-14 可推测，F/Ti 比为 4.0 时，熔盐中主要存在Ti^{3+}和Ti^{4+}。因此，可以判断，在电位−1.05V 发生的一电子还原反应为Ti^{4+}到Ti^{3+}。

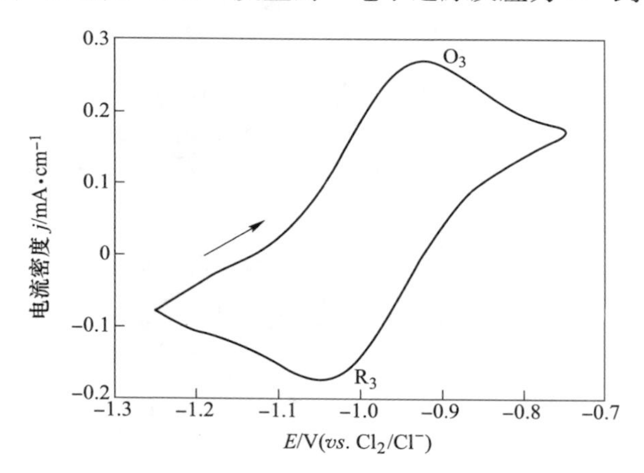

图 8-15　在−1.25～−0.75V 电位范围内，钛离子在F/Ti 比为 4.0 的 NaCl-KCl 熔盐中的循环伏安曲线[17]
（温度：750℃；扫描速度 300mV/s）

在更负的电位范围内（−2.30～−1.80V）进行循环伏安测试（见图 8-17），也仅出现一对氧化还原峰，还原峰电位为−2.09V[17]。与之对应的方波伏安测试曲线如图 8-18 所示，与循环伏安测试结果一致，在相同电位下，出现一个还原峰[17]。可以计算获得该还原反应的电子转移数n为 2.96。因此可以判断，在该电位下发生的还原反应为Ti^{3+}到 Ti。从而说明，在该氟离子浓度条件下，Ti^{3+}的还原反应是三电子转移的一步电化学还原过程。

在未加氟离子时，NaCl-KCl 熔盐中Ti^{3+}的电化学还原为两步过程，即首先

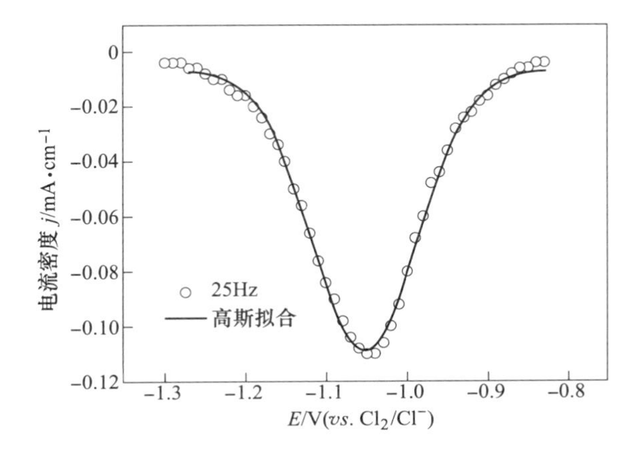

图 8-16 在−1.3~−0.85V 电位范围内，钛离子在 F/Ti 比为 4.0 的 NaCl-KCl 熔盐中的方波伏安曲线[17]
（温度：750℃；频率：25Hz）

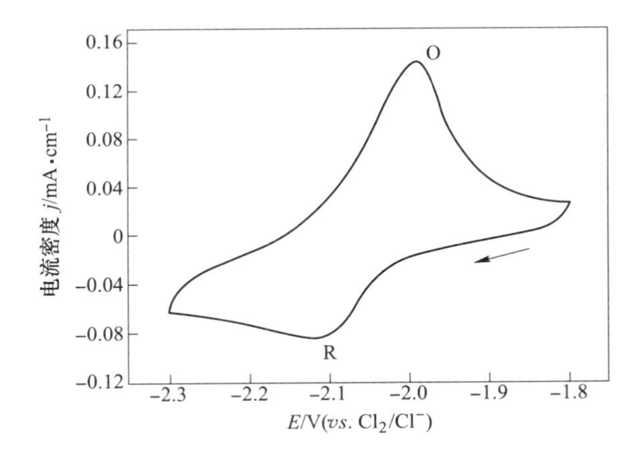

图 8-17 在−2.30~−1.80V 电位范围内，钛离子在 F/Ti 比为 4.0 的 NaCl-KCl 熔盐中的循环伏安曲线[17]
（温度：750℃；扫描速度 300mV/s）

Ti^{3+}一电子还原为 Ti^{2+}，然后 Ti^{2+}两电子还原为 Ti。随着氟离子加入和浓度的增加，由于形成稳定氟钛络合离子，各价态钛离子的还原电位都向负向移动。当 F/Ti 比高于 2.0 时，钛离子平均价态达到 3 以上，熔盐中 Ti^{2+}浓度极低，主要为 Ti^{3+}，并且逐渐出现 Ti^{4+}。当 F/Ti 比达到 4 时，钛离子电化学还原转变为 Ti^{4+}一电子还原为 Ti^{3+}，然后 Ti^{3+}三电子还原为金属 Ti。

对于在高氟浓度下 Ti^{3+}三电子还原 Ti 的原因可以分析为：随着氟离子浓度的增大，歧化反应 $3Ti^{2+} = 2Ti^{3+} + Ti$ 在表观上明显右移，倾向于 Ti^{3+}存在，也就是说在该条件下 $TiCl_6^{4-}$（Ti^{2+}）是极不稳定的，在熔盐中钛离子稳定存在的络合物主要为

TiF_6^{3-}。因此，在较高的氟离子浓度下，Ti^{3+}将不经过Ti^{2+}而直接还原得到金属 Ti。

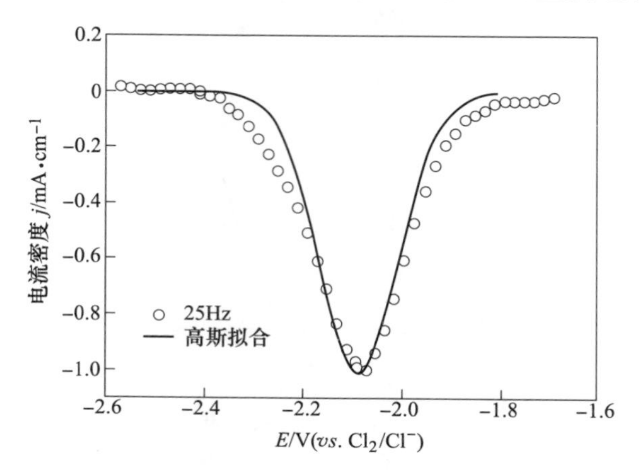

图 8-18　在−2.40～−1.70V 电位范围内，钛离子在 F/Ti 比为 4.0 的 NaCl-KCl 熔盐中的方波伏安曲线[17]
（温度：750℃；频率：25Hz）

图 8-19 为阴极电流密度分别为 0.2A/cm² 和 0.3A/cm² 时，F/Ti 比对钛电沉积电流效率的影响规律。随着 F/Ti 比的增加，电流效率逐渐增加，最高时可达 90%左右。在 F/Ti 小于 2 时，电流效率相对较低；当 F/Ti 比大于 2 之后，电流效率趋于稳定。结合前面对电解质的分析可知，F/Ti 较低时，熔盐中为Ti^{2+}和Ti^{3+}共存。电解精炼时，二者很容易不断在阳极与阴极之间迁移发生无效、重复的氧化还原反应，造成电流空耗。另外，熔盐中Ti^{2+}容易与电沉积金属钛发生化学反应生成Ti^{3+}，造成沉积产物损失。当 F/Ti 大于 2 后，熔盐中主要存在三价钛离子，并被一步电化学还原为金属钛，不存在阴阳极间无效的氧化还原反应，也

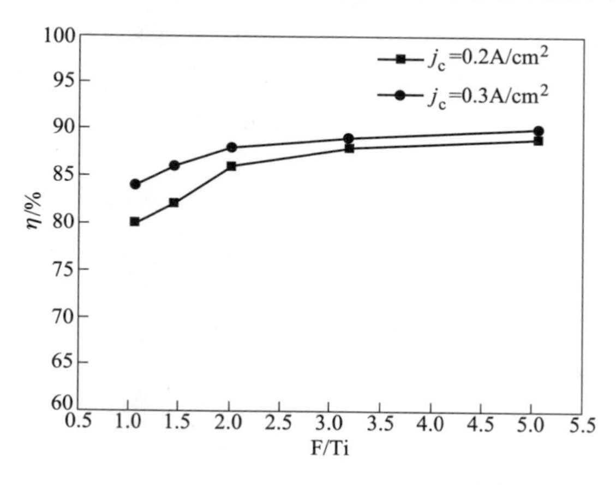

图 8-19　F/Ti 对电流效率的影响[16]

不存在溶液中钛离子与沉积钛产物的化学反应，因此电流效率较高。

8.2.3 F/Ti 比对结晶钛粒度的影响

F 离子加入以及 F/Ti 比的变化，可以显著影响熔盐电解质中钛离子价态和络合形式，由能斯特公式，电化学还原电位也会相应发生变化，进而影响钛电沉积行为和产物粒度。在电流密度为 0.3A/cm^2 下，分别在 F/Ti 比为 0、1.2、1.8、4.2、6 和 8 时进行电沉积。见表 8-6，当熔盐中没有氟离子存在时，钛产物平均粒径达到 1180μm；当氟离子加入后，钛平均粒径降低，并且随着 F/Ti 比增加，平均粒度明显下降；当 F/Ti 比为 8 时，平均粒度已经降至 140μm[16]。

表 8-6 不同 F/Ti 比下的阴极产物平均粒度[16]

F/Ti	0	1.2	1.8	4.2	6	8
平均粒度/μm	1180	700	500	200	160	140

不同粒度的阴极产物在扫描电镜下进行微观形貌分析，如图 8-20 所示[16]。当 F/Ti=0 时，即在 NaCl-KCl-TiCl$_x$ 熔盐中电解时，阴极沉积钛的尺寸均在数百微米到毫米级；当 F/Ti>1.5 后，钛粉的粒度显著减小，宏观形貌呈细粉状。

(a) (b) (c) (d)

图 8-20 不同 F/Ti 比时阴极沉积钛的 SEM 图[16]

(a) F/Ti=0；(b) F/Ti=0.5；(c) F/Ti=1.5；(d) F/Ti=6

图 8-21 为不同 F/Ti 比时恒电流电解的电位-时间曲线[16]。恒电流电解时，电位均随着电解时间的增加，逐渐变正。电解过程中金属钛的连续沉积，造成阴极板有效面积增大，真实电流密度相应减小。根据塔菲尔公式，过电位也随之减少，因此电位正移。在同样电流密度下，F/Ti 越大，电位越负，即过电位增大。根据形核密度与过电位的关系式[18,19]：

$$N_0 = A\exp\left(\frac{-B}{\eta^2}\right) \tag{8-7}$$

式中，N_0 表示形核密度；η 表示过电位。经典的电化学成核理论认为，电化学沉积物的粒度主要是由形核速度和晶体生长速度之间的竞争关系决定。在恒电流电沉积时，形核电流和生长电流是此消彼长的关系。形核电流过大会造成生长电流过小，导致沉积物颗粒细小；反之，则颗粒相对变大。根据式（8-7）可知，在相同电流密度条件下，F/Ti 比增大，熔盐中三价钛络合离子浓度增大，导致钛电化学还原过电位增大，形核密度也相应变大，对应的形核电流增大，则晶粒生长电流减小，钛沉积物细化，即平均粒度降低。一般来说，阴极产物钛的颗粒度越大，含氧量就越小，阴极钛品质会较好。

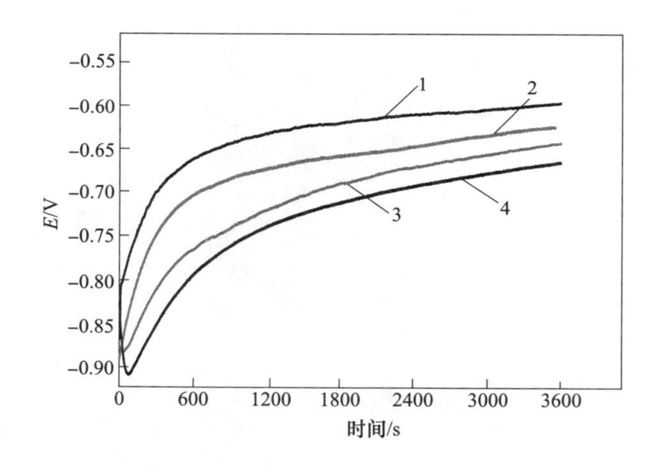

图 8-21　不同 F/Ti 比时的恒电流电解曲线（j=0.3A/cm^2）[16]

1—F/Ti=0；2—F/Ti=0.5；3—F/Ti=1.5；4—F/Ti=6

若要控制好钛结晶的粒度，必须控制好电化学结晶过程[20]。除了熔盐电解质组成，阴极电流密度是影响电结晶过程和产物粒度最重要的因素之一。图 8-22 为不同 F/Ti 比时，阴极电流密度与钛产物粒度的关系。总体上，随着 F/Ti 比增大，钛粒度降低；随电流密度增大，钛粒度先增大，然后减小，存在最大峰值粒度。在 F/Ti 为 1、2、3 和 5 时，最大峰值粒度对应的电流密度 j_c 为 0.1A/cm^2、

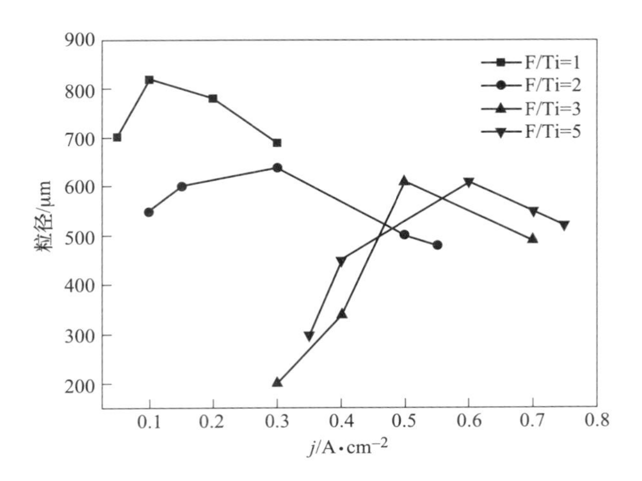

图 8-22 不同 F/Ti 比时，阴极电流密度与钛产物平均粒度的关系（5.5wt% Ti）[20]

0.3A/cm^2、0.5A/cm^2 和 0.6A/cm^2。很显然，随着 F/Ti 比的增加，最大粒度对应的电流密度值相应增加。换言之，在较高的 F/Ti 比下，若要得到较大粒度的结晶钛，需要将电流密度增加到一个合适的值。随着 F/Ti 的增加，熔盐中趋于 Ti^{3+}更加稳定，Ti^{3+}的还原电位要高于 Ti^{2+}，在低电流密度时，过电位较低，Ti^{3+}无法直接实现一步还原，需要经历两步还原得到结晶钛，这一过程将电结晶过程复杂化，使钛晶粒不易长大，从而导致粉化。当电流密度足够大时，对应的过电位变大，在适当的过电位时，Ti^{3+}被一步还原为金属钛。所以当 F/Ti 比继续增加后，最大粒度值并未发生较大变化。图 8-23 为峰值电流对应的最大粒度产物的扫描电镜图，也可以看出这个趋势。

(a)

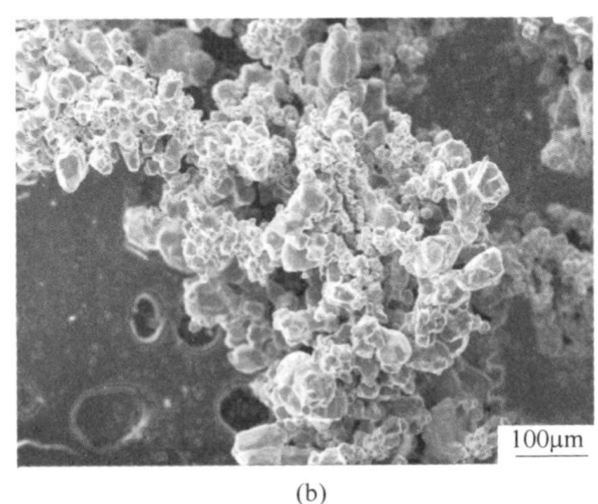

(b)

(c)

图 8-23 阴极钛产物 SEM 图（5.5wt% Ti）[20]

(a) F/Ti=1, $j=0.1A/cm^2$; (b) F/Ti=3, $j=0.5A/cm^2$; (c) F/Ti=5, $j=0.6A/cm^2$

8.2.4 钛产物典型杂质含量与夹盐率

金属钛中主要包括非金属杂质元素和金属杂质元素。在实际电解精炼过程中，非金属杂质主要包括 O 和 N 两种元素，而金属杂质主要是与钛离子电极电位接近的 Mn、Al、V 等窗口元素。

熔盐电解质不仅对钛离子还原机理有影响，对阴极产物中杂质含量也有较大影响。通过表 8-7，相比于氯化物熔盐，氟-氯化物熔盐体系中，大粒度钛产物占比随 F/Ti 比增加而逐渐降低。含氟熔盐体系电解钛粉中铁含量相对略低，并且小粒度钛中铁含量较高；氧含量随 F/Ti 比增加而增加，所有熔盐中电解钛粉，小粒度产物中氧含量偏高。

表 8-7 熔盐中 F/Ti 比对阴极产物 O、N 元素含量的影响[20]

熔盐	粒度分析		杂质含量/%				
	粒度/mm	比例/%	Fe	Cl	N	O	H
氯化物	>0.63	40.0	0.020	0.060	0.030	0.060	0.011
	0.18~0.63	42.5	0.018	0.050	0.020	0.060	0.011
	<0.18	17.5	0.080	0.066	0.032	0.030	0.046
氟-氯化物（F/Ti=1∶5）	>0.63	28.6	0.016	0.068	0.022	0.100	0.012
	0.18~0.63	51.0	0.018	0.058	0.006	0.110	0.013
	<0.18	20.4	0.070	0.072	0.024	0.260	0.025
氟-氯化物（F/Ti=1.5∶1）	>0.63	17.6	0.009	0.054	0.006	0.080	0.008
	0.18~0.63	58.8	0.012	0.050	0.018	0.110	0.008
	<0.18	23.6	0.028	0.057	0.018	0.280	0.024

续表 8-7

熔盐	粒度分析		杂质含量/%				
	粒度/mm	比例/%	Fe	Cl	N	O	H
氟-氯化物（F/Ti=6：1）	>0.63	14.5	0.014	0.050	0.010	0.109	0.008
	0.18~0.63	58.2	0.025	0.052	0.012	0.120	0.008
	<0.18	27.3	0.062	0.056	0.014	0.671	0.035

对于金属杂质来说，根据图 8-1，与钛离子电位接近的 Mn、Al、V 等窗口杂质元素，很容易与钛离子同时从阳极溶出进入熔盐，并在阴极与钛共沉积，从而降低钛产物纯度。表 8-8 为不同 F/Ti 比时，阴极产物中 Mn、Al 和 V 含量，可以看到，在含氟离子 NaCl-KCl 熔盐中，电解过程对三种金属均有较好的提纯效果，且随着 F/Ti 的增加，杂质含量略有降低。

表 8-8 不同 F/Ti 比时，阴极产物中 Mn、Al 和 V 的含量[20]

F/Ti	Mn(50)	Al(55)	V(70)
1(1.02)	15	12	9
3(3.09)	10	8	8
5(5.10)	10	7	8

图 8-24 为钛产物夹盐率与 F/Ti 比之间的关系。随着熔盐中 F/Ti 比的增加，夹盐率相应增大，最高时达到 130%左右。当 F/Ti 比增大时，电沉积钛产物粒度降低，孔隙率和比表面积明显提高，能够与熔盐充分接触和附着，导致夹盐率显著增高。

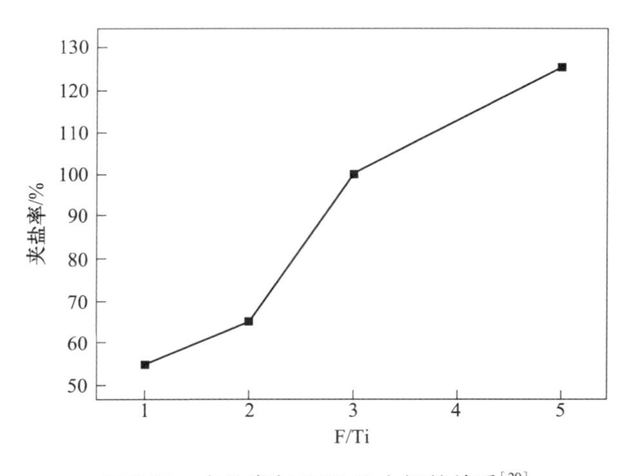

图 8-24 夹盐率与 F/Ti 比之间的关系[20]

8.3　LiCl-KCl 体系

根据 7.3.1 节有关碱金属阳离子对钛离子平衡转化反应的结论，相对于 NaCl 和 KCl 熔盐，LiCl 更有利于 Ti^{2+} 的稳定存在，有助于电沉积粒度较大的钛产物。另外，由 LiCl-KCl 体系相图可知，在摩尔比为 59∶41 时，具有较低的熔点，因此可以进行低温电解精炼，节省能耗。

8.3.1　产物粒度

表 8-9 为在相同钛离子浓度和阴极电流密度时，不同温度下阴极电沉积钛的平均粒度。阴极钛取出后在稀盐酸（0.1mol/L）中进行超声清洗，计算平均粒度。为准确反映变化规律，提供了三组平行测试结果。总体上，随着温度的升高，粒度略微减小。温度降低，可以抑制歧化反应的进行，更有利于简单二价钛离子的存在，抑制三价钛络合离子形成，因此，二价钛在熔盐中的大量存在可以促进大颗粒钛电沉积。然而熔盐温度低时，熔盐的黏度变大，传质速度慢，有利于形核。这两种作用相互影响，导致温度对粒度仅略有影响。然而，与 NaCl-KCl 熔盐中电沉积钛产物相比，粒度显著增大。

表 8-9　不同温度下的阴极产物粒度分析[20]　（μm）

温度/℃	Ⅰ	Ⅱ	Ⅲ
500	2250	2065	2186
600	2158	1950	2055
700	1866	1887	2017

注：j_c=0.3A/cm²；5.56wt% Ti。

电流密度对阴极产物的影响主要是通过阴极过电位的变化来实现的。图 8-25 是在钛离子浓度为 5.56wt%的电解质中，固定 j_a 为 0.05A/cm²，不同 j_c 条件下结晶钛的平均粒度。可以看出，随着阴极电流密度的增加，结晶钛颗粒先增大然后又变小，该变化趋势与 NaCl-KCl 体系相同。根据 Tafel 公式，电流密度增大，过电位增加，有利于形核，晶核密度增大。j_c<0.2A/cm² 时，随电流密度增加，阴极过电位变化相对较小，也就是说，增加的电流绝大多数贡献于晶核生长，所以结晶颗粒不断增大；当 j_c 超过 0.2A/cm² 时，电极表面 Ti^{2+} 被快速消耗，并不能及时补充，产生浓差极化，导致过电位升高，形核占主导地位，产生大量晶核，但是难以长大。因此，钛产物粒度快速降低。

图 8-26 为 j_a 为 0.05A/cm² 和 j_c 为 0.3A/cm² 时，不同钛离子浓度下阴极沉积物扫描电镜图片。从宏观形貌上看，高浓度时阴极产物为粒度较大的颗粒，随着熔盐中钛离子浓度减小，结晶钛微观尺寸逐渐降低，这是因为钛离子浓度减小，

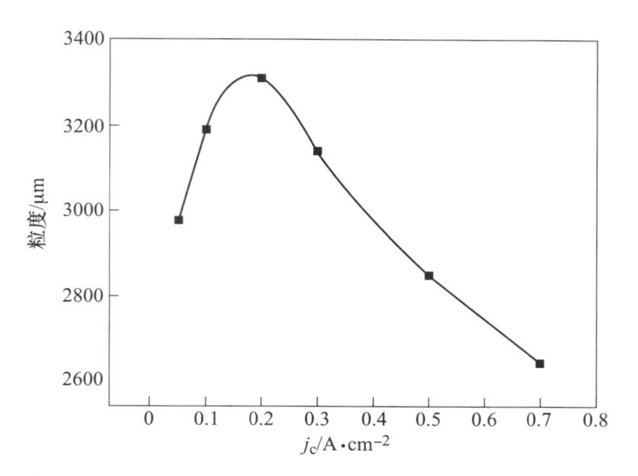

图 8-25 阴极产物平均粒度与电流密度的关系[20]

图 8-26 不同钛离子浓度下的阴极产物 SEM 图[20]

(a) 7.8%；(b) 5.56%；(c) 3.72%；(d) 2.66%

不利于钛离子传质过程，因而增加了浓差极化。在总电流大小不变的前提下，过电位增大，因而加速了形核过程，即形核电流增大，晶体生长电流相应地降低。

因此，晶核密度增大，宏观上表现为结晶钛粒度降低。因此，熔盐电解质中的钛离子浓度应该在可控范围内尽可能高，这样更有利于形成大颗粒钛产物。

一般来说，颗粒越大，比表面积越小，对应的沉积物与环境氧结合几率小，氧含量低，电沉积钛纯度高。在钛离子浓度为 7.8%阳极电流密度为 0.05A/cm^2、阴极电流密度为 0.3A/cm^2 条件下，阴极电沉积结晶钛的元素分析见表 8-10。钛产物中氧含量只有 50ppm，已经达到了 6N 级高纯钛的氧含量要求，对 Mn、Al、V 元素的精炼效果也很好。

表 8-10　阴极产物纯度分析[20]　（ppm）

元素	O	Mn	Al	V
含量	50	6	4	3

8.3.2　阴极电流效率

在 LiCl-KCl-TiCl$_x$ 体系中，熔盐中主要存在 Ti^{2+}，但仍有部分 Ti^{3+}，因此在电解精炼时，仍然可能会存在一部分电流空耗。图 8-27 给出了电流效率与阴极电流密度的关系。可以看出，电流效率均随着电流密度先增大，然后降低，该变化趋势与在 NaCl-KCl 熔盐中一致。当熔盐中可溶钛离子浓度为 3.72%、电流密度在 0.3A/cm^2 时，电流效率达到最大值；在可溶钛离子浓度为 5.56%时电流密度在 0.4A/cm^2 时，电流效率最大。另外，从图中可以看出，钛离子浓度在一定范围内增加，将有利于提高电流效率。在不同钛离子浓度下，都存在着最佳的阴极电流密度范围，钛离子浓度越高，则相应的最佳电流密度也相应增大。阴极电流密度过低和过高都会使结晶钛细化，与阴极基体附着力变弱，增加钛粉的损失，使表观电流效率下降。

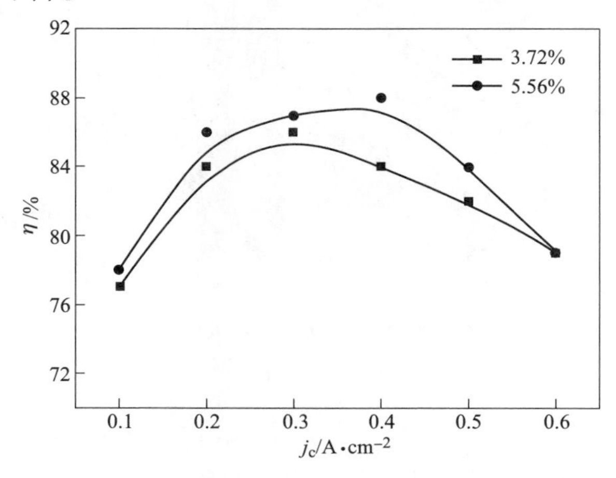

图 8-27　电流密度与电流效率的关系[20]

另外，对于 LiCl-KCl 熔盐体系，在对电沉积后阴极板进行清洗时，不易夹盐。在该体系中阴极产物夹盐率较低，平均不超过 25%，明显低于 NaCl-KCl 熔盐体系。冷却后，从炉内取出的阴极，可以很明显地看出电解时在盐面以下的阴极部分附着一定量的光亮枝晶钛。

参 考 文 献

[1] 哥宾客 B T，安琪平 J I H，奥列索夫 O T，等．钛的熔盐电解精炼［M］．高玉璞，译．北京：冶金工业出版社，1981.

[2] Rosenberg H，Winters N，Xu Y. Apparatus for producing titanium crystal and titanium［P］. US 6024847，2000-02-15.

[3] 石应江．高纯钛的生产与应用［J］．上海金属，1993，14：26-33.

[4] 今井富士雄．高纯钛的精炼和应用［J］．国外稀有金属，1991（6）：28-32.

[5] 胡国靖．熔盐电解精炼制备高纯钛金属［D］．北京：北京科技大学，2012.

[6] 卢维昌，徐永兰．电解精炼回收废海绵钛及对电极过程机理的初步分析［J］．稀有金属，1980（3）：29-35.

[7] Haarberg G M，Rollan W，Sterten A，et al. Electrodeposition of titanium from chloride melts［J］. Journal of Applied Electrochemistry，1993，23：217-224.

[8] Dovgaya G P，Nerubashchenko V. Effect of electrolyte composition on the properties of electrolytic titanium［J］. Electrochimica Acta，1999，13：567-576.

[9] Ning X H，Asheim H，Ren H F，et al. Preparation of titanium deposit in chloride melts［J］. Metallurgical and Materials Transactions B，Process Metallurgy and Materials Processing Science，2011，42：1181-1187.

[10] Lantelme F，Salmi A. Electrochemistry of Titanium in NaCl-KCl mixtures and influence of dissolved fluoride ions［J］. Journal of the Electrochemical Society，1995，142：3451-3456.

[11] Chen G S，Masazumi O. Electrochemical studies of titanium ions（Ti^{4+}）in equimolar KCl-NaCl molten salts with 1wt% K_2TiF_6［J］. Electrochimica Acta，1987，32：1637-1642.

[12] Chen G S，Masazumi O. Electrochemical studies of the reaction between titanium metal and titanium ions in the NaCl-KCl molten salt system at 973K［J］. Journal of Applied Electrochemistry，1987，17：849-856.

[13] Chen G S，Masazumi O. Electrochemical studies of titanium in fluoride-chloride molten salts［J］. Journal of Applied Electrochemistry，1988，18：80-85.

[14] Ene N，Zuca S. Role of free F^- anions in the electrorefining of titanium in molten alkali halide mixtures［J］. Journal of Applied Electrochemistry，1995，25：671-676.

[15] Song J，Hu G，Wang Q，et al. Equilibrium between titanium ions and high-purity titanium electrorefining in a NaCl-KCl melt［J］. International Journal of Minerals，Metallurgy and Materials，2014，21：660-665.

[16] Song J, Wang Q, Zhu X, et al. The influence of fluoride ion on the equilibrium between titanium ions and electrodeposition of titanium in molten fluoride-chloride salt [J]. Materials Transactions, 2014, 55: 1299-1303.
[17] 宋建勋．碱金属氯化物熔盐中钛离子电化学行为研究 [D]. 北京：北京科技大学，2015.
[18] Guanawardena G A, Hills G J, Montenegro I. Electrochemical nucleation: Part Ⅰ [J]. Electroanalytical Chemistry, 1982, 138: 225-239.
[19] Scharifker B, Hills G J. Theoretical and experimental studies of multiple nucleation [J]. Electrochimica Acta, 1983, 28: 879-889.
[20] 朱晓波．熔融碱金属卤化物中电解制备高纯钛研究 [D]. 北京：北京科技大学，2013.

9　废残钛熔盐电解利用

目前，金属钛主要是通过 Kroll 法生产，存在流程长、污染重、成本高等问题，这也是金属钛没有像铝、铜等金属大规模使用的关键瓶颈之一。另一方面，钛是一种高熔点金属，具有比强度高、导热性差、表面氧化后硬度大等特点，因此机械加工难度大，在钛的利用过程中，损失极大。通常，从钛熔铸开始到形成最终零部件，钛的利用率仅有 15%左右[1,2]。因此，较低的利用率是制约钛工业发展的另一个关键环节。实现废残钛的梯级利用或闭式循环无疑是提高钛及钛合金利用率的有效方法。此外，相比于含钛矿物，废残钛品位高、成分相对稳定，是一种高品质钛二次资源，积极开展废残钛循环利用技术也是降低钛金属行业整体成本的重要途径。本章通过论述废残钛料的主要来源，总结了现有废残钛的利用途径。在此基础上，分析了基于熔盐电解法的废残钛料闭式循环利用原理、方法及典型结果。在此基础上，简要介绍了熔盐电解回收废残钛料在国内外的发展现状。

9.1　废残钛来源与利用

9.1.1　废残钛来源

残钛和废钛来源广泛，在钛的冶炼、加工、使用过程均会产生废残钛及其合金。主要包括以下来源：

（1）海绵钛生产过程产生的废钛，如等外海绵钛和等外钛粉，约占海绵钛总量的 5%~10%；

（2）钛铸锭过程产生的废钛，如切头、切边和扒皮屑等，约占钛锭总量的 4%~5%；

（3）钛加工成材产生的残钛约占 30%~35%，即成材率约为 65%~70%，是残钛最大的来源之一；

（4）在制造各种设备和零部件时，加工成材率仅为 25%~30%，约有 70%~75%变为残钛，如边角料、屑等，是残钛最主要的来源；

（5）报废设备和零件中也会产生大量废残钛。

金属钛从熔铸到零件，将有 85%左右变为废残钛，无法得到利用，其中，可直接重新铸锭的残钛约为总量的 1/2~2/3，其余需要重新处理才能回收利用。

9.1.2　废残钛利用途径

废残钛是经过高成本、复杂的过程冶炼而成，为优质钛二次资源。在废残钛综合利用过程中，应特别加强对废残钛来源和成分的识别与管理，不能将不同来源、成分、氧化程度的残钛混合，需要根据废残钛性质进行分类管理和利用。目前，废残钛利用途径主要包括：

（1）未明显污染的边角料、钛屑等，品质好且产生量大，直接作为熔炼钛锭的添加料，可显著降低产品成本。目前钛及钛合金的熔炼主要采用真空自耗电弧炉，在电极制作时，若使用块状钛废料，可加入废料量较多，但电极焊接质量要求高，否则熔炼过程易脱落，降低铸锭质量；若采用粉状废料，加入量较低。不管哪种废料，均需要成分均匀。

（2）品质较好的残钛也可通过氢化脱氢法（HDH）直接制备钛粉。首先在300~400℃对残钛进行氢化，产生 TiH_2，此时残钛体积增加约15%，密度降至3.76g/cm^3，并导致钛中出现微裂纹而破碎。然后在700~800℃加热，使 TiH_2 分解析出氢，从而得到钛粉。然后，可以通过粉末冶金法进一步生产钛制品。

（3）块状废海绵钛和废钛边角料，按纯度和成分分类，可作为钢铁冶金工业的脱氧剂或合金添加剂。

（4）等外钛粉可作为铝冶金中硬化剂、晶粒细化剂及铝合金的中间合金等。

（5）混合残钛或污染的钛屑等，可加工成粉末，作为烟火工业中的爆燃剂。

（6）废残钛也可通过熔盐电解精炼进行提纯，然后熔铸为钛锭或其他钛制品，这也是本章重点介绍的方法。

9.2　废残钛熔盐电解精炼

目前，钛废料的回收主要通过重熔的方式实现，设备包括真空电弧炉、电子束炉、感应炉、氢等离子电弧炉等[3~8]。然而，重熔的方法只能去除钛屑中的低熔点易挥发杂质元素，高熔点和难挥发的金属元素分离效果不佳。此外，重熔后的产品具有较高的氧含量，且随着熔炼次数的增加氧含量明显增加。因此，经过重熔后的钛金属往往变成了附加值较低的低品质钛锭。显然，重熔的方法并不能真正实现钛及钛合金的可持续循环，尤其是难以维持高品质钛及钛合金在高端领域的循环利用。另一方面，重熔法也会造成钛合金中合金元素的浪费。以Ti-6Al-4V合金（TC4）为例，TC4中V元素的含量虽然只有4wt%左右，但却占了接近一半的原材料成本，然而重熔的方法并不能提纯其中的V元素，造成了V资源浪费。要实现钛废料保质循环利用，需要在实现高品质钛回收的同时，还能实现钛合金中合金元素的回收。

熔盐电解精炼是一种废残钛及钛合金再生的有效方法[9~11]。对于单一组分废钛可直接作为阳极原料，采用第7章和第8章的方法，在氯化物熔盐中电解精炼制备高纯度金属钛。对于钛合金，由于存在合金元素，可结合多金属电位差和熔盐电解精炼提纯原理，实现钛的选择性溶解与选择性电沉积，达到合金再生的目的。TC4是最具代表性的钛合金，也是应用量最大的钛合金，其中的合金元素V和Al与Ti元素电化学电势相近，即所谓的“窗口元素”，窗口元素的分离一直是钛熔盐电解精炼的难点[12]。

9.2.1　钛合金阳极溶解过程

如图9-1所示，对于Ti、TC4和氢化-脱氢处理后的H-TC4三种阳极，在800℃、钛浓度2.20wt%的条件下，TC4合金最先极化，H-TC4合金介于Ti和TC4之间，并且与组成相同的TC4的极化行为相差很大[13]。

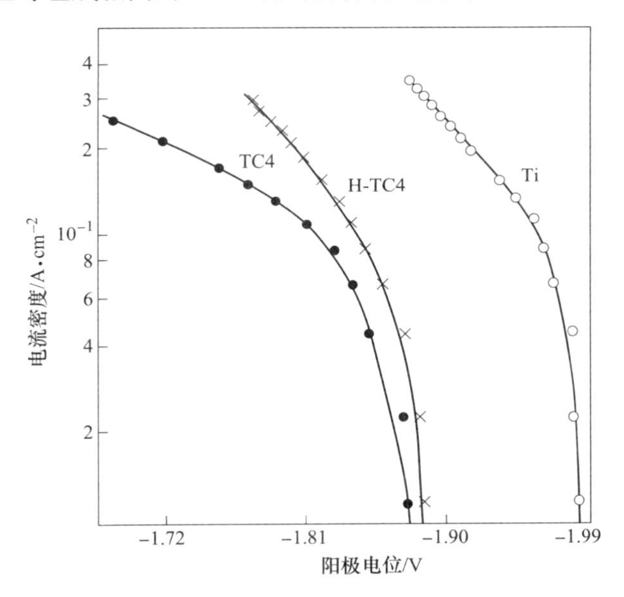

图9-1　Ti、TC4和H-TC4三种阳极的极化曲线（[Ti]=2.20wt%）[13]

合金元素Al、V可以降低钛在合金中的活度，从而造成合金比纯钛更易于极化。对合金进行氢化-脱氢处理后，将使合金结晶结构发生变化，单相铝析出造成相邻点阵面间距变小，使合金中钛的活度增加，从而使TC4合金在氢化-脱氢处理前后极化行为有很大差异。

在NaCl-KCl熔盐体系，800℃、钛浓度为2wt%~4wt%的条件下，测定了阴极产品的平均粒度与阳极电位的关系（见图9-2），三种电极电解时的平均粒度L_{cp}与阳极电位E_w的关系[13]：

Ti阳极：
$$L_{cp}=-1.098E_w-1.606 \tag{9-1}$$

H-TC4 阳极：　$L_{cp} = -0.783E_w - 1.269$　(9-2)

TC4 阳极：　$L_{cp} = -0.076E_w - 1.047$　(9-3)

式中，L_{cp}为阴极的平均粒度，mm；E_w为阳极电位，V。从上述三个式子可以看出：

（1）E_w前的系数均为负值，表明无论哪一种电极，其平均粒度随阳极电位变化总的趋势是一样的，即随阳极电位升高，平均粒度减小。

（2）不同的电极，E_w对L_{cp}的影响程度不同，对于TC4阳极，关系式中表示斜率的系数很小，表明阳极电位E_w对平均粒度L_{cp}的影响极小，并且其平均粒度要比纯钛阳极的小得多。

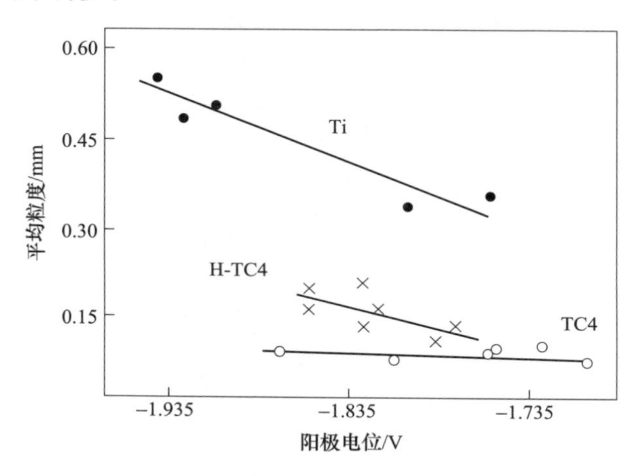

图 9-2　阳极电位对阴极产品平均粒度的影响[13]

一般认为，阳极电位对阴极产品粒度的影响主要是通过改变熔盐中钛离子的平均价态来实现的。为此，测定了熔盐中钛离子的平均价态N与阳极电位的关系。采用钼指示电极来测定熔盐中钛离子平均价。在800℃时，阳极电位E_w与熔盐中钛离子的平均价N的关系为[13]：

$$\ln[(N-2)/(3-N)] = 10.817(E_w + 0.593) \quad (9\text{-}4)$$

测试发现对每一种阳极来说，N-E_w存在如下关系[13]：

Ti 阳极：　$E_w = 1.729 + 0.095\ln[(N-2)/(3-N)]$　(9-5)

H-TC4 阳极：　$E_w = 1.723 + 0.110\ln[(N-2)/(3-N)]$　(9-6)

TC4 阳极：　$E_w = 1.694 + 0.120\ln[(N-2)/(3-N)]$　(9-7)

这三个非常相近的关系式表明，无论在纯钛中还是在合金中，钛的溶解过程是相同的。在讨论钛的溶解时，为避免合金元素的干扰，可只考虑纯钛阳极这一种情况下E_w-N的关系。总体来说，在较低的阳极电位下，主要产生Ti^{2+}，随着电位正移，Ti^{3+}的溶出反应逐渐增大，当电位升高到一定程度，熔盐中主要存在

Ti^{3+}。在 NaCl-KCl 熔盐体系中，三价钛离子多是以络离子形式存在，二价钛离子则多是以简单离子形式存在。络离子在阴极放电要比简单离子的过电位大，从而造成阴极沉积物的成核速度增加，产品粒度变小。对于钛合金中钛的溶解反应，即生成 Ti^{2+} 还是 Ti^{3+}，与纯钛具有相似的规律。

然而，从图 9-2，对 Ti、TC4 和 H-TC4 三种阳极，阳极 E_w 对 L_{cp} 影响程度的差异，可能被归因于杂质 Al、V 的存在。由于 Al、V 的电极电位与 Ti 相近，会不同程度地从阳极溶解进入熔盐并与 Ti 同时在阴极上析出，而 Al、V 的晶格常数与 Ti 有明显差异，不利于 Ti 晶粒的生长，造成阴极产物晶粒细化。在 TC4 阳极的情况下，这种晶粒细化作用已远远超过了平均价对产品析出粒度的影响，因此在 L_{cp}-E_w 图上表现出一条近乎与 E_w 轴平行的线，即几乎观察不到阳极电位正移对阴极产物晶粒细化的影响规律。对于 H-TC4 阳极，由于 Ti 的活度有所增加，Al、V 进入熔盐的量要少，这种杂质细化晶粒的作用也会减小，平均价对 L_{cp} 的影响较为明显。

由于在钛阳极情况下，阳极电位对阴极产品粒度的影响比较大，因而可以采用控制阳极电位的方法来控制阴极产品粒度；而对于 TC4 阳极，要达到控制或部分控制阴极产品粒度这一目的的主要途径是控制 Al、V 在阳极的选择性溶出和阴极钛的选择性电沉积。

图 9-3 为不同金属电极在 750℃ 的 NaCl-KCl 熔体中的阳极极化曲线及对应的阳极溶解电位[14]。结果显示，V 和 Al 的电化学溶解电位比 TC4 和 Ti 的电化学溶解电位更正。根据已有研究，Al^{3+}/Al 和 V^{2+}/V 的电极电势大于 Ti^{2+}/Ti，而小于 Ti^{3+}/Ti 的电极电势。由此可知，TC4 中的钛元素在熔盐中会被氧化为 Ti^{2+}，这就为熔盐电解法分离 TC4 钛合金中的 Ti、V、Al 三种元素提供了理论依据。

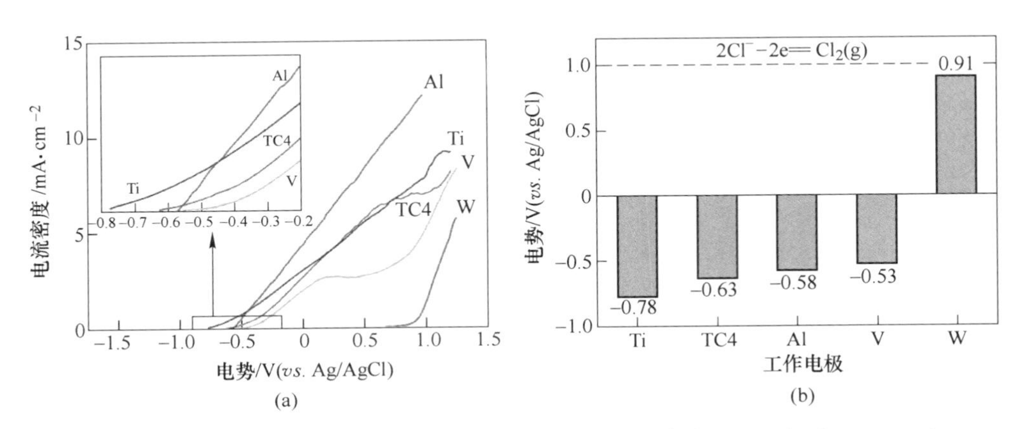

图 9-3 不同电极（W、V、TC4、Ti 和 Al）的阳极极化曲线（(a)，扫速 100mV/s）；不同电极的阳极溶解电位（(b)，*vs.* Ag/AgCl）[14]

图 9-4 为采用 TC4 合金为阳极、镍板为阴极进行的两电极体系电解精炼和对应的阳极分析结果[14]。图中显示，随着阳极电流密度的提高，电解槽槽压在初始阶段明显增加。造成这种现象的原因是电解过程中电极过电位和欧姆电压降随电流密度的增大而增大。此外，所有实验的电解槽电压在电解的后期都呈下降趋势，表明了钛晶体在镍电极上的长大过程。电解后，实际和理论的阳极质量损失如图 9-4（c）所示。结果表明，无论在哪个电流密度下，实际的阳极质量损失均大

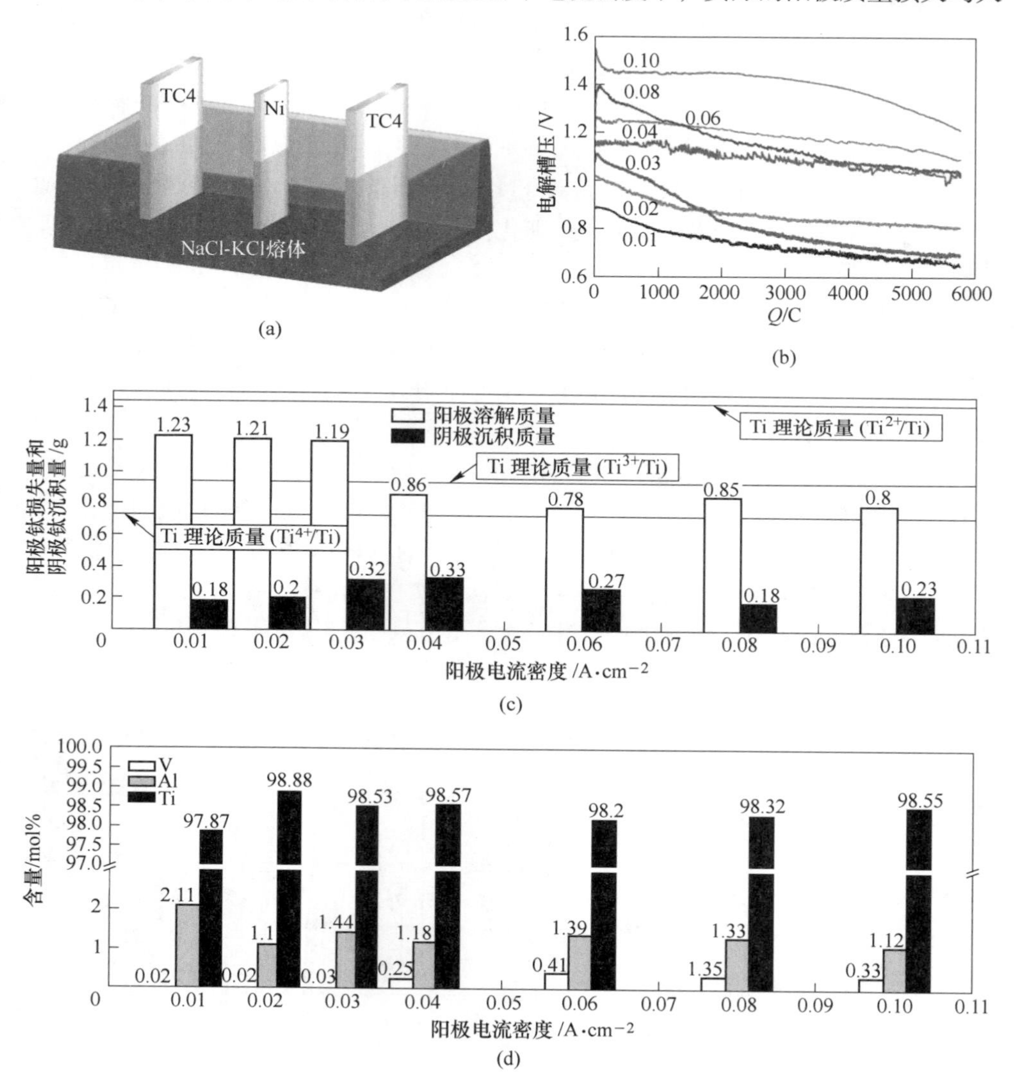

图 9-4　采用 TC4 合金为阳极、镍板为阴极进行的两电极体系电解精炼和对应的阳极分析结果[14]

（a）两电极体系电解精炼示意图；（b）不同阳极电流密度下槽电压-时间曲线（阴极电流密度固定为 0.1A/cm²）；（c）阳极质量损失与阴极质量增加量；（d）阴极产物中 Ti、V、Al 含量

于从 Ti 到 Ti^{4+} 计算所得理论阳极质量损失。然而，在 0.04A/cm²、0.06A/cm²、0.08A/cm²和 0.10A/cm²下的实际阳极质量损失介于理论阳极质量 Ti/Ti^{2+} 和 Ti/Ti^{3+}之间；在 0.01A/cm²、0.02A/cm²和 0.03A/cm²下，实际阳极质量损失在 Ti/Ti^{3+}和 Ti/Ti^{2+}的理论阳极质量范围内。上述结果表明，Ti 元素在 TC4 合金阳极中的阳极过程随阳极电流密度的变化而变化。具体为，当阳极电流密度小于 0.03A/cm²时，Ti 被氧化为 Ti^{2+}；当阳极电流密度为 0.04～0.10A/cm²时，Ti 被氧化为 Ti^{3+}。与此不同的是，随着阳极电流密度的增加，阴极产物的质量变化没有明显的规律性。同时，阴极产物的质量远小于理论钛沉积的量和实际阳极 Ti 的损失量，如图 9-4（c）所示。造成这种现象的原因是，电解质中最初没有钛离子，溶解进入熔体中的钛离子部分留在了熔体中，即阴极电流效率较低。图 9-4（d）显示了电解后阴极产物中的 Ti、Al 和 V 含量。结果表明，无论阳极电流密度如何，TC4 合金阳极中的 Al 在电解过程中都被氧化为铝离子，而后在阴极沉积。而阳极中的 V 只在较高的阳极电流密度下被氧化成钒离子并在阴极被还原。

图 9-5 为电解之后熔盐电解质的 X 射线光电子能谱[14]。该结果进一步印证了合金阳极中的 Al 元素在任意阳极电流密度下均会被氧化为铝离子进入电解质中；然而，阳极中的 V 元素只有在较大的电流密度下才会被氧化为钒离子进入熔体中，该结果为熔盐电解分离 Ti 和 V 提供了理论依据。此外，随着阳极电流密度的增加，熔体中钛离子和钒离子的氧化价态也随之增加。

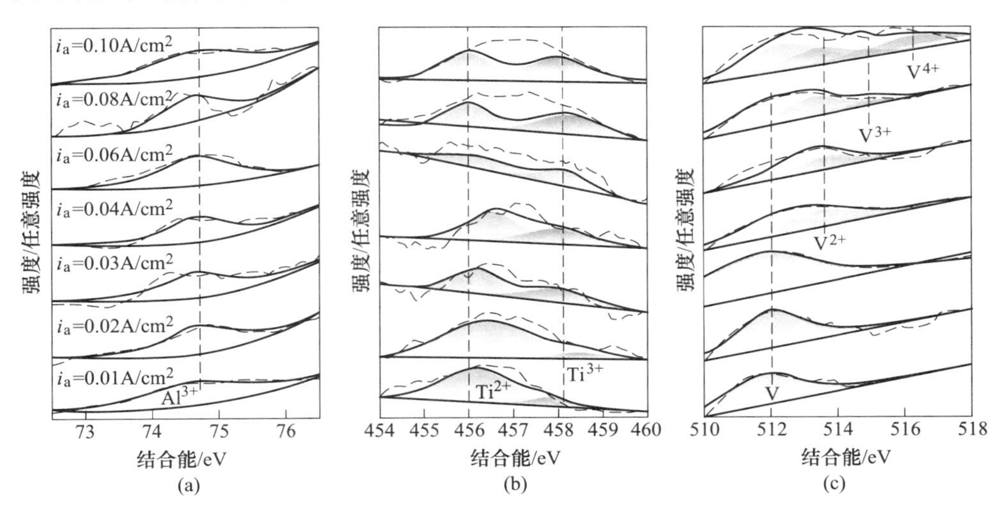

图 9-5 电解质中 Ti、Al、V 三种元素 X 射线光电子能谱[14]

9.2.2 钛选择性电沉积

图 9-6（a）为不同阴极电流密度（0.1A/cm²、0.2A/cm²、0.3A/cm² 和

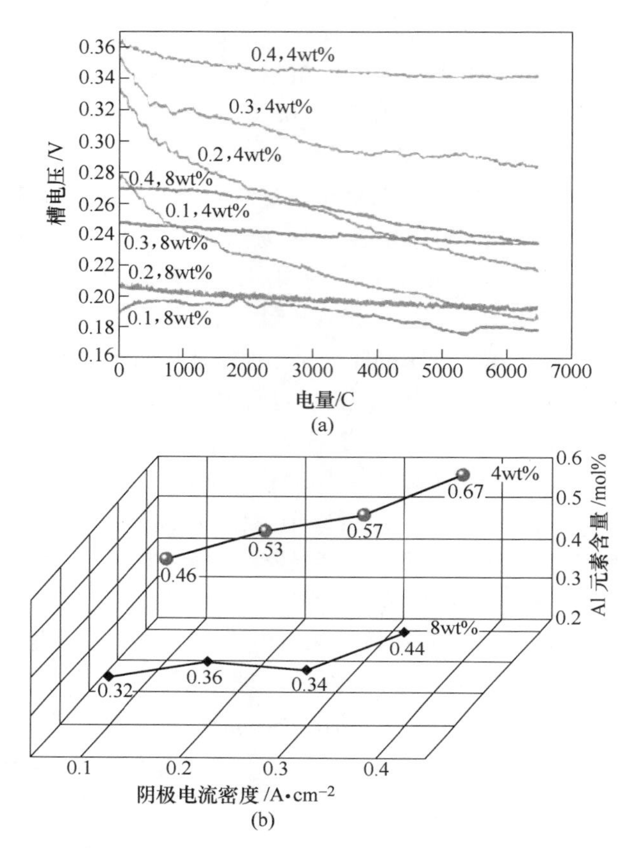

图 9-6　不同阴极电流密度（0.1A/cm^2、0.2A/cm^2、0.3A/cm^2）和钛离子浓度（4wt%和 8wt%）下电解槽电压-时间曲线（a）及电解产物中 Al 元素含量（b）[14]

0.4A/cm^2）和两种不同 Ti^{2+}浓度（4wt%和 8wt%）下电解所得电解槽电压随时间的变化曲线[14]。结果表明，在相同钛离子浓度下，电解槽电压随阴极电流密度的增大而增大，表明阴极电流密度对阴极过电位和欧姆电压降有显著影响。此外，在相同阴极电流密度下，较高钛离子浓度时的槽电压明显小于较低钛离子浓度时的槽电压。表明钛离子浓度同样对阴极过电位和欧姆电压降有影响。图 9-6（b）为电解之后产物中 Al 元素含量的分析结果。当熔盐中钛离子浓度较低时，Al 含量较高。同时，可以发现，相对于调节阴极电流密度，调节熔盐电解质中钛离子浓度更有利于 Ti 和 Al 的分离。此外，在高钛离子浓度的熔盐中获得的产物粒径明显大于在低钛离子浓度的熔盐中获得的产物粒径（见图 9-7）[14]，这与第 8 章海绵钛电解精炼高纯钛的结论一致。

图 9-8 为向含有 8wt%钛离子的熔盐电解质中加入 10wt% $CaCl_2$ 的电解结果，旨在研究熔盐中 Ca^{2+}对铝离子阴极还原过程的影响，并进一步验证是否有利于阴

图 9-7 钛离子浓度为 4wt%（a~d）和 8wt%（e~h）时电解产物 SEM 图谱

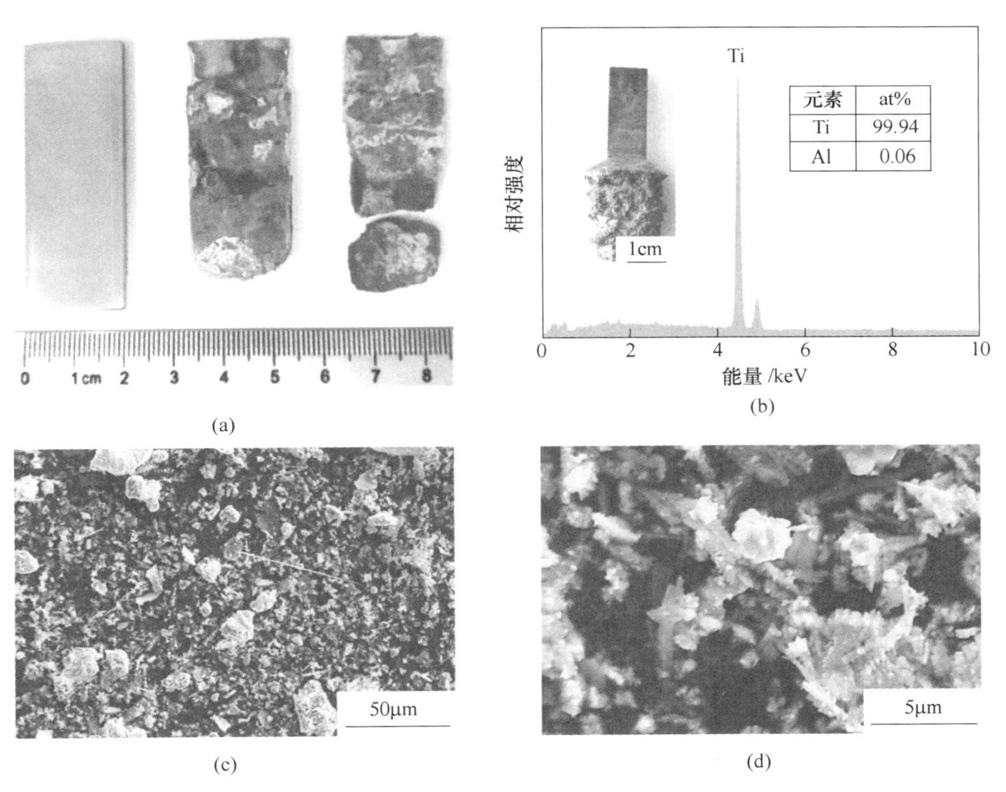

元素	at%
Ti	99.94
Al	0.06

图 9-8 向含有 8wt%钛离子的熔盐电解质中加入 10wt%$CaCl_2$ 的电解结果[14]

（a）电解前后阳极光学照片；（b）电解产物中 Al 元素含量；（c）(d) 电解产物 SEM 图谱

极钛离子和铝离子的选择性分离[14]。固定阴、阳极电流密度分别为 0.3A/cm^2 和 0.03A/cm^2，电解 50h 前后阳极光学照片显示，阳极在电解之后发生了明显的电化学溶解。电解产物经水洗、酸洗、干燥之后采用 SEM/EDS 分析。值得注意的是，阴极产物中的 Al 含量仅为 0.06%，远低于采用 NaCl-KCl 和 NaCl-KCl-$TiCl_3$ 熔盐时的 Al 含量。该结果表明，在 NaCl-KCl 熔体中加入 Ca^{2+}和钛离子是在阴极分离 Ti 和 Al 的有效方法。SEM 图谱表明产物的粒径较大。

电解后，通过清洗熔盐和过滤，收集阳极泥。干燥后的阳极泥为黑色粉末，如图 9-9（a）所示。采用 XRD 在阳极泥中检测到了金属 V，EDS 分析也进一步证实阳极泥中钒的存在，如图 9-9（b）所示[14]。在目前的研究中，虽然 V 金属与 Ti_2O、$KClO_4$ 等混杂，但在电解时间足够长、V 金属粉末质量足够大的情况下，V 金属可从阳极泥中收集。

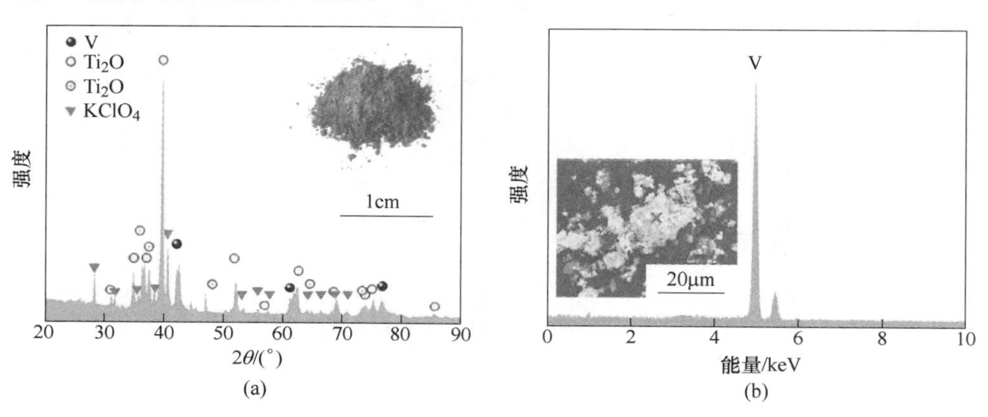

图 9-9　电解所得阳极泥 XRD（a）和 EDS（b）结果[14]

9.3　废残钛电解发展现状

尽管电解废残钛料具有更高的循环利用价值，且对于钛合金中昂贵合金元素的回收也有极为重要的意义。然而，受制于金属钛较小的行业规模，以及重熔法处理废残钛的简单高效，电解法回收废残钛的研究和应用一直处于不温不火之中。公开的文献资料显示，早在 1953 年，苏联开始工业化生产金属钛起，废残钛料的回收就已经受到关注。几乎在同一时期，美国、英国和日本等钛工业大国也纷纷开始了废残钛的回收研究。然而，只有苏联明确报道了有关熔盐电解法回收废残钛料的研究结果[15]，其他国家是否采用熔盐电解法进行回收鲜有报道。我国的钛工业起步于 1958 年，同样也在起步伊始便开始了废残钛料回收的研究，然而其回收方式依然以重熔为主。直到 20 世纪 80 年代，中国科学院化工冶金研究所（现中国科学院过程工程研究所）[13,16~19]和上海钢研试验车间相关研究人员[20]开始了废残钛的熔盐电解回收研究。近年来，北京科技大学电化学冶金团队基于长期在金属钛电化学冶金新工艺开发和熔盐电解精炼钛方面的理论基础和实践经验，也开始了废残钛料的熔盐电解回收工作，并取得了一定的积极成果[14]。下面主要就苏联和我国关于废残钛料熔盐电解回收的研究结果进行介绍。

9.3.1 苏联熔盐电解回收废残钛进展

苏联自 1953 年起开展金属钛的熔盐电解精炼和废残钛及钛合金的电解回收以来，在实验室基础研究和产业化放大方面均取得良好的进展[15]。废残钛电解回收主要涉及废残钛的前期准备、电解工艺、电解槽装置、电解操作规范、阴极湿法处理、阴极产物的熔炼和电解精炼的技术经济评价等几个部分。然而，为了避免与前文重复，本节将主要围绕前期准备、电解槽装置和电解精炼技术经济评价三个部分进行简要介绍。

9.3.1.1 废残钛的前期准备

为了实现废残钛的回收，便于后续电解，需要对废残钛进行破碎，通常采用连续槌式车削破碎机以达到最大的破碎度。然而，机械破碎的方式往往使废残钛中气体元素含量大增，不利于后续电解精炼。对此，研究者首先将表面经酸洗或高温加热活化处理的废残钛进行吸氢处理（450~600℃），所得氢化钛在室温下呈现显著的脆性，利用该性质便可对废残钛进行破碎。然后，在 700~800℃的真空环境中脱氢处理，即可得到气体元素含量低、破碎程度优异的废残钛颗粒。由于废残钛很大部分是切削所得，会造成废残钛粘有大量油污杂质，因此需要清洗和除油。清洗和除油介质一般为热水、蒸汽或苛性钠溶液，需根据废残钛种类和油污杂质的多少确定。

另外，收集的废残钛往往表面氧化严重，氧含量高，不利于后续废残钛电解精炼。因此，经过上述步骤处理的废残钛颗粒需要进行腐蚀处理，以除去表面氧化层。腐蚀处理的介质有两种：一是盐和碱的熔盐，例如焦磷酸和正磷酸混合的熔盐、硅氟酸钠熔盐等；二是酸性水溶液，如盐酸、硫酸或硝酸等。通常是两者溶液联合使用，即首先在熔盐中使废残钛表面的氧化皮层松散并除去，随后在酸溶液中进一步腐蚀。

9.3.1.2 电解槽装置

为了获得阴极质量可靠、操作简单、经济效益和电解产率俱佳的熔盐电解精炼钛及钛合金，已经设计了多种电解槽结构，最具代表性的是圆盘电解槽、圆筒形电解槽和多格孔电解槽。

A 圆盘电解槽

图 9-10 为圆盘电解槽示意图，该电解槽是苏联铝镁研究院进行了放大试验的电解装备[15]。采用垂直放置的圆盘为阴极，与之平行的网状料框内装满废残

钛为阳极，从而实现电解生产的连续化。在电解过程中，圆盘发生转动，并借助特殊的刀具从圆盘上刮下阴极产物，并收集在特定的阴极托盘中。结果表明，采用该电解槽进行电解，稳定性良好，产物品质可靠。

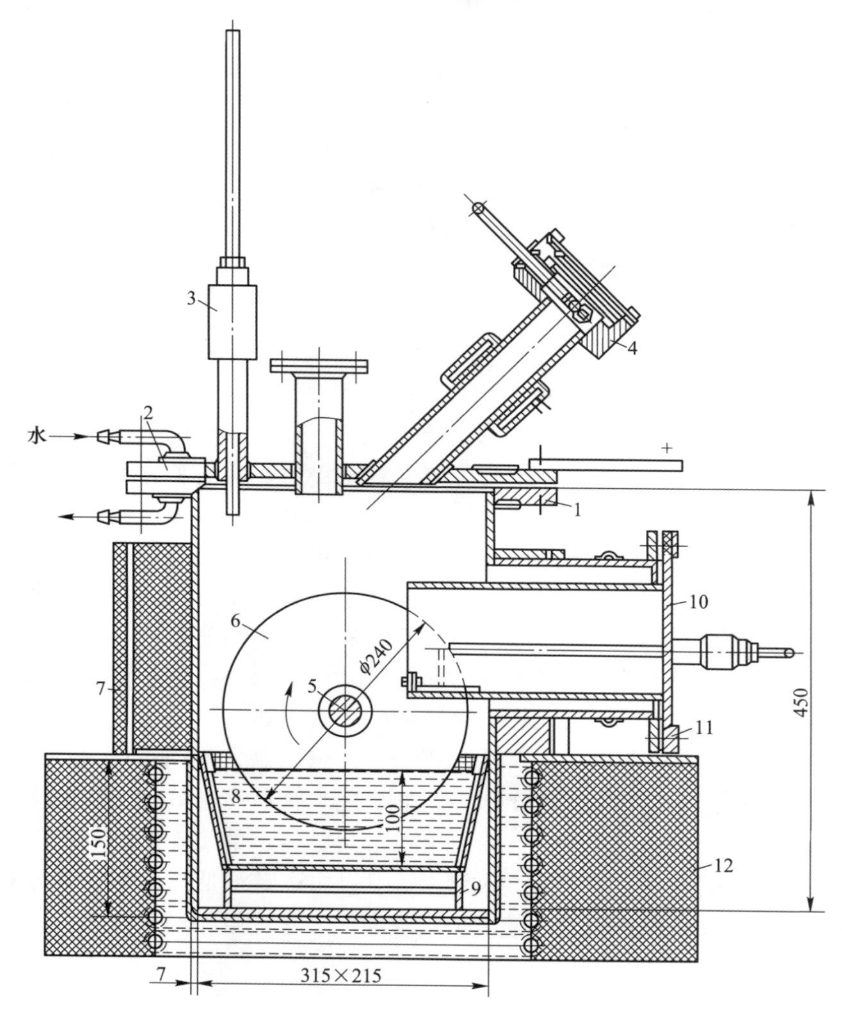

图 9-10　圆盘电解槽示意图[15]

1—电解槽槽体；2—电解槽盖；3—插热电偶油封；4—窥视孔；5—旋转阴极轴；6—平面圆盘阴极；7—网状阳极装料框；8—熔池；9—熔池底部；10—与电解槽槽体绝缘的刮出阴极沉积物设备；11—绝缘体；12—电炉

B　圆筒形电解槽

图 9-11 为圆筒形电解槽的示意图[15]。电解槽形状为凹形圆筒，阳极物料平放或自然堆积于电解槽内，圆筒形阴极置于熔盐上方，部分浸入熔盐内部。电解

的过程中，随着电解产物在阴极的堆积而转动阴极，而置于阴极一侧的阴极产物刮除器不断地将阴极产物从阴极刮下，并收集于产物收集容槽内。然而，圆筒形电解槽的缺点也十分显著。由于阳极物料是自然堆积置于圆筒形电解槽内部，因此，在电解过程中会造成阳极表面阳极泥的积累，会造成电解过程中阳极过电位增大，从而降低阳极元素的分离效果。为了克服该缺点，电解过程所采用的阳极电流密度往往需要降低 30%~50%。

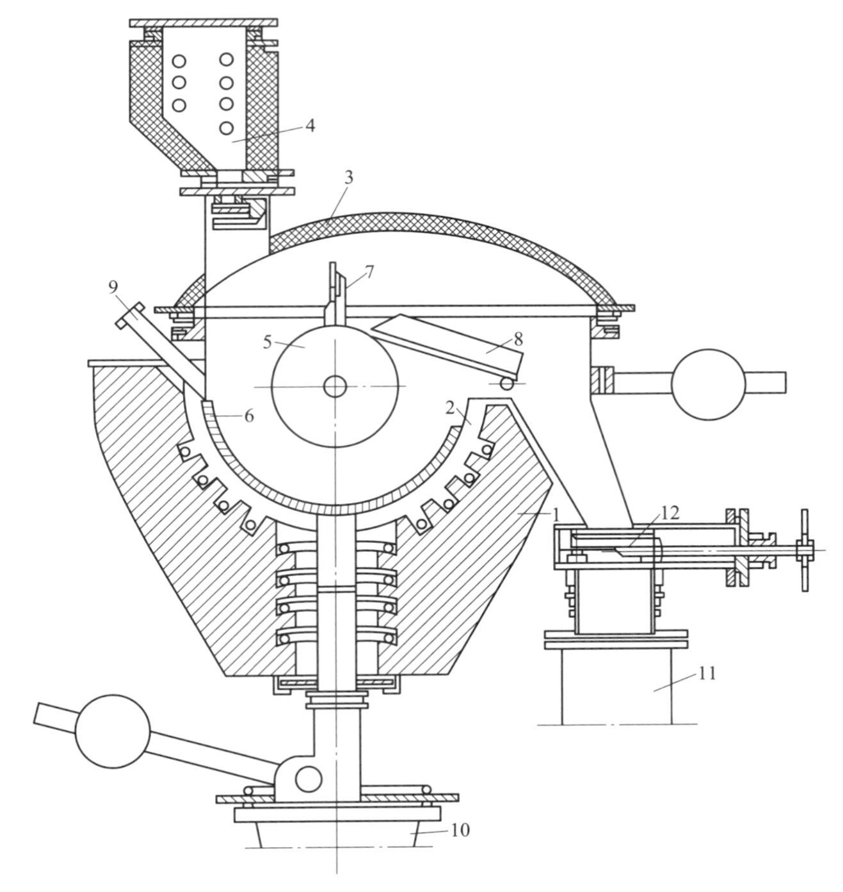

图 9-11 圆筒形电解槽示意图[15]

1—电炉；2—电解槽槽体；3—电解槽绝缘体；4—阳极料储槽；5—圆筒形阴极；6—阳极；7—阳极料修平器；8—刮除阴极产物的旋转托盘；9—注入电解质的连接管；10—排出电解质坩埚；11—阴极产物收集槽；12—密封阀门

C 多格孔电解槽

所谓多格孔电解槽就是具有数个能抽出的竖放阴极的电解槽，其结果如图 9-12 所示[15]。由于具有多个阴极，因此，在电解过程中可将其中一个阴极从

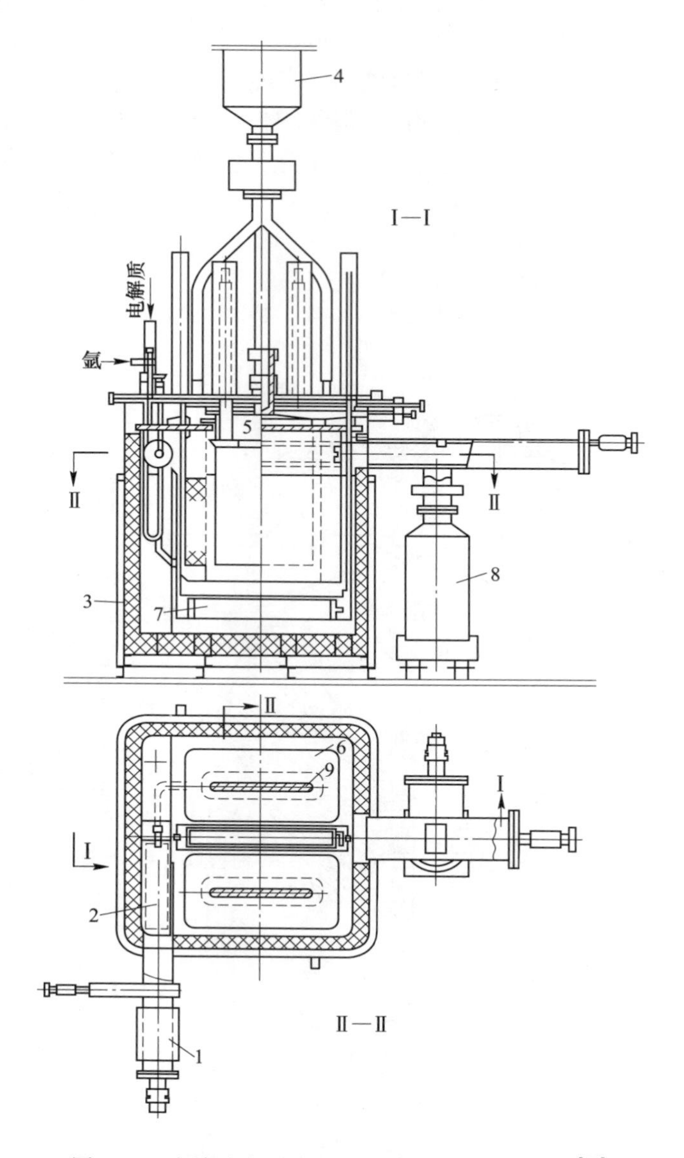

图 9-12　在熔池内刮除阴极沉积物电解槽示意图[15]

1—阳极泥收集器；2—阳极泥过滤器；3—带炉衬熔池；4—贮槽；5—刮除阴极沉积物刀具；6—阳极筐；7—阴极沉积物桶；8—沉积物接收槽；9—阴极

熔盐中取出并刮除阴极产物，并由此实现电解的连续性。苏联学者的研究表明，每次提取一个电极时，虽然平均在其他电极上的电流密度会瞬时增大（具体增加值可根据阴极的数量而计算），但因为更换电极时间较短，因此对阴极产物的品质影响并不严重。同样的策略也可以用在阳极的布局上，通过更换其中的一个阳极，实现电解的连续性。

9.3.1.3 电解精炼技术经济评价

技术经济指标是除阴极产物品质以外，评价熔盐电解法制备高纯钛和废残钛电解回收是否可行的重要因素。本节将苏联学者所得试验结果详细列于此处，以供读者对比研究。表 9-1 为苏联废钛电解回收的技术成本构成[15]。可以看出，车间开支是废残钛电解回收的主要成本。而原材料和动力消耗也比他们所设计的用量更高，造成这种结果的原因主要是因为所用废钛的品质较低，额外的加工处理流程会产生部分成本。

表 9-1 废钛电解精炼的成本构成[15]

序号	项目名称		制取 1t 钛的费用/%
I	原料和主要材料	海绵钛废料和切削废料	5.2
		四氯化钛	0.6
		烘干的氯化钾和氯化钠	1.3
		盐酸	0.5
		氩气	3.7
		其他材料	1.8
	共计		13.1
Ⅱ	动力费用（工艺用电、用水，压缩空气、蒸汽）		5.4
	共计		5.4
Ⅲ	主要工人与辅助人员工资		7.7
Ⅳ	车间开支		70.1
Ⅴ	全场开支		3.7
全部成本			100.0

此外，苏联学者还计算了废残钛熔盐电解金属钛和 Kroll 法制备海绵钛的成本，结果发现两者大致相同。然而，利用废残钛制备金属钛可以不消耗钛矿和镁原料，因此更加环保，也具有更好的经济效果。

通过对比不同方法处理废残钛，得出了如下经济效益对比结果：如果将不合格废残钛制备成钛渣的经济效益为 1，那么将其制备成四氯化钛的经济效益为 1.1~1.2；制备成钛铁合金的经济效益为 0.1~1.1；而将其熔盐电解制备成金属钛的经济效益为 2.5~2.7；如果将其通过熔盐电解法制备成可用于粉末冶金的钛粉末则经济效益为 3.7~7.5。由此可见，采用熔盐电解法回收废残钛的经济效益远远大于其他方法，是一种十分有前景的废残钛回收方法。

9.3.2　国内熔盐电解回收废残钛进展

与国外类似，国内在进行熔盐电解回收废残钛的研究团队往往也同步进行熔盐电解精炼钛的研究，两者的研究界限通常不太明确。本节为避免与前文重复，因此只选取废残钛回收部分。

国内关于废残钛熔盐电解回收的研究最早于 1976 年由上海钢研试验车间课题小组发表在《上海钢研》上[20]。该文主要报道了影响阴极产物品质和技术经济指标的相关工艺条件，并设计了可连续运行的 1500A 电解槽。图 9-13 为上海钢研试验车间课题小组开展废残钛料电解回收的实验装置简图[20]。废残钛被放置于不锈钢坩埚和镀镍阳极网之间，而阴极为不锈钢棒。电解过程与普通两电极电解过程类似。通过研究电解温度、电流密度、电解质中钛离子浓度和单次电解时间与电流效率的关系，发现在 NaCl：KCl 等于 7：3 的熔盐电解质中，加入 4% 的低价钛离子，在 800℃ 的温度下，采用阳极电流密度 0.2～0.3A/cm^2，阴极电流密度 1A/cm^2，经过适当的电解时间，在阴极可以得到与碘化法所得产物品质

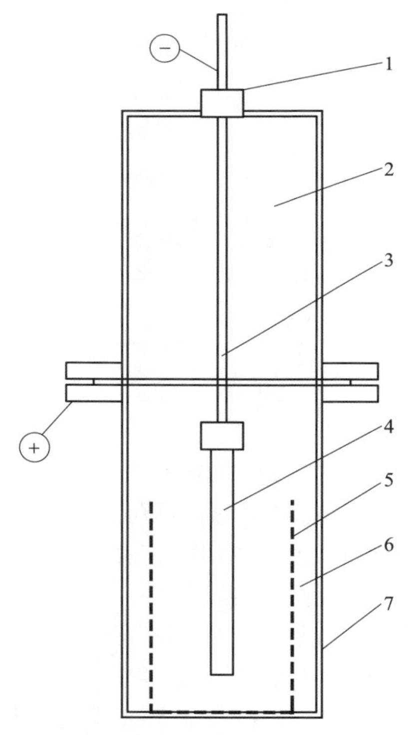

图 9-13　50A 电解精炼槽简图[20]

1—动密封；2—冷却室；3—阴极导杆；4—阴极不锈钢棒；
5—镀镍阳极网；6—阳极物料区；7—不锈钢坩埚

接近的金属钛产品。同时，阳极废残钛的回收率达到70%，电流效率达65%，夹盐率50%，生产每千克钛的电耗为30kW·h。

在此基础上，进一步开展了1500A的半连续化电解实验，并详细探究了多种废残钛原料（包括等外级废钛、Kroll法所得边皮钛、混有铁屑的阳极料、混有块状废钛的阳极料和以TC4为代表的废钛合金车削废钛料）熔盐电解时，元素分离和钛回收效果。结果显示，熔盐电解法回收、分离等外海绵钛、边皮钛和混合铁屑钛废料的效果较好。然而含较高杂质元素，特别是含有V、Al等窗口元素的废残钛合金原料，经熔盐电解精炼方法处理效果不佳。

根据前期结果，采用钛离子浓度较低的熔盐电解质电解制备钛粉末。结果显示，钛粉末产品的纯度与阳极原料类型有极大的关系。同时，产品中的氧含量与单位质量的细粉表面积和细粉粒径具有良好的线性关系，即氧含量随着细粉表面积的增大而增大（见图9-14）[20]，主要是由于暴露表面积大，活性高，且与氧接触几率大。如何降低钛粉中的杂质元素含量将是未来研究的重点。

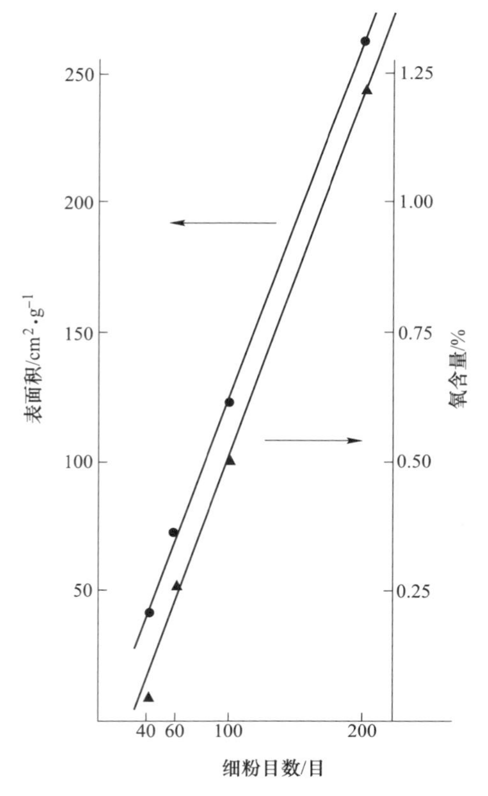

图9-14 钛粉粒径、表面积和氧含量的关系图[20]

除了上海钢研试验车间课题小组，中国科学院化工冶金研究所（现中国科学院过程工程研究所）在1979年到1989年之间，也开展了废残钛熔盐电解回收的研究，主要围绕“废钛阳极溶解过程、电解质组分对阳极溶解/阴极沉积的影响以及钛离子在阴极上沉积过程”三个部分展开，并取得了一系列研究成果[16~19]。

针对废钛合金TC4中Al、V两种杂质元素和Ti的分离难题，从阳极废钛的氢化处理和改变熔盐组分两个方面入手进行解决。具体原理为：TC4合金经过氢化—磨碎—脱氢烧结处理之后，合金的相结构会发生变化，将进一步影响Ti、Al、V三种元素在阳极的电化学溶解活度；改变熔盐组分是为了降低熔盐中$AlCl_3$的络合稳定性，期望阳极溶解进入熔盐中的铝离子能以低熔点（180℃）$AlCl_3$的形式从熔盐中挥发出来。氢化—磨碎—脱氢的工艺与常规该工艺类似，此处不再赘述。在改变熔盐组分方面，首先在NaCl-KCl熔盐中加入$CaCl_2$，由于Ca^{2+}的电化学电极电位很负，其对熔盐中的Cl^-具有很强的极化作用，所以和$AlCl_3$很难形成络合物，以此达到去除熔盐中$AlCl_3$，降低阴极产物中Al元素含量的目的。结果表明，以$CaCl_2$+9%NaCl+3%$TiCl_x$（$x=2$或3）为熔盐电解质，在较低的阴极电流密度下电解，可以得到Al含量低至0.09%，V含量降至0.69%的阴极钛产物。所得产物品质与阳极氢化—破碎—脱氢处理之后再电解所得产物品质接近。然而，调节熔盐组分的工艺比氢化—破碎—脱氢处理再电解的工艺更为简单，且电流效率更高。因此，该工艺有更具工业化应用价值。

基于上述结果，进一步研究了阳极中合金元素、阳极电流密度和熔盐中氟离子的添加对阴极粉末产物化学纯度与粒度等的影响规律。图9-15为适于电化学

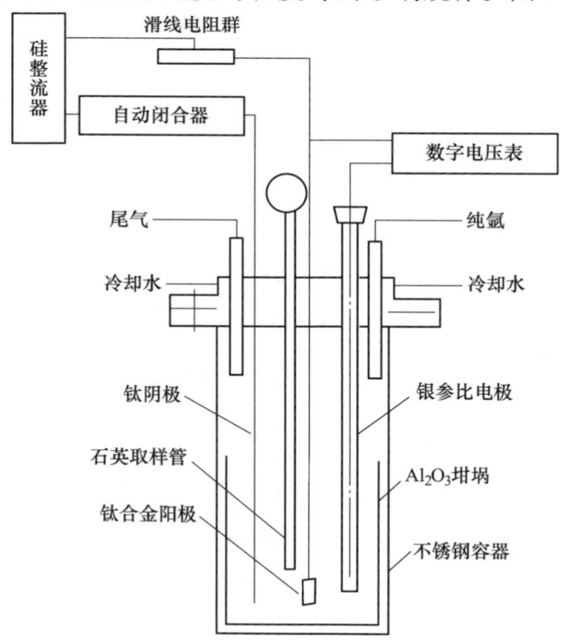

图9-15　电化学测试实验装置图[17]

研究的熔盐电解炉[17]。首先研究了 Ti-O、Ti-Al、Ti-Fe 和 Ti-V 四种二元合金在 NaCl-KCl 熔盐中的阳极电化学溶解行为。表 9-2 为各种阳极溶解电位和合金中钛元素活度[17]。

表 9-2 钛合金中钛的活度计算值[17]

编号	钛阳极中合金元素含量/%		平衡电位/V	活度	可溶钛浓度/%
	质量分数	摩尔分数	(*vs.* Cl^-/Cl_2)		
Ti-Al，15#	9.76		-1.4605	0.269	0.79
Ti-Al，16#	13.18		-1.4530	0.195	
Ti-Al，17#	15.91		-1.4170	0.091	
Ti			-1.5190	1	
Ti-Fe，8#	1.84	1.18	-1.4905	1.329	1.11
Ti-Fe，9#	5.73	4.95	-1.4980	1.578	
Ti-Fe，10#	9.61	8.36	-1.4860	1.213	
Ti			-1.4760	1	
Ti-O，1#	0.92		-1.5325	0.735	0.86
Ti-O，2#	2.73		-1.5136	0.471	
Ti-O，3#	3.68		-1.4735	0.191	
Ti-O，5#	9.40		-1.3550	0.013	
Ti-O，6#	9.91		-1.3130	0.005	
Ti			-1.5460	1	
Ti-V，26#	3.32		-1.5475	1.131	1.09
Ti-V，26#	4.17		-1.5560	1.159	
Ti-V，26#	9.45		-1.5305	0.989	
Ti-V，26#	11.60		-1.4975	0.425	
Ti-V，26#	14.11		-1.4941	0.393	
Ti			-1.5350	1	

Ti-O 二元合金中钛的活度随着氧含量的增加而减小。与之相似，Ti-Al 合金中钛的活度随铝含量的增加而减小。然而，对于 Ti-Fe 和 Ti-V 合金，随 Fe 或 V 含量的增加，合金中钛的活度先增加后减小，造成这种差异的主要原因与各种合金中钛元素的相态相关。从相图中可知，Ti-O 和 Ti-Al 合金中钛元素始终保持为 α-Ti 相（密排六方晶格），并不随 O 或 Al 的含量发生变化。然而，Ti-Fe 和 Ti-V 则不同，随着 Fe 和 V 含量的增加，合金中钛从 α-Ti 相逐渐向 β-Ti 相转变（体心立方晶格）。众所周知，α-Ti 相比 β-Ti 相更加稳定，且具有更大的金属键能。因此，当 Fe 和 V 含量在较低范围内，钛活度随着 Fe 和 V 含量增加而增加；然而，

当 Fe 和 V 含量大到引起相变时，钛的活度则随着 Fe 和 V 的含量增加而降低。基于合金中钛活度的改变，合金平衡电位也发生相应的变化（见图 9-16 和图 9-17）[17]。

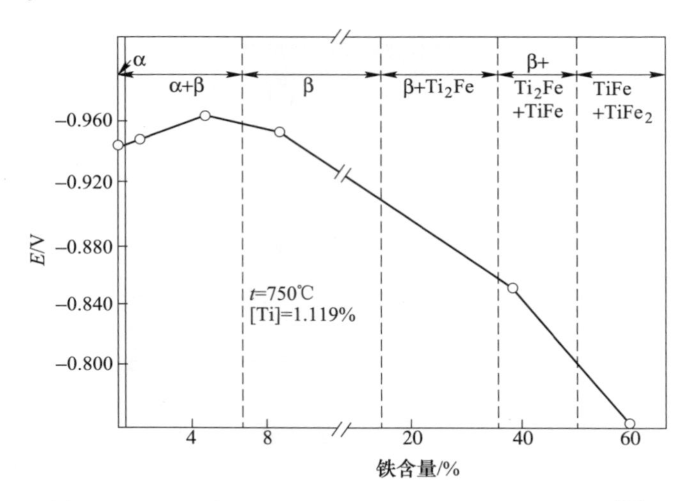

图 9-16　Ti-Fe 合金电极铁含量不同时的平衡电极电位[17]

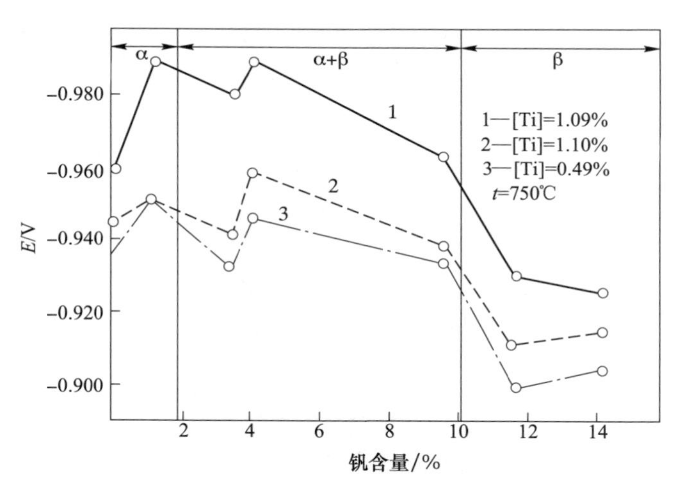

图 9-17　Ti-V 合金电极钒含量不同时的平衡电极电位[17]

进一步地，研究了阳极电流密度对阴极产物粒度的影响。图 9-18 为阳极电流密度与平均粒度间的关系。从图中可以看出，阳极电流密度从 0.04A/cm^{2}增加到 0.32A/cm^{2}时，阴极金属钛的平均粒度从 1.11mm 降至 0.46mm。据此，可得出阴极颗粒尺寸（L_{cp}）与阳极电流密度（D_a）之间存在如下关系式[16]：

$$L_{cp} = 1.17 - 2.34D_a \tag{9-8}$$

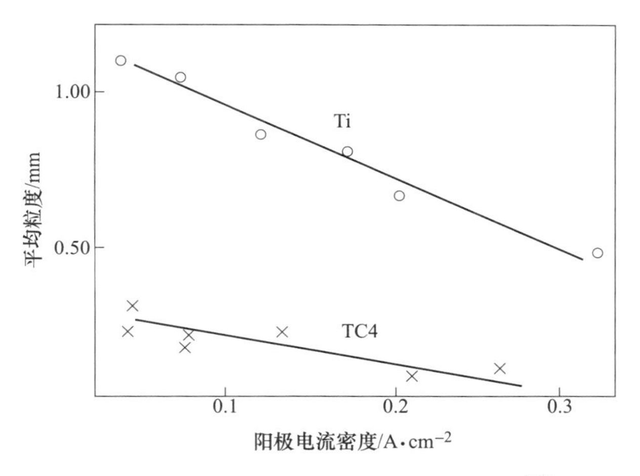

图 9-18 阳极电流密度与平均粒度的关系[16]

造成阴极产物颗粒粒径随阳极电流密度增大而减小的主要原因，与熔盐中钛离子价态的变化有关。图 9-19 给出了熔盐中 $Ti^{2+}/(Ti^{2+}+Ti^{3+})$ 随阳极电流密度变化的关系图[16]。可以看出，随着阳极电流密度的增加，$Ti^{2+}/(Ti^{2+}+Ti^{3+})$ 值不断降低，表明熔盐中 Ti^{3+}浓度不断增加，即阳极溶解的钛离子价态从低价向高价转变。在氯化物熔盐中，Ti^{3+}通常以 $(TiCl_6)^{3+}$络合物离子形式存在，而 Ti^{2+}更容易以简单阳离子的形式存在。$(TiCl_6)^{3+}$络合物离子因为离子半径远远大于简单的 Ti^{2+}阳离子，因此在熔盐中的扩散速率更小，造成阴极浓差极化严重。此外，由于熔盐中 Ti^{3+}浓度较高，阴极还原得到的纯金属钛会与 Ti^{3+}发生歧化反应（$Ti+2Ti^{3+}=3Ti^{2+}$），阻止阴极钛晶粒的正常生长，导致阴极钛颗粒无法长大。

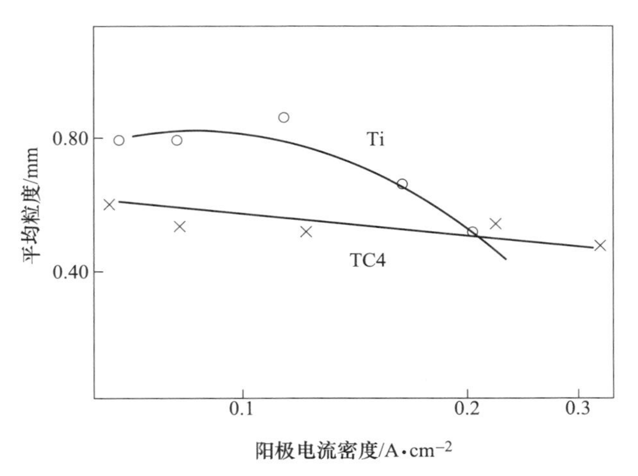

图 9-19 阳极电流密度与 $Ti^{2+}/(Ti^{2+}+Ti^{3+})$ 的关系[16]

通过上述分析，废残钛熔盐电解法回收是一种具有显著经济效益和环境友好的工艺手段，并且一定程度上可以实现钛合金中各元素的选择性分离，具有较大的研究意义和广泛的应用价值。

参考文献

[1] Takeda O, Okabe T H. Current status of titanium recycling and related technologies [J]. JOM, 2018, 71: 1981-1990.

[2] Okabe T H, Oda T, Mitsuda Y. Titanium powder production by preform reduction process (PRP) [J]. Journal of Alloys and Compounds, 2004, 364: 160-163.

[3] Oh J M, Lee B K, Suh C Y, Lim J W. Removal of metallic impurities from Ti binary alloy scraps using hydrogen plasma arc melting [J]. Journal of Alloys and Compounds, 2013, 574: 1-5.

[4] Moon B M, Seo J H, Lee H J, Jung K H, Park J H, Jung H D. Method of recycling titanium scraps via the electromagnetic cold crucible technique coupled with calcium treatment [J]. Journal of Alloys and Compounds, 2017, 727: 931-939.

[5] Reitz J, Lochbichler C, Friedrich B. Recycling of gamma titanium aluminide scrap from investment casting operations [J]. Intermetallics, 2011, 19: 762-768.

[6] Vutova K, Vassileva V, Koleva E, Georgieva E, Mladenov G, Mollov D, Kardjiev M. Investigation of electron beam melting and refining of titanium and tantalum scrap [J]. Journal of Materials Processing Technology, 2010, 210: 1089-1094.

[7] Veronesi P, Gaiani S, Colombini E, Poli G, Tisu R. Recycling of alpha-titanium technological scrap for exhaust system parts manufacturing [J]. Journal of Cleaner Production, 2013, 53: 332-340.

[8] Shaimardanov K R, Shatokhin I M, Ziatdinov M K. Production and use of ferrosilicotitanium produced by self-propagating high-temperature synthesis [J]. Steel in Translation, 2014, 44: 215-220.

[9] Wang Q, Li Y, Jiao S, Zhu H. Producing metallic titanium through electro-refining of titanium nitride anode [J]. Electrochemistry Communications, 2013, 35: 135-138.

[10] Ning X, Åsheim H, Ren H, Jiao S, Zhu H. Preparation of titanium deposit in chloride melts [J]. Metallurgical and Materials Transactions B, 2011, 42: 1181-1187.

[11] Song J, Wang Q, Wu J, Jiao S, Zhu H. The influence of fluoride ions on the equilibrium between titanium ions and titanium metal in fused alkali chloride melts [J]. Faraday discuss, 2016, 190: 421-432.

[12] Rosenberg H, Winters N, Xu Y. U. S. Patent No. 6, 024, 847. Washington, DC: U. S. Patent and Trademark Office, 2000.

[13] 李兆军，高玉璞，郭乃名．钛电解精炼中阳极过程的研究［J］．稀有金属，1989（4）：

307-310.

[14] Jiao H, Song W, Chen H, Wang M, Jiao S, Fang D. Sustainable recycling of titanium scraps and purity titanium production via molten salt electrolysis [J]. Journal of Cleaner Production, 2020, 261: 121314-121324.

[15] 哥宾克 B Г. 钛的熔盐电解精炼 [M]. 高玉璞, 译. 北京: 冶金工业出版社, 1981: 11.

[16] 高玉璞, 郭乃名, 王春福. 钛熔盐电解精炼过程中阳极电流密度对结晶粒度的影响 [J]. 稀有金属, 1987 (1): 9-12.

[17] 卢维昌, 徐永兰, 刘平安. 钛合金阳极溶解过程的研究 [J]. 稀有金属, 1984 (1): 3-7.

[18] 高玉璞, 郭乃名. 关于 Ti-6Al-4V 不合格废料电解分离一些问题的研究 [J]. 稀有金属, 1979 (4): 23-31.

[19] 郭乃名, 高玉璞, 王春福. 电解精炼制取合格钛粉的研究 [J]. 稀有金属, 1983 (2): 16-22.

[20] 上海钢研试验车间课题小组. 废钛的电解精炼回收 [J]. 上海钢研, 1976 (1): 10-22.

10 总结与展望

金属钛因其优异的物理化学性质，自被发现以来就备受关注。特别是近年来随着科技水平的快速进步和航空航天、国防军工等行业对极端苛刻环境装备研发的特殊要求，钛不可取代的地位日益突出。作为地球第九大元素和第四大金属，目前钛全球产量仅约 20 万吨，远远不能与其丰富的储量和无可替代的应用需求相匹配。同时，电子、医疗等高新领域的蓬勃发展，也对钛的纯度提出更高要求。因此，规模化的钛冶金技术和高标准的提纯方法一直是冶金、材料工作者不懈追求的目标。

钛的冶金提取方法主要包括热还原和熔盐电解两类。作为目前钛生产的主流技术，Kroll 法是典型的高温热还原工艺，但存在高成本、高污染等瓶颈问题，也是将大宗金属钛置于稀有金属地位的根本原因。熔盐电解一直被认为是替代 Kroll 工艺、实现钛低成本绿色提取的最佳方案，是多年来国际研究热点。因此，自 Kroll 法工业化应用以来，钛冶金工作者从未间断对熔盐电解提取金属钛技术的孜孜追求，各种钛电解技术应运而生。在早期的开发研究中，主要以氯化钛为原料电解金属钛，无法避免类似于 Kroll 法中的氯化工艺，污染问题不能得到有效解决，生产成本也难以降低。另一方面，考虑到高纯钛的高端应用，在钛工业化生产的同时，海绵钛/废杂钛的精炼提纯就已同步开展。碘化法是目前最成熟的钛提纯技术，国外高纯钛生产主要以碘化法为主，但存在反应速率低、生产量小等问题。

鉴于此，以 TiO_2 为原料直接电化学还原制备金属钛的电解技术，既可摒弃氯化工艺，又能显著缩短冶金流程，引起越来越多的重视。特别是 2000 年以后，以 FFC 法、OS 法、USTB 法为典型代表的各种熔盐电解技术，均实现了钛氧化物到金属钛的直接短流程制备。由于解决了氯化工艺的污染问题，环境友好，同时理论能耗也均较 Kroll 工艺低，因此，被期望未来成为低成本提取金属钛的工业化技术，受到科研和技术人员的广泛关注。与此同时，基于多金属还原电位差，利用熔盐电解过程阳极选择性溶解和阴极选择性沉积的特点，进行海绵钛/废杂钛精炼提纯，可以方便快捷地实现多元杂质的同步脱除，是批量化制备高纯金属钛的有效方法。

目前，不管是代表性的钛熔盐电解提取技术，还是熔盐电解精炼高纯钛，均已完成了深入的原理解析和系统性的工艺优化，部分技术也已进行了实验室甚至中试放大。如：USTB 法已进行了千安级放大试验，获得符合国标要求的钛产品；

海绵钛/废杂钛熔盐电解精炼高纯钛在宁夏已建立了30t/a工业生产线，钛产品纯度可达4N3以上，氧含量最低可达100ppm以下，突破了国外对高纯钛的垄断。然而，钛熔盐电解提取和提纯技术离真正实现规模化应用尚有较大差距。特别是，在熔盐电解提取金属钛方面，要想替代Kroll工艺，除了污染和成本问题，电解过程的稳定、连续化运行也是关键。相比于目前产业化应用的熔盐电解技术，如铝电解、稀土电解、碱/碱土金属电解等，熔盐电解钛主要获得粉末或枝晶状钛产品，工艺和装备的连续化运行需要解决；在成本方面，除了电解反应本身，电解装备的热量平衡、适应电解过程含钛原料的预处理和后处理成本，也需进行整体性考虑、验证和评估。

综上，在未来钛电解提取与提纯技术开发和工程应用实践中，仍需对以下几方面给予重点关注：

（1）进一步加强基础研究。依托已开发证实的各种钛熔盐电解技术及其原理，优选和优化更为合理的钛电解工艺路线，同时更加关注电解过程钛与杂质组分的迁移、反应的协同规律，最大化控制钛的选择性还原与分离，实现钛的低成本、高效率、短流程提取与提纯，从而获得质量稳定的高品质金属钛。

（2）推进和加快钛电解技术的工程化转化与应用。尽管钛熔盐电解新技术在可行性评价、原理解析、适用性拓展甚至放大验证等方面已取得了有前景的有益探索，但在应用转化过程中仍然步履维艰，这与熔盐介质温度高、腐蚀强、自热难、连续化难等自身特性有关，大型电极和工业电解槽结构设计是关键。为加快低成本钛电解提取与提纯技术的工业化应用，推动钛从稀有金属向大宗金属转变，未来需要冶金、材料、热能、机械、物理、化学等多学科交叉研究，需要科研人员、工程设计者和企业技术人员间进行紧密合作和相互支撑，以明确和解决钛电解技术和装备的放大效应，从而推动电解技术的工程实施。

（3）进行钛电解工艺全流程链接与评估。钛电解技术往往还需要专门的钛原料、熔盐、电极等预处理和精细的钛产品后处理工艺，同时，电解过程需要电、热、磁等多场耦合协同控制，熔盐和产品也需要连续化循环和收集。上述工艺和过程的有效链接和连续化集成是决定最终钛生产成本、产品质量，乃至是否适合工程化应用的关键。

（4）注重钛冶金-材料交叉的短流程发展。近年来广受关注的熔盐电解提取钛新技术主要以TiO_2为原料，然而，TiO_2同样需要从上游含钛矿物资源中通过长流程、高污染工艺提取。另一方面，钛的下游利用则主要是以钛合金（如Ti-6Al-4V）材料的形式进行，一般是通过先制备各种金属单质，然后再熔兑制备。众所周知，金属电解技术是冶金和材料交叉学科，基于冶金-材料一体化利用的思路，发展从含钛矿物到钛合金材料的短流程电化学转化与利用新流程，是未来发展趋势。